21 世纪高等学校计算机教育实用规划教材

程序设计语言——C

王珊珊 臧洌
张志航 皮德常 编著

清华大学出版社
北京

内 容 简 介

本书全面介绍标准C语言（ANSI C 88）的相关知识，包括：C语言概述，数据类型、运算符和表达式，标准设备的输入输出，C语言的流程控制，函数，编译预处理，数组，结构体、共用体和枚举类型，指针、链表及其算法，数据文件的使用等。

本书力求概念严谨，同时做到深入浅出、通俗易懂。通过大量的例题和习题以帮助程序设计初学者掌握必需的基本语法和常用算法。本书适于作为高等学校计算机专业和非计算机的理工科各专业的程序设计基础课程教材，也可以作为广大计算机爱好者的自学教材。

图书在版编目（CIP）数据

程序设计语言——C /王珊珊等编著. —北京：清华大学出版社，2007.9（2018.1 重印）
（21世纪高等学校计算机教育实用规划教材）
ISBN 978-7-302-15803-5

Ⅰ. 程…　Ⅱ. 王…　Ⅲ. C语言－程序设计－高等学校－教材　Ⅳ. TP312

中国版本图书馆CIP数据核字（2007）第113387号

责任编辑：付弘宇
责任校对：李建庄
责任印制：宋　林

出版发行：清华大学出版社
网　　址：http://www.tup.com.cn, http://www.wqbook.com
地　　址：北京清华大学学研大厦A座　　　邮　　编：100084
社 总 机：010-62770175　　　邮　　购：010-62786544
投稿与读者服务：010-62776969，c-service@tup.tsinghua.edu.cn
质 量 反 馈：010-62772015，zhiliang@tup.tsinghua.edu.cn
印 装 者：北京中献拓方科技发展有限公司
经　　销：全国新华书店
开　　本：185mm×260mm　　印　张：18.75　　字　　数：455千字
版　　次：2007年9月第1版　　印　　次：2018年1月第8次印刷
印　　数：9951～10150
定　　价：39.00元

产品编号：025831-03

出版说明

随着我国高等教育规模的扩大以及产业结构调整的进一步完善，社会对高层次应用型人才的需求将更加迫切。各地高校紧密结合地方经济建设发展需要，科学运用市场调节机制，合理调整和配置教育资源，在改革和改造传统学科专业的基础上，加强工程型和应用型学科专业建设，积极设置主要面向地方支柱产业、高新技术产业、服务业的工程型和应用型学科专业，积极为地方经济建设输送各类应用型人才。各高校加大了使用信息科学等现代科学技术提升、改造传统学科专业的力度，从而实现传统学科专业向工程型和应用型学科专业的发展与转变。在发挥传统学科专业师资力量强、办学经验丰富、教学资源充裕等优势的同时，不断更新其教学内容，改革课程体系，使工程型和应用型学科专业教育与经济建设相适应。计算机课程教学在从传统学科向工程型和应用型学科转变中起着至关重要的作用，工程型和应用型学科专业中的计算机课程设置、内容体系和教学手段及方法等也具有不同于传统学科的鲜明特点。

为了配合高校工程型和应用型学科专业的建设和发展，急需出版一批内容新、体系新、方法新、手段新的高水平计算机课程教材。目前，工程型和应用型学科专业计算机课程教材的建设工作仍滞后于教学改革的实践，如现有的计算机教材中有不少内容陈旧（依然用传统专业计算机教材代替工程型和应用型学科专业教材），重理论、轻实践，不能满足新的教学计划、课程设置的需要；一些课程的教材可供选择的品种太少；一些基础课的教材虽然品种较多，但低水平重复严重；有些教材内容庞杂，书越编越厚；专业课教材、教学辅助教材及教学参考书短缺，等等，都不利于学生能力的提高和素质的培养。为此，在教育部相关教学指导委员会专家的指导和建议下，清华大学出版社组织出版本系列教材，以满足工程型和应用型学科专业计算机课程教学的需要。本系列教材在规划过程中体现了如下一些基本原则和特点。

（1）面向工程型与应用型学科专业，强调计算机在各专业中的应用。教材内容坚持基本理论适度，反映基本理论和原理的综合应用，强调实践和应用环节。

（2）反映教学需要，促进教学发展。教材规划以新的工程型和应用型专业目录为依据。教材要适应多样化的教学需要，正确把握教学内容和课程体系的改革方向，在选择教材内容和编写体系时注意体现素质教育、创新能力与实践能力的培养，为学生知识、能力、素质协调发展创造条件。

（3）实施精品战略，突出重点，保证质量。规划教材建设仍然把重点放在公共基础课和专业基础课的教材建设上；特别注意选择并安排一部分原来基础比较好的优秀教材或讲义修订再版，逐步形成精品教材；提倡并鼓励编写体现工程型和应用型专业教学内容和课程体系改革成果的教材。

（4）主张一纲多本，合理配套。基础课和专业基础课教材要配套，同一门课程可以有多本具有不同内容特点的教材。处理好教材统一性与多样化，基本教材与辅助教材、教学参考书，文字教材与软件教材的关系，实现教材系列资源配套。

（5）依靠专家，择优选用。在制订教材规划时要依靠各课程专家在调查研究本课程教材建设现状的基础上提出规划选题。在落实主编人选时，要引入竞争机制，通过申报、评审确定主编。书稿完成后要认真实行审稿程序，确保出书质量。

繁荣教材出版事业，提高教材质量的关键是教师。建立一支高水平的以老带新的教材编写队伍才能保证教材的编写质量和建设力度，希望有志于教材建设的教师能够加入到我们的编写队伍中来。

21世纪高等学校计算机教育实用规划教材编委会

联系人：丁岭 dingl@tup.tsinghua.edu.cn

前 言

C 语言是在由 Unix 的研制者——美国贝尔实验室的 Dennis Ritchie 和 Ken Thompson 于 1970 年研制出的 B 语言的基础上发展和完善起来的。1972 年，在 DEC PDP-11 计算机上实现了最初的 C 语言，此后 C 语言伴随着计算机的发展一直走到了今天。

C 是一种支持过程化的、实用的程序设计语言，是高校学生学习程序设计的一门必修基础课程，同时也是编程人员广泛使用的工具。学好 C 语言，可以触类旁通其他语言，如 C++、Java、C# 和 VB 等。本书是在作者总结过去的教学和实践经验的基础上编写而成的，适合用作大学计算机专业和非计算机专业的程序设计课程教材，也可供自学读者使用。本书目前被用作南京航空航天大学计算机和非计算机理工科各专业的程序设计语言教材。

本书作者主张的教学理念是注重程序设计算法的教学，注重对学生算法思路的逻辑训练。本书讲述力求概念严谨，同时做到深入浅出、通俗易懂。各章节配有大量的例题和习题，主要是针对各章的教学难点和重点以及各种算法而设计的。在选择例题和习题时，尽量涵盖目前程序设计语言课程的各种算法类型，使初学者拿到习题后，能够在教材的例题中找到相似的例子，这样对初学者来说，解题就不是一件非常困难的事情。建议在进行课本教学外，根据实际情况安排课程设计，选用适合不同层次学生的课程设计题目，强化训练学生动手编写较大规模程序的能力。

本书主要具有以下几点特色：

1. 整体考虑计算机和非计算机专业的教学要求，适用于计算机和非计算机各理工科专业。

2. 书比较“瘦”，约 280 页。笔者曾调研过一些高校，该课程的课时约为 40～56。既然学时有限，那么书的厚度也应相应配套。

3. 在内容顺序的安排上更加合理。方便计算机专业和非计算机专业在内容上的取舍。如安排提前讲解结构体、枚举等内容，这为学生在后续的学习中使用这些内容进行实验做了铺垫。此部分内容在其他许多同类教材中都是最后讲解。又如，在介绍链表时分别讲解了不带头结点和带头结点的链表算法，满足不同专业的教学需要。

4. 给出部分算法的来历和数学证明（如筛选法求素数以及汉诺塔问题），增加趣味性。

5. 在作业安排上，从易到难，环环相扣。有许多学生学过 C，却不会编程。笔者在教学中认识到了这一点，因此设计了许多与实际有关的习题，并且这些习题都是彼此相关的。

6. 本书通俗易懂，深入浅出，将复杂的概念采用浅显的语言讲述，便于读者理解和掌握。

本书第 1～3、9～11 章由王珊珊执笔（其中 10.3.3 节由皮德常执笔），第 5～8 章由臧洌执笔，第 4 章由张志航执笔。全书由王珊珊负责统稿。皮德常仔细通读了本书，在基本概念及文字描述上做了把关，并给出部分算法的来历和数学证明。参加本书编写工作的还有潘梅园、尤晓梅、郑洪源等老师。

讲述本书全部内容的建议学时为：理论教学 48 学时，课程设计 16～32 小时（内容另行安排），上机实验 50 小时。本书的实验环境是 Turbo C 2.0，书中全部例题和习题均已在该环境中通过编译和运行。书中标题前加“*”的章节为选学内容。

本书提供所有例题的源代码、习题答案，同时向选用本书做教材的教师提供讲课用的 PowerPoint 格式电子教案。读者可以直接从出版社网站 http://www.tup.tsinghua.edu.cn 下载这些资源，也可以与作者联系。

限于作者的水平，本书难免会存在疏漏、不妥和错误之处，恳请专家和广大读者指正。几位作者的联系方式：shshwang@nuaa.edu.cn（王珊珊），zangliwen@yahoo.com.cn（臧洌），zqwzzh@nuaa.edu.cn（张志航），dc.pi@nuaa.edu.cn（皮德常）。

作　者

2007 年 5 月

于南京航空航天大学

目 录

第 1 章　C 语言概述

1.1　计算机语言与程序

人类语言是人与人之间交流信息的工具，而计算机语言是人与计算机之间交流信息的工具。用计算机解决问题时，人们必须首先将解决该问题的方法和步骤按一定序列和规则用计算机语言描述出来，形成计算机源程序，经过编译、连接，并产生可执行程序，然后计算机就可自动执行该程序，完成所需要的功能。

计算机语言与程序经历了以下三个阶段的发展。

1.1.1　机器语言与程序

机器语言是第一代计算机语言。

我们知道，在计算机内部采用二进制表示信息。指挥计算机完成一个基本操作的指令也是由二进制代码构成的，称之为机器指令。每一条机器指令的格式和含义都是由设计者规定的，并按照这个规定设计和制造硬件。一个计算机系统的全部机器指令的总和称之为指令系统，也就是机器语言。用机器语言编写的程序为如下形式：

```
0000 0100 0001 0010
0000 0100 1100 1010
0001 0010 1111 0000
1000 1010 0110 0001
          ⋮
```

上面每一行都是一条机器指令，代表一个具体的操作。用机器语言编写的程序能直接在计算机上运行，运行速度快、效率高，但必须由专业人员编写程序。使用机器语言编写的程序依赖于硬件，程序的可移植性差。所谓移植，是指在一种计算机系统下编写的程序经过改动可以在另一种计算机系统中运行，并且运行结果一致。改动越少，表示可移植性越好；反之，表示可移植性越差。

1.1.2　汇编语言与程序

汇编语言是第二代计算机语言。

汇编语言是一种符号语言，它将难以记忆的二进制指令代码用有意义的英文单词缩写来代替，英文单词缩写被称为助记符，每一个助记符代表一条机器指令。例如，用 ADD 表示加操作，用 SUB 表示减操作。用汇编语言编写的程序有如下形式：

```
MOV  AL  12D          /* 表示将十进制数 12 送往累加器  */
```

```
SUB  AL  18D          /* 表示从累加器中减去十进制数 18  */
 ⋮
HLT                   /* 表示停止执行程序  */
```

汇编语言提高了程序的可读性和可写性，使编程者在编写程序时稍微轻松了一点。但汇编语言程序不能在计算机上直接运行，必须把它翻译成相应的机器语言程序才能运行。将汇编语言程序翻译成机器语言程序的过程叫做汇编，汇编过程是计算机运行汇编程序时自动完成的，如图 1-1 所示。

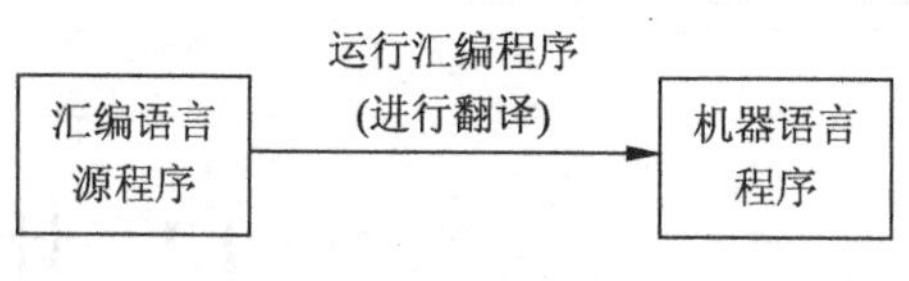

图 1-1　汇编过程

1.1.3　高级语言与程序

如上所述，机器语言和汇编语言都是面向机器的语言，受机型限制，通用性差，不便于学习，一般只适用于专业人员。为了从根本上解决这个问题，人们创造了高级程序设计语言，简称高级语言。高级语言用比较类似于人类自然语言和数学语言的方式描述问题、编写程序。例如，用 C 语言编写的一个程序片段如下：

```
int a, b, c;                    /* 定义变量 a, b, c*/
scanf("%d%d", &a, &b);          /* 输入变量 a, b 的值*/
c = a + b;                      /* 将变量 a, b 的值相加，结果赋给变量 c*/
printf("c=%d\n", c);            /* 输出求和结果*/
```

该程序片段每条语句的功能已给出说明。用高级语言编写程序时，不需要了解计算机的内部结构，只要告诉计算机“做什么”即可。至于计算机用什么机器指令去完成（即“怎么做”），编程者不需要关心。也就是说，编写高级语言程序时，不需要考虑具体的计算机硬件系统。

但是，计算机无法直接执行高级语言程序，必须将高级语言程序翻译成机器语言程序才能执行。翻译过程分成两步即编译和连接，如图 1-2 所示。

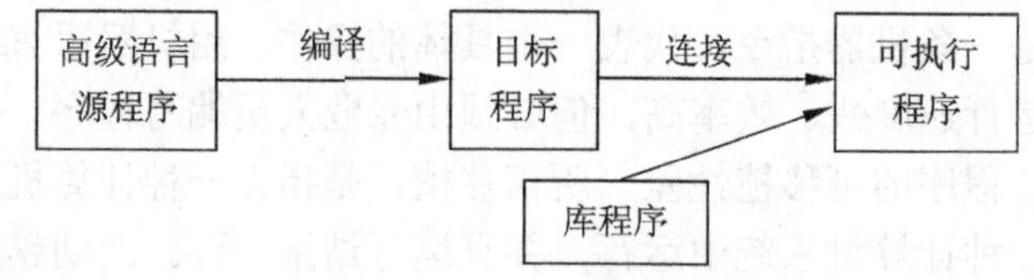

图 1-2　编译、连接过程

高级语言源程序经编译后得到目标程序（一种形式的机器语言程序），再经过与库程序（包含通用函数目标代码）的连接生成可执行的机器语言程序。

高级语言是第三代计算机语言。高级语言不仅易学易用，通用性强，而且具有良好的可移植性。因为不同的计算机系统有不同的编译程序（也称为“编译器”），将高级语言源程序重新编译（在编译之前有时需对源程序稍加改动，称为移植）后，即可在不同的计算机系统中运行。

目前世界上有数百种高级语言，应用于不同领域，而 C 语言作为其中的优秀代表得到了普遍应用。

1.2　C 语言的发展及其特点

C 语言与 UNIX 操作系统关系密切。最初的 UNIX 操作系统是采用汇编语言编写的，B 语言版本的 UNIX 是第一个用高级语言编写的 UNIX。C 语言是美国贝尔实验室的 Dennis M. Ritchie 在 B 语言版的 UNIX 基础上开发出来的，1972 年在 DEC PDP-11 计算机上实现了最初的 C 语言。当时开发 C 语言的目的是为了编写新版 UNIX 操作系统，新版 UNIX 操作系统中 90%的代码由 C 语言编写，10%的代码由汇编语言编写。随着 UNIX 操作系统的广泛应用，C 语言也被人们认识和接受。

20 世纪 80 年代前后，C 语言在各种计算机上的快速推广产生了许多 C 语言版本。这些版本虽然是类似的，但通常互不兼容。显然人们需要一个与开发平台和机器无关的标准 C 语言版本。从 1983 年开始，美国国家标准协会（American National Standard Institute，ANSI）着手制定 C 语言的规范，到 1989 年完成了 ANSI C 标准的制定。Brian W. Kernighan 和 Dennis M. Ritchie 编著的《The C Programming Language—Second Edition》（1988 年，第 2 版）介绍了 ANSI C 的全部内容，该书被称为 C 语言的圣经（C Bible）。该书的第 1 版在 1978 年完成。

C 语言具有如下特点：

（1）语言简洁、紧凑，使用方便、灵活。C 语言只有 32 个关键字，程序书写形式自由。

（2）具有丰富的运算符和数据类型。

（3）C 语言可以直接访问内存地址、进行位操作，完成类似于汇编语言的操作，使其能够胜任开发系统软件的工作。有时 C 语言也被称为“中级语言”，其含义是它将高级语言的优点与汇编语言的“实用性”结合在一起。

（4）生成的目标代码质量高，程序运行效率高。

（5）可移植性好。即程序可以很容易地改写后运行在不同的计算机上。

但是，C 语言也具有如下局限性：

（1）C 语言的数据类型检查机制较弱，这使得程序中的一些错误不能在编译时被发现。

（2）C 语言本身几乎没有支持代码重用的语言结构，因此一个程序员精心设计的程序很难为其他程序所用。

（3）当程序达到一定规模时，程序员很难控制程序的复杂性。

C 语言既适用于开发大型的复杂系统软件，也可以开发一般的软件。

C 语言的发展方向是 C++语言。在 C 语言的基础之上，为了满足管理程序的复杂性以及代码重用的需要，1980 年贝尔实验室的 Bjarne Stroustrup 博士及其同事对 C 语言进行了改进和扩充，最初的成果称为“带类的 C”，而后称为“新 C”。1983 年，由 Rick Mascitti 提议正式命名为 C++（C Plus Plus）。因为在 C 语言中，运算符“++”是对变量进行增值运算，那么 C++的喻义是对 C 语言进行“增值”。1994 年制定了 ANSI C++草案。此后又经过不断完善，成为目前的 C++。C++语言仍然在不断的发展中。

1.3 简单的C程序

下面举一个简单的例子来说明C程序的基本结构。

例 1-1 第1个简单的C程序，源程序名为Li0101.c。

```
/* ----------------------------------------------------------------------
      Li0101.c  该程序输出一行信息
   -------------------------------------------------------------------
*/
main()
{
  printf("Programming is exciting!\n");
}
```

上述简单C程序由注释语句和主函数构成。

C程序的注释语句从"/*"开始，到"*/"结束。一般在"/*"和"*/"之间对程序的功能、语句的功能以及一些程序的设计思想做说明，注释可以在一行中书写，也可以跨多行书写。本例中的注释是跨多行书写的，在下面的例子中可以看到在一行中书写的注释。注释语句对产生程序的可执行代码没有影响，因为C语言对源程序正式编译之前，会将注释语句从源程序中删除，参见第11章中例11-4。

任一C程序均有而且只有一个主函数，表示程序从该函数开始执行。main ()是函数的首部，紧接着是由花括号{ }括起来的函数体。在函数体中，可按照算法写出语句，完成指定的功能。上述程序的主函数中调用了一个输出函数printf()，完成输出一个字符串的功能。字符串是用双引号括起来的字符序列，该序列尾部的"\n"是一个控制字符，完成换行功能。

运行该程序，输出如下信息：

```
Programming is exciting!
```

注意：\n 没有被输出，它完成换行控制功能，即把当前输出点移至下一行的起始位置，等待下面的输出。也就是说，如果后面还有输出，则从下一行开始输出。

例 1-2 第2个简单的C程序。

```
/* ----------------------------------------------------------------------
         Li0102.c  该程序输入一个数，求出并输出该数的平方
   ----------------------------------------------------------------------
*/
main()
{
  int num, square;                    /* 定义变量 num、square  */

  printf("num = ");                   /* 输出提示信息  */
  scanf("%d", &num);                  /* 输入一个数，赋给变量 num  */
```

```
    square = num * num;              /* 求 num 的平方，结果赋给变量 square  */
    printf("square = %d\n", square); /* 输出变量 square 的值  */
}
```

上述程序对主函数中各个语句的功能，都用注释语句给出了说明。

该程序的运行结果为：

```
num = 8<Enter>
square = 64
```

其中带下划线的部分为用户的输入。执行上述程序时，首先在屏幕上显示：

```
num =
```

等待用户输入一个整数，假如输入的是: 8 < Enter >（<Enter> 表示 <回车>），则输出结果是：

```
square = 64
```

例 1-3 一个由两个函数构成的 C 程序。

```
/* -------------------------------------------------------
        Li0103.c  该程序调用函数求两个数之和
   -------------------------------------------------------
*/
int sum(int x, int y)              /* A行 */
{
   int z;

   z=x+y;
   return z;                       /* B行 */
}

main()
{
   int  a, b, c;                   /* 定义变量 a 和 b */

   a=3;                            /* 给变量 a 赋值 */
   b=5;                            /* 给变量 b 赋值 */
   c = sum(a, b);                  /* (C行)求 a 与 b 之和, 结果赋给变量 c */
   printf("c = %d\n", c);          /* 输出变量 c 的值 */
}
```

C 程序可以由若干函数组成，本程序由两个函数组成。程序从主函数 main()开始，当执行到 C 行时，发生函数调用，流程转入 A 行执行函数 sum()，同时将实际参数（简称“实参”）a 和 b 的值分别赋给形式参数（简称“形参”）x 和 y；函数 sum 执行结束到达 B 行，将计算结果 z 通过 return 语句带回主函数；同时程序的流程返回到主函数中的 C 行，并将函数 sum()的计算结果 8 赋值给变量 c，程序继续执行，调用 printf()函数输出：c = 8。

从本例看出，一个 C 程序由若干函数构成，程序的执行总是从 main()开始，当发生函数的调用及返回时，程序的执行流程在函数间跳转。

1.4 程序开发的步骤

目前，大多数的程序设计语言都提供了集成开发环境，编程者首先在集成开发环境中输入源程序，一般 C 语言源程序的扩展名为.c，如源程序名为 Li0101.c。在集成环境中启动编译程序将源程序转化成目标程序，一般名为 Li0101.obj，即目标程序文件和源程序文件的主文件名一致，扩展文件名为 .obj。然后启动连接程序，将目标程序与库程序（一般扩展名为 .lib）连接，生成可执行程序 Li0101.exe，扩展名为 .exe。最后运行可执行程序。

在程序开发的各个阶段，如编译、连接、执行，均有可能出现错误，当出现错误后，必须回到程序的编辑状态对源程序进行修改。

程序的开发步骤如图 1-3 所示。

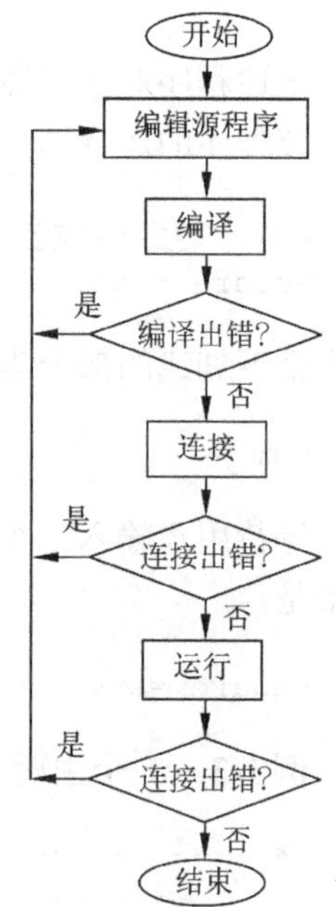

图 1-3 开发 C 程序的步骤

习 题 1

1．程序设计语言经过了几代的发展？各代程序的书写形式有何变化？如何运行各代程序？

2．什么是程序的可移植性？如何评价程序可移植性的优劣？

3．C 语言的特点和局限性是什么？

4．C 程序的基本结构是什么？在 C 程序中如何写注释？

5．简要说明 C 程序的开发步骤。

6．上机运行本章三个例子程序，熟悉所用集成开发环境。

7．仿照例 1-1，编写程序输出以下三行信息：

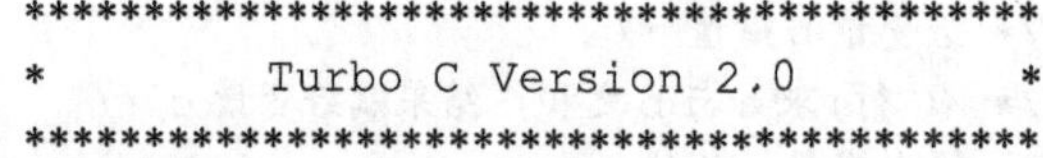

```
******************************************
*         Turbo C Version 2.0            *
******************************************
```

8．仿照例 1-3，编写一个函数 average(int x, int y, int z)，用于求三个整数的平均值。在主函数中调用 average()函数，求出三个变量 a、b 和 c 的平均值，并输出该平均值。

第2章　数据类型、运算符和表达式

学习编写程序，首先要了解程序的基本组成要素。从形式上说，C 程序是由一些符号、单词构成的语句组成；从逻辑上说，程序 = 数据结构 + 算法。所以必须首先了解构成程序的符号、单词和数据。本章主要介绍这些构成程序的基本语法要素。

2.1　保留字和标识符

2.1.1　保留字

保留字（reserved word）也称为关键字（keyword），它们是 C 语言预先定义的字符序列，具有特殊的含义及用法，编程者不能将它们用作自己的变量或函数名等。如例 1-1 中的类型说明符 int 用于定义整型变量。ANSI C 中共有 32 个保留字，它们是：

auto	break	case	char	const	continue	default
do	double	else	enum	extern	float	for
goto	if	int	long	register	return	short
signed	sizeof	static	struct	switch	typedef	union
unsigned	void	volatile	while			

这些保留字的意义和用法将在以后逐步介绍。

2.1.2　标识符

标识符（identifier）是有效字符序列，用来标识用户自己定义的变量名、符号常量名、函数名、数组名、类型名等。例如，在例 1-3 的主函数中，变量名 a、b 和 c 以及函数名 sum 均为用户定义的标识符。

标识符的命名应遵循以下规则：

（1）不能是保留字。

（2）只能由字母、数字和下划线三种字符组成，区分大写字母和小写字母。

（3）第一个字符必须为字母或下划线。

（4）中间不能有空格。

（5）标识符可以为任意长度，一般以不超过 31 个字符为宜。特定的 C 语言编译系统对标识符的长度有具体的规定。

（6）一般不要与 C 语言中的库函数名相同。

以下是合法标识符：

MyName　　　Average　　　GetDay

StudentName　　_above　　Lotus_1_2_3

以下是非法标识符：

M.D.John　　$123　　3D64　　a>b　　3DMax

通常为了增强程序的可读性，可采用匈牙利命名法（Hungarian notation），其规则是：标识符由多个英文单词组成，每个单词的第一个字母大写，其余为小写，如 StudentName。

2.2 C 语言的基本数据类型

程序中经常需要处理数据。描述一个数据需要两方面的信息：一是数据占用的存储空间的大小（即该数据占用的字节数），二是该数据允许执行的操作或运算。为数据赋予类型就可以区分这两方面的信息。C 语言的数据类型分为两类，一类是基本数据类型，另一类是导出数据类型。基本数据类型包括字符型、整型、实型、双精度实型。导出数据类型是由基本数据类型构造出来的数据类型，包括数组、指针和结构体等。表 2-1 中列出了 C 语言的基本数据类型及各类型数据的取值范围。

表 2-1　C 语言的基本数据类型

类型标识	名称	占用字节数	取值范围
char	字符型	1	–128 ~ 127
int	整型	2	-2^{15}~（2^{15}–1）
float	单精度实型	4	$-10^{38} \sim 10^{38}$
double	双精度实型	8	$-10^{308} \sim 10^{308}$

字符型用来存放一个字符的 ASCII 码值，它代表一个字符，也可以将其看成一个 8 位二进制码的整数。整型用来存放一个整数，其占用的二进制位数随不同的 C 语言版本而不同，可以占用 2 个字节或 4 个字节，在 Turbo C 2.0 集成开发环境中占用 2 个字节，本教材中默认 int 型数据占用 2 个字节。实型用来存放实型数据，两种类型的实型数据因占用的字节数不同，其表示的数据范围也不同。

对于字符型和整型，均可以把它们看成整型数。在类型标识符 char 和 int 之前加上修饰词后，可以得到其他类型的整型数。这些修饰词有 signed（有符号的）、unsigned（无符号的）、long（长的）、short（短的），组合后的数据类型见表 2-2。

表 2-2　C 语言的全部基本数据类型

类型标识	名称	占用字节数	取值范围	有效数字
[signed] char	有符号字符型	1	–128 ~ 127	
unsigned char	无符号字符型	1	0 ~ 255	
[signed] short [int]	有符号短整型	2	–32 768 ~ 32 767	
unsigned short [int]	无符号短整型	2	0 ~ 65 535	
[signed] int	有符号整型	2	–32 768 ~ 32 767	
unsigned [int]	无符号整型	2	0 ~ 65 535	
[signed] long [int]	有符号长整型	4	-2^{31} ~（2^{31}–1）	

续表

类型标识	名称	占用字节数	取值范围	有效数字
unsigned long [int]	无符号长整型	4	$0 \sim (2^{32}-1)$	
float	实型	4	$-10^{38} \sim 10^{38}$	6~7 位
double	双精度实型	8	$-10^{308} \sim 10^{308}$	15~16 位

表 2-2 中各数据类型的方括号中的内容可省略。例如，signed long int n;等价于 long n;。

可以使用类型标识符定义变量，如 int a=5, b=–5; 定义了两个整型变量 a 和 b，给它们赋的初值分别是 5 和–5。整型量在内存中以补码方式存放，占有 16 个二进制位，上述 a 和 b 两个量在内存中存放的形式为：

```
a: 0000 0000 0000 0101
b: 1111 1111 1111 1011
```

补码的最高位是符号位。5 是正数，其补码形式与原码相同。–5 的补码是其原码取反加 1。

注意：int 型量与 unsigned int 型量的区别如图 2-1 所示。int 型量是 16 位的，采用补码方式表示，第一个二进制位是符号位；而 unsigned int 型量虽然也是 16 位的，但采用原码方式表示，没有符号位。

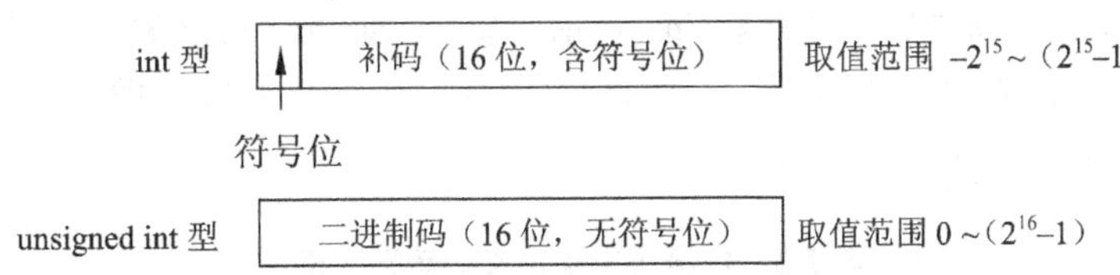

图 2-1　int 型量与 unsigned int 型量的区别

内存中有编码 1111 1111 1111 1011，如果把它赋给一个 int 整型量，它所代表的值为–5。如果把它赋给一个 unsigned int 整型量，它所代表的值为 65 531（等于 $2^{16}-1-4$）。

2.3　常量和变量

2.3.1　常量

在程序运行过程中，值不能被改变的量称为常量。编程者可以直接在程序中书写常量。如在例 1-2 中有常量 3 和 5。下面对各种类型的常量及其书写形式做详细说明。

1. 整型常量

（1）十进制整数，如：123、–456。

（2）八进制整数，如：0123、–016。八进制整数以 0（零）开头，在数值中可以出现数字符号 0~7。

（3）十六进制整数，如：0x123、–0xAB。十六进制整数以 0x（零 x）或 0X 开头，在数值中可以出现数字符号 0~9、A~F（或小写字母 a~f）。

（4）长整型与无符号型整数。

长整型整数如：12L、0234L，–0xABL，12l，0234l，–0xABl；无符号型整数如：12U，0234U，0xABU，12u，0234u，0xABu。

在一个常数后加 L 或 l（小写的 L）表示该常数是长整型的整数；在一个常数后加 U 或 u（小写的 U）表示该常数是无符号型的整数。

2．实型常量

实型常量在内存中以浮点形式存放，在程序中书写时，均为十进制数，无数制区分。两种书写形式为：

- 小数形式　必须写出小数点，如 1.65，1.，.123 均是合法的实型常量。
- 指数形式　也称为科学表示法形式，如 1.23×10^{5} 和 1.23×10^{-5} 在程序中可以表示成 1.23e5 和 1.23e–5。小写的 e 也可以写成大写的 E，e 或 E 前必须有数字，e 或 E 后必须是整型数，如 1000 应写为 1e3，而不能写成 e3。

3．字符型常量

用单引号括起来的一个字符称为字符型常量（简称字符常量），如 'a'，'A'，'?'，'#'。在内存中对应存放该 4 个字符的 ASCII 码值，其数据类型为 char 型。用这种方式只能表示键盘上的可输入字符，而有些控制字符（见附录 A“ASCII 码表”）就不能用这种方式表示了，如 ASCII 码值为 10 的字符为控制字符，表示换行，无法用前述方式表示。为此，C 语言提供了另外一种表示字符常量的方法，即“转义”字符。转义字符是以反斜杠“\”引导的特殊字符常量表示形式。一般地，'n' 表示字母 n，而 '\n' 仅代表一个字符，表示控制字符“换行”，即跟随在“\”后的字母 n 的意义发生了转变，所以叫做转义字符。在表 2-3 中列出 C 语言中预定义的转义字符。

表 2-3　C 语言中预定义的转义字符

转义字符	名称	功能或用途
\a	响铃	用于输出响铃
\b	退格（Backspace 键）	输出时回退一个字符位置
\f	换页	用于输出
\n	换行符	用于输出，移至下一行行首
\r	回车符	用于输出，回退至本行行首
\t	水平制表符（Tab 键）	用于输出，跳至下一制表起始位置
\v	纵向制表符	用于制表
\\	反斜杠字符	用于表示一个反斜杠字符
\'	单引号	用于表示一个单引号字符
\"	双引号	用于表示一个双引号字符
\ddd	ddd 是 ASCII 码的八进制值，最多三位	用于表示该 ASCII 码代表的字符
\xhh	hh 是 ASCII 码的十六进制值，最多两位	用于表示该 ASCII 码代表的字符

表 2-3 中最后 2 行是转义字符的高级形式，它可以表示任一字符。如 '\n' 表示控制字符“换行”，它的 ASCII 码是十进制数 10，10 的八进制和十六进制表示分别是 12 和 a，因此'\n' 也可以表示成 '\12' 和 '\xa'。又如字母 A 的 ASCII 码是十进制数 65，它的八进制数和十六进制表示分别是 101 和 41，所以在程序中，字母 A 可以写成 'A'、'\101'或'\x41'。

4. 字符串常量

字符串常量是用双引号括起来的字符序列，如"CHINA"、"How do you do."、"a"。字符串常量在内存中存放形式是存放其连续字符的 ASCII 码值，末尾加一个结尾标志 '\0'。'\0'表示 ASCII 码值为 0 的字符，即 ASCII 码表中第一个字符，也称为“空字符”，其值为 0。如字符串"CHINA"在内存中的存放形式如图 2-2 所示。

注意：字符串常量 "a" 和字符常量 'a' 是不同的。字符常量 'a' 在内存中占有一个字节，而字符串常量 "a" 在内存中占有二个字节，如图 2-3 所示。

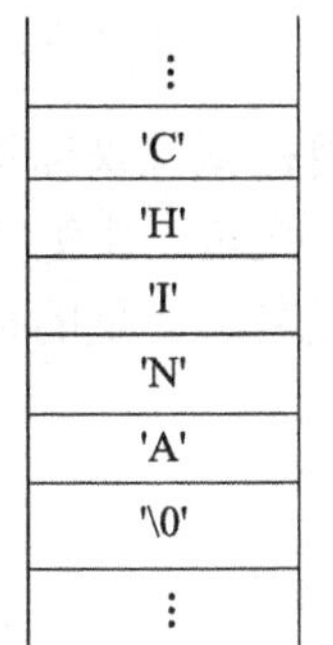

图 2-2　字符串在内存中的存放

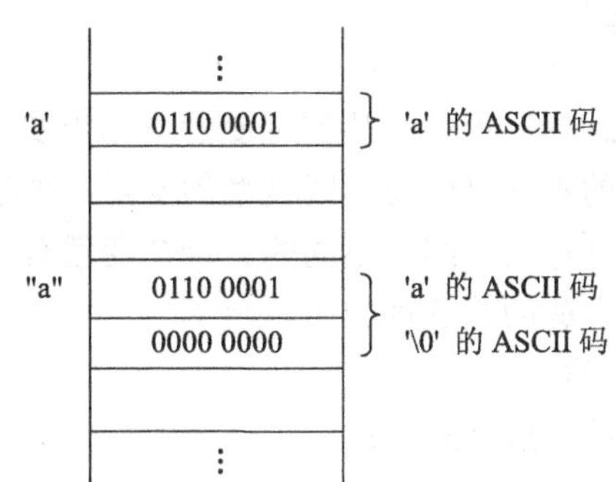

图 2-3　字符和字符串在内存中存放方式的比较

2.3.2 符号常量

可以在程序中直接书写常量，但有时会遇到一些麻烦。如进行数学计算时，在程序中要多次使用π，需要多次书写 3.1415926，这样编辑程序时可能出现数字书写错误的情况，同时如果精度上需要变化，如将 3.1415926 改为 3.14，就需要在程序中进行多处修改。

C 语言提供了一种机制以避免上述麻烦：用一个标识符代表一个常量，称为符号常量。编程者可以在程序的开头定义一个符号常量，令其代表一个数值，在程序的后面使用该符号常量。

符号常量的定义形式为：

```
#define   PRICE   30
#define   PI       3.1415926
#define   S        "China"
```

此 3 行定义了 3 个符号常量，它们是 PRICE、PI 和 S。定义符号常量的好处是，如果在程序中多处使用了同一个常量，当需要对该常量修改时，只需要在定义处修改一处即可，而不需要修改程序中的多处。给符号常量取有意义的名字有利于提高程序的可读性，另外，一般用大写字母给符号常量命名。

下面用一个例子说明符号常量的使用。

例 2-1　符号常量的使用。

```
#define  PI  3.1415926
main()
{
```

```
    double angle, radian;

    scanf("%lf", &angle);                /* 输入角度 */
    radian = angle * PI / 180;           /* 将角度转化成弧度 */
    printf("%lf\n", radian);             /* 输出弧度 */
}
```

程序中的输入输出格式控制字符“lf”将在 3.2 节中叙述。

2.3.3 变量

在程序的运行过程中，其值可变的量称为变量。变量名必须用标识符来标识。变量根据其取值范围的不同可分为不同类型的变量，如字符型变量、整型变量、实型变量等。不同类型的变量其存储空间是不同的。一个变量有三个要素，即变量名、变量的存储空间、在存储空间中存放的该变量的值。

1．定义变量

定义变量的一般格式为：

```
[<存储类别>] <变量类型> <变量名 1>, <变量名 2>, …, <变量名 n>
```

这里暂时不必关心变量的<存储类别>，在后面有关章节中会有详细说明。现在定义变量如下：

```
int a, b;                   /* 定义 2 个整型变量 a, b */
unsigned u;                 /* 定义 1 个无符号整型变量 u */
float f;                    /* 定义 1 个单精度实型变量 f */
double d;                   /* 定义 1 个双精度实型变量 d */
char c1, c2, c3;            /* 定义 3 个字符型变量 c1, c2, c3 */
```

变量必须先定义后使用，原因是：

（1）变量定义后它就具有变量的前两个要素了，即具有了变量名和变量的类型，系统根据类型给变量分配存储空间，并建立变量名和其存储空间的对应关系，于是可以通过变量名给变量的存储空间赋值或读取该存储空间中变量的值。

（2）C 语言中某些运算对参加运算的数据量的类型有限制，变量具有类型后，便于编译器对运算的合法性做检查。

2．变量赋初值

当使用变量时，变量必须有值，给变量赋初值的方法有以下两种。

（1）变量定义后，用赋值语句赋初值。例如：

```
int a, b;
char c1, c2;
a = 12; b = -24;
c1 = 'A'; c2 = 'B';
```

此处“=”是赋值运算符，表示将赋值号右边的值放入赋值号左边的变量对应的存储空间中。

（2）在定义变量的同时，直接赋初值（称为变量的初始化）。例如：

```
int a=12, b= -24;
char c1 = 'A', c2 = 'B';
```

3．常变量

在C语言中还有一种量称为常变量，其定义形式如：

```
const double pi=3.14159;
```

其含义是pi具有变量的三个要素，即具有变量名、存储空间和初值，但必须定义时赋初值，且它的值在程序的运行过程中不允许被改变。

2.4　基本运算符和表达式

2.4.1　C语言运算符及表达式简介

在C语言中，数据处理是通过运算来实现的。为表示一个计算过程，需要使用表达式，表达式是由运算符、运算量构成的一个计算序列。在C语言中有很多运算符，如算术运算符（+、–、*、/、%）、关系运算符（>、>=、<、<=、==、!=）等。表2-4中列出了C语言的各种运算符及其优先级和结合性。

表2-4　C语言的运算符及其优先级和结合性

优先级	运算符	结合性
1	() . -> []	左→右
2	*（间接访问） &（取地址） ! ~ ++ – sizeof() (类型)	右→左
3	*（乘） /（除） %（求余）（算术运算符）	左→右
4	+ –（算术运算符）	左→右
5	<< >>（位运算符）	左→右
6	< <= > >=（关系运算符）	左→右
7	== != （关系运算符）	左→右
8	&（位运算：与）	左→右
9	^ （位运算：异或）	左→右
10	|（位运算：或）	左→右
11	&&（逻辑运算：与）	左→右
12	||（逻辑运算：或）	左→右
13	?: （条件运算，三目运算符）	右→左
14	= += –= *= /= %= <<= >>= &= ^= |=（赋值及复合赋值运算符）	右→左
15	,（逗号运算符）	左→右

若一个运算符只能对一个运算量进行，则称其为一元运算符或单目运算符，如表中第2行的“–”（负号）运算符。若一个运算符要求两个运算量，则称其为二元运算符或双目运算符，如表中的“+”（加号）和“–”（减号）运算符。若一个运算符要求三个运算量，则称其为三元运算符或三目运算符，如表中的“ ? : ”条件运算符。

2.4.2 算术运算符和算术表达式

C 语言提供了五个算术运算符，它们是：+（加）、–（减）、*（乘）、/（除）、%（求余），它们是二元运算符，其中 +（正号）和 –（负号）又可用作一元运算符。

值得注意的是，对于除法运算，当两个运算量均为整数时为整除，例如 5/2 得到结果 2。当至少有一个运算量为实数时则为通常意义的除法，例如 5.0/2 得到结果 2.5。

对于求余运算（或称模运算），要求运算量必须为整型数据。例如，8%3 结果为 2，而 8.0%3 为非法表达式。

2.4.3 运算符的优先级和结合性

C 语言表达式中可以出现多个运算符和运算量，计算表达式时必须按照一定的次序，运算符的优先级和结合性规定了运算次序。

所谓优先级是指不同的运算符具有不同的运算优先次序。若在同一个表达式中出现了不同级别的运算符，首先计算优先级较高的。

如 d = a + b * c 表达式中出现了三个运算符即 *（乘）、+（减）、=（赋值），这三个运算符的优先级由高到低依次是 *、+、=，所以先算乘法，再算加法，最后执行赋值运算，即将赋值运算符右边的表达式的值赋给变量 d 。

括号可以改变运算符的优先级。如 d = (a + b) * c 表达式的运算次序是+、*、=。

所谓结合性是指在表达式中若连续出现若干个优先级相同的运算符时，各运算的运算次序。

如 d = a + b – c 表达式中出现了三个运算符，即 +（加）、–（减）、=（赋值），其中加和减的运算优先级相同，而赋值运算符优先级较低。从表 2-4 中看出，加和减运算的结合性是从左向右的，因此计算该表达式时，先计算加，再计算减，最后进行赋值。而 a=b=c 表达式是从右向左结合，具体见 2.4.8 节。

2.4.4 关系运算符和关系表达式

关系运算符实际上就是比较运算符。关系运算符的意义及运算优先级如下：

运算符	意义	说明
<	小于	这四个运算符的优先级相同，且高于下面的两个
<=	小于等于	
>	大于	
>=	大于等于	
==	恒等于	这两个运算符的优先级相同，且低于上面的四个
!=	不等于	

关系表达式是用关系运算符连接两个表达式构成。如：a>3.0、a+b>b+c、(a=3)>(b=5)、'a'<'b' 等。

关系运算符的优先级比算术运算符的优先级低，但比赋值运算符的优先级高。

参加关系运算的两个操作数可以是任意类型的数据。当比较结果成立时，结果为 1（表示“真”），当比较结果不成立时，结果为 0（表示“假”）。例如，若有 int a=1, b=2, c=3; 则表达式 a>b 的值为 0；表达式 b<a+c 的值为 1；表达式 a==b–1 的值为 1；表达式 a>b>c

的值为 0。

2.4.5 逻辑运算符和逻辑表达式

C 语言中提供三种逻辑运算符，它们是：

- 逻辑“非”（一元运算符）
- && 逻辑“与”（二元运算符）
- || 逻辑“或”（二元运算符）

若 a 和 b 是两个运算量，a&&b 的意义是：当 a、b 均为真时，表达式的值为真。a || b 的意义是：当 a、b 均为假时，表达式的值为假。!a 的意义是：当 a 为真时，!a 为假；当 a 为假时，!a 为真。可以用如表 2-5 所示的“真值表”来概括。

表 2-5 逻辑运算“真值表”

a	b	a&&b	a || b	!a
0	0	0	0	1
0	1	0	1	1
1	0	0	1	0
1	1	1	1	0

逻辑表达式是用逻辑运算符连接两个表达式构成，如：a>b&&x>y、a==b || x==y、!a >b。三个逻辑运算符的优先级由高到低依次是 !、&&、||。取非运算符（!）的优先级比算术、关系运算符高。而“与”（&&）和“或”（||）的运算优先级比算术、关系运算符的优先级低，但比赋值运算符的优先级高。因此，上述三个逻辑表达式的意义等价于(a>b)&&(x>y)、(a==b)||(x==y)、(!a) >b。

参加逻辑运算的运算量可以是任意类型的数据。进行逻辑运算时，在判断运算量的逻辑真假性时，规定：任何非 0 值表示逻辑真，0 值表示逻辑假。例如：a = –1; b=2.0; 则 a 为真，b 也为真，从而表达式 a&&b 的结果为真。

C 语言在给出关系表达式或逻辑表达式运算结果时，以数值 1 代表“真”，以数值 0 代表“假”。例如，若 a=1, b = –2，则表达式 a>b 的值为 1。

注意：在 C 程序中，要表示数学关系 $0 \leqslant x \leqslant 10$ 时，逻辑表达式必须写成 0<=x && x<=10，而不能写成 0<=x<=10。因为 C 语言中表达式的运算是按照优先级和结合性进行的，而不是想当然的。例如，当 x = –1 时，数学关系 $0 \leqslant x \leqslant 10$ 显然是不成立的，而 C 语言表达式 0<=x<=10 的运算结果为真，与数学关系式矛盾。计算过程是：表达式 0<=x<=10 中两个运算符的优先级相同，按照结合性，自左向右运算，先算 0<=x，结果为 0；再算 0<=10，结果为真。而对表达式 0<=x&&x<=10，先算 0<=x，结果为 0；根据 2.4.11 节中将介绍的逻辑运算的优化原则，若与运算符（&&）之前的表达式为 0，则整个表达式的结果为 0，而不必计算&&之后的表达式，与数学关系保持一致。

2.4.6 位运算符和位运算表达式

位运算是对整型数据的运算，而且规定符号位参加运算，主要用于编写系统软件，完成汇编语言能够完成的一些功能，比如对机器字以及机器字中的二进制位进行操作。

位运算符共有 6 个，它们是：按位与（&）、按位或（|）、按位异或（^）、按位取反（~）、左移（<<）、和右移（>>）。下面一一介绍。

1．按位与（&）

运算符“&”将两个运算量的对应二进制位逐一按位进行逻辑与运算。每一位二进制数（包括符号位）均参加运算。

例如：

```
char a=3, b = -2, c;    /* 此时，可将 a、b、c 看成是一个字节长度的整型数 */
c = a & b;
```

```
        a    0000 0011
  &     b    1111 1110
  ---------------------
        c    0000 0010
```

运算结果：变量 c 的值为 2。

2．按位或（|）

运算符“|”将两个运算量的对应二进制位逐一按位进行逻辑或运算。每一位二进制数（包括符号位）均参加运算。

例如：

```
char a=18, b=3, c;    /* 此时，可将 a、b、c 看成是一个字节长度的整型数 */
c = a | b;
```

```
     a    0001 0010
  |  b    0000 0011
  ------------------
     c    0001 0011
```

运算结果：变量 c 的值为 19。

3．按位异或（^）

运算符“^”将两个运算量的对应二进制位逐一按位进行逻辑异或运算。每一位二进制数（包括符号位）均参加运算。异或运算的含义是，若对应位相异，结果为 1；若对应位相同，结果为 0，

例如：

```
char  a=18, b=3, c;  /* 此时，可将 a、b、c 看成是一个字节长度的整型数 */
c = a ^ b;
```

```
     a    0001 0010
  ^  b    0000 0011
  ------------------
     c    0001 0001
```

运算结果：变量 c 的值为 17。

请读者思考：如下程序段执行后，a、b 的值分别是多少？参见本章习题第 12 题。

```
int a=5, b=9;
a = a^b;
```

```
b = a^b;
a = a^b;
```

4. 按位取反（~）

运算符“~”是一元运算符，结果是将运算量的每个二进制位逐一取反。

例如：

```
int a=18, b;
b = ~a;
```

~　a　0000 0000 0001 0010

　　b　1111 1111 1110 1101

运算结果：变量b 的值为 –19，或记为十六进制数 0xffed。

5. 左移（<<）

设a、n是整型量，左移运算的一般格式为：a<<n，其意义是将a按二进制位向左移动n位，移出的最高n位舍　，最低位补n个0。

例如，若有 int a=15, x; a的二进制形式是 0000 0000 0000 1111，执行 x = a<< 3；运算后x的值是 0000 0000 0111 1000，其十进制数是120。对一个量进行左移一个二进制位，相当于乘以2操作。左移 *n* 个二进制位，相当于乘以 2^n 操作。程序运行时，左移 *n* 位比乘以 2^n 操作速度快。

左移运算有　出问题，因为整数的最高位是符号位，当左移一位时，若符号位不变，则相当于乘以2操作，但当符号位变化时，就发生了　出。例如，若有 char a = 127, x；即a的二进制形式是 0111 1111，做 x = a<<2; 运算后x的值 1111 1100，表示的十进制数是 –4，此时即发生了　出。原因是，8位二进制补码所能表示的数的范围是 –128 ~ +127，a的值是127，若将a的值乘以 2^2，则超出了所能表示的数的范围。　出后，变量a的值是其在内存中实际存储的值，当然是一个在逻辑上不正确的值。因为127乘以 2^2 后，逻辑上应得到508，但实际上是–4，这就是“　出”的后果。

6. 右移（>>）

设a、n是整型量，右移运算的一般格式为：a>>n，其意义是将a按二进制位向右移动n位，移出的最低n位舍　，高位补0还是1呢？这取决于a是什么类型的整型量，若a是有符号的整型量，则高位补符号位；若a是无符号的整型量，则高位补0。

例如：

```
char a = -4, b=4, x, y;
x = a >> 2;
y = b >> 2;
a: 1111 1100    →  x: 1111 1111
b: 0000 0100    →  y: 0000 0001
```

x的值是 –1，y的值是1。右移一位相当于除以2操作。

又例如：

```
unsigned char a = -4, x;
x = a >> 2;
```

```
a: 1111 1100    →  x: 0011 1111
```

x 的值是 63。此时，右移一位符号位发生了变化，称为 出，就不表示除以 2 操作了。

说明：

上例中对 a 进行左移或右移，a 本身的值并没有发生变化。这类似于：

```
int a=1, b;
b = a+2;
```

执行后 a 的值并没有变化。

***例 2-2** 编写程序，从一个 16 位的单元中取出某几位。

假定变量 value 中存放一个 16 位二进制数，存储位自左向右从 1 开始编号，将 value 中从 n1 位开始到 n2 位结束的各位取出，存入另一变量 result，即要求 result 的值从 n1 位到 n2 位与 value 中的值保持一致，其余各位为 0。例如，若 value 的值为八进制数 101675，n1 为 5，n2 为 8，即 value 的值为：

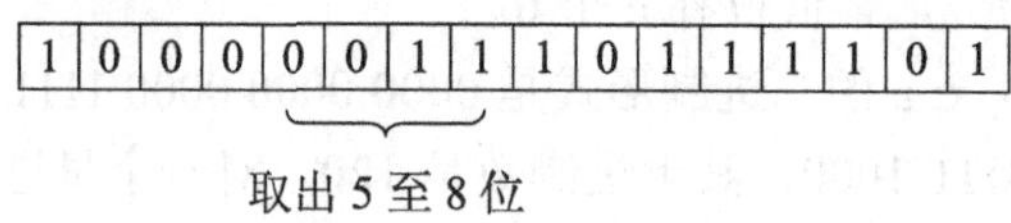

则 result 的值为：

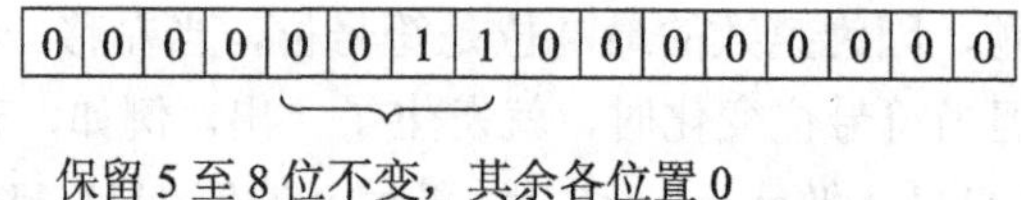

程序如下：

```
#include<stdio.h>

main()          /*  value=0101675 -> result=01400 */
{
  unsigned int value=0101675, result;                    /* A */
  int n1=5, n2=8;                                        /* B */

  result = value<<(n1-1)>>( n1-1+16-n2)<<(16-n2);       /* C */
  printf("%o\n", result);                                /* D */
}
```

程序中的 A 行和 B 行直接给变量 value、n1 和 n2 赋值。可以使用第 3 章将要学到的输入语句输入三个变量的值，以编写 value、n1 和 n2 具有任意值的通用程序。C 行连续进行左移和右移运算符，这两个运算符的结合性是自左向右的。value 的第 n1 位的左侧有 n1–1 个二进制位，value 的第 n2 位的右侧有 16–n2 个二进制位。C 行具体执行顺序是：①先进行左移，左移 n1–1 位后，结果原第 n1 位被移到第 1 位；②然后右移，右移的总位数是(n1–1+16–n2)，表示将待保留的位移回原位置后继续向右移动 16–n2 位，原第 n2 位被移到了第 16 位，右移时最高位补 0；③最后将待保留的位左移回原位，左移 16–n2 位，左移时最低位补 0。请思考：为什么将变量 value 定义成 unsigned int 类型？是否可以定义成 int

型？程序的 D 行将 result 按八进制数值形式输出，结果为 1400。输出格式“o”将在第 3 章中讲述。

2.4.7 自增、自减运算符和表达式

C 语言中还有两个可以改变变量值的运算符，它们是自增（++）和自减（--）运算符，作用是使变量的值加 1 和减 1。这两个运算符均是一元运算符，而且只能对变量做运算。它们可以放在变量之前或之后，如：++i, --i 表示先将 i 的值加 1 或减 1，然后再参加其他运算；而 i++, i--表示先用 i 的值参加运算，然后再将变量 i 的值加 1 或减 1。

例如：

```
int  i = 3, j;
j = ++i;
```

则运算结束后，i 的值是 4，j 的值也是 4。

又如：

```
int  i = 3, j;
j = i++;
```

则运算结束后，i 的值是 4，j 的值是 3。

再如：

```
int  i = 3, j = 4, x;
x = (i++)+(j++);
```

则运算结束后，i、j 的值分别是 4、5，而 x 的值是 7。

注意：自增、自减运算符只能作用于变量，表达式 3++ 或 ++(x+y) 都是非法的，原因是在这两个表达式中，++作用在常量和表达式上。

2.4.8 赋值运算符和赋值表达式

1．赋值运算符

在 C 语言中，“=”是赋值运算符，赋值表达式是由赋值运算符连接一个变量和一个表达式构成，其格式是：

```
<变量> <赋值运算符> <表达式>
```

如 a=8 和 a=b+c。

赋值表达式的求解过程是：先求出<表达式>的值，再赋值给<变量>。

赋值表达式的值是<变量>的值。

注意：赋值表达式中<表达式>还可以是另外一个赋值表达式。赋值运算符“=”与数学上的等号意义不一样，赋值表示一种运算，如 i=i+1；表示先计算赋值号右边的 i+1，再把结果赋给变量 i。赋值运算符的优先级比到目前为止学习过的所有运算符的优先级都低，其结合性是从右向左的。如表达式 b=c=d=a+5 是一个合法表达式，若 a 的初值是 3，则先计算表达式 a+5，结果是 8，将 8 赋给变量 d，此时赋值表达式“d=a+5”的值是 8，再从

右向左依次计算 c=8，b=8，结果整个表达式的值是 8。

又如，表达式 a=5+c=6 是非法表达式，因为按照运算符的优先级应先计算 5+c，再计算表达式最右边的赋值“=”，即将 6 赋给“5+c”，这是一个非法赋值。

再如，表达式 a=b=5 的值是 5，表达式 a=5+(c=6)的值是 11，表达式 a=(b=4)+(c=6)的值是 10。

2．复合赋值运算符

表达式 a = a + 3 可简写成 a + = 3；表达式 a = a * b 可简写成 a * = b。在 C 语言中，所有的二元算术运算符和二元位运算符都可以与赋值运算符组合成一个复合的赋值运算符，它们是：

+=	-=	*=	/=	%=
<<=	>>=	&=	^=	|=

复合赋值运算符与赋值运算符的优先级和结合性是一样的。如 y *= x + 8，等价于 y *= (x + 8)，也等价于 y = y * (x + 8)。又如表达式：

```
a += a-= a * a
```

如果 a 初值为 2，则先计算 a*a，值为 4，再计算 a-= 4，结果 a 的值变成–2，同时表达式 a-= 4 的值也是–2，再计算 a+= (–2)，结果 a 的值是–4，则整个表达式的值也是–4。

2.4.9 逗号运算符和逗号表达式

逗号运算符：,

逗号表达式格式：

```
<表达式 1>, <表达式 2>, …, <表达式 n>
```

逗号表达式的求解过程：依次计算<表达式 1>、<表达式 2>，…，<表达式 *n*>的值。

逗号表达式的值为<表达式 *n*>的值。

如逗号表达式：a=3*5 , a*4 , a+5，依次计算表达式 a=3*5、表达式 a*4、表达式 a+5。运算结束后，变量 a 的值为 15，整个表达式的值为 20。

逗号运算符的优先级在 C 语言的所有运算符中是最低的，它的结合性是从左向右。

例如，写出下面表达式的类型以及在运算结束后 a=?，x=?，表达式=?。

a=3*5, a*4　　是逗号表达式，运算结束后 a=15，表达式的值为 60。

x=(a=3, 6*3)　是赋值表达式，运算结束后 a=3，x=18，表达式的值为 18。

x=a=3, 6*3　　是逗号表达式，运算结束后 a=3，x=3，表达式的值为 18。

2.4.10 sizeof()运算符和表达式

sizeof ()运算符是一元运算符，它用于计算一个某类型的运算量所占用的字节数。其格式为：

```
sizeof (<类型标识>/<变量名>)
```

其功能是求一个某类型的运算量所占用的字节数。

例：

```
int i;
double x;
```

sizeof(int)和 sizeof(i)均合法，结果均为 2。sizeof(double)和 sizeof(x)均合法，结果均为 8。

2.4.11 逻辑表达式运算优化的副作用

C 语言在计算逻辑表达式的值时，从左向右扫描表达式，一旦能确定表达式的值后，就不继续进行计算。这就是逻辑表达式运算的优化。具体表现如下：

若求<表达式 1> && <表达式 2> 的值，计算时，从左向右扫描，先计算<表达式 1>，当<表达式 1>为真时，继续计算<表达式 2>；当<表达式 1>为假时，即能确定整个表达式的值为假，则停止计算<表达式 2 >。

若求<表达式 1> || <表达式 2> 的值，计算时，从左向右扫描，先计算<表达式 1>，当<表达式 1>为假时，继续计算<表达式 2>；当<表达式 1>为真时，即能确定整个表达式的值为真，则停止计算<表达式 2 >。

例如：

```
int x, y, z, w;
x = y = z = 1;
w = ++x || ++y && ++z;    /* A */
```

计算结束后，变量 x、y、z 和 w 的值分别是：2、1、1 和 1。因为在计算 A 行表达式时，先计算++x，结果是 2，值为真，其后紧跟或（||）运算符，不继续往右计算了，y 和 z 的值保持不变。赋值号右边逻辑表达式的值为“真”，此时变量 w 被赋值为 1。

2.5 类型转换

2.5.1 赋值时的自动类型转换

如果赋值运算符两侧运算量的类型不一致，则遵循以下几条原则进行类型转换后赋值。

1．实型数据赋给整型变量

实型数据赋给整型变量时，简单舍 小数部分，将整数部分赋给整型变量，不进行四舍五入。如：int i=3.96；则 i 被赋值为 3。

2．整型数据赋给实型变量

整型数据赋给实型变量时，数值不变，有效数字位数增加。

如：float f=23；则 f 为 23.0，具有 6~7 位有效数字；double d=23；则 d 为 23.0，有具有 15~16 位有效数字。

3．整型数据之间相互赋值

整型数据有 8 种，它们分别是[signed]char、unsigned char、[signed]short、unsigned short、[signed]int、unsigned int、[signed]long、unsigned long。此处将 char 型量看作是 1 个字节长度的整型量。各种类型的整型数占用的字节数是不同的，其二进制位数有长有短，称为“长

的”整型量和“短的”整型量。所谓“长的”整型量是指该整型量的二进制位数较多，所谓“短的”整型量是指该整型量的二进制位数较少。它们之间相互赋值，其实就是它们内存数据之间的赋值，分以下两种情况。

（1）“长的”整型量赋给“短的”整型量

将“长的”整型量赋给“短的”整型量时，方法是“低位截断”，将“长的”整型量的高位去掉，截取其与“短的”整型量相同位数的低位，然后进行赋值。

例如：

```
char c = 250;
```

这是将 int 型常量 250 赋给字符型变量。250 在内存中的存储形式是 16 位二进制数：0000 0000 1111 1010。变量 c 是 8 位有符号二进制整型量，赋值原则是取 250 内存表示形式的低 8 位赋给 c，此时 c 中的值是 1111 1010。我们知道 C 语言中整型量是以补码方式存放的，因此，变量 c 的值是–6。

又如：

```
int a = 65536 ;
```

就常数 65 536 本身来说，它是 long 型量，因为它超过了 int 型量的数值范围（–32 768～32 767），其值在 long 型量的范围内，C 语言自动将它看成 long 型量。65 536 的值是 2^{16}，在内存中的形式是：0000 0000 0000 0001 0000 0000 0000 0000。整型变量 a 在内存中是 16 位的，所以截取 65 536 内存表示形式的低 16 位赋值给 a，此时 a 中的 16 位全为 0，则 a 的值是 0，这就叫做赋值 出。

（2）“短的”整型量赋给“长的”整型量

又分成以下两种情况。

① 将“短的”无符号整型量赋给“长的”整型变量，方法是在“短”的无符号整型量前补 0，使其长度达到“长的”整型量的位数。

例如：

```
unsigned char c = -4;
int i;
i = c;
```

此例中涉及到两种赋值，首先将“长的”整型量–4 赋给“短的”整型变量 c，c 获取的值是–4 的内存表示形式的低 8 位；再将“短的”c 变量的值赋给“长的”整型变量 i。因为 c 是无符号整型变量，占 8 位，而 i 是 16 位，此时在 c 的内存内容前补 0 使其扩展到 16 位后，赋值给变量 i。赋值过程中各变量的内存表示形式如下：

```
-4: 1111 1111 1111 1100
 c:           1111 1100
 i: 0000 0000 1111 1100
```

此时，变量 i 的值是 252。

② 将“短的”有符号整型量赋给“长的”整型量

此种情况只需做符号位扩展，即在“短的”量前补符号位，使其长度达到长的整型量的长度，然后赋值。

例如：

```
char c = -4;
int i;
i = c;
```

赋值过程各变量的内存内容如下：

```
-4: 1111 1111 1111 1100
 c:           1111 1100
 i: 1111 1111 1111 1100（扩展负号）
```

此时，变量 i 的值是–4。

又例如：

```
char c = 4;
int i;
i = c;
```

赋值过程各变量的内存内容如下：

```
4: 0000 0000 0000 0100
c:           0000 0100
i: 0000 0000 0000 0100（扩展正号）
```

此时，变量 i 的值是 4。

2.5.2 各种类型运算量混合运算时的自动类型转换

C 语言中有各种数据类型，它们的常量和变量之间可以混合运算。两个量运算时，在计算机内部首先将它们转换成相同数据类型的量，然后进行运算。虽然这种转换是 C 语言内部自动完成的，但是若编程者知道转换机理，对掌握及灵活运用 C 语言表达式是有帮助的。混合运算时，运算量类型转换原则如图 2-4 所示。

图 2-4 中　向向左的箭头表示必定转换。如：

```
char  c1, c2;
```

那么在做 c1+c2 运算时，首先将 c1、c2 的值均转换成 int 型，再将两个 int 型量相加。

图 2-4 中纵向箭头表示不同数据类型混合运算时的转换方向，原则是由低类型向高类型转换。所谓低类型是指占用存储字节少、所表示的数据范围小的类型，所谓高类型是指占用存储字节多、所表示的数据范围大的类型。

例如，如果有 int i ; float f ; double d;，则下述表达式的运算顺序和类型转换过程为如图 2-5 所示。

先算第①步，结果是 int 型量，再依次计算第②～⑤步，最终整个表达式的结果的类型是 double。此时读者应该能理解 5/2 结果为 2，5.0/2 结果为 2.5 的道理了，参见 2.4.2 节。

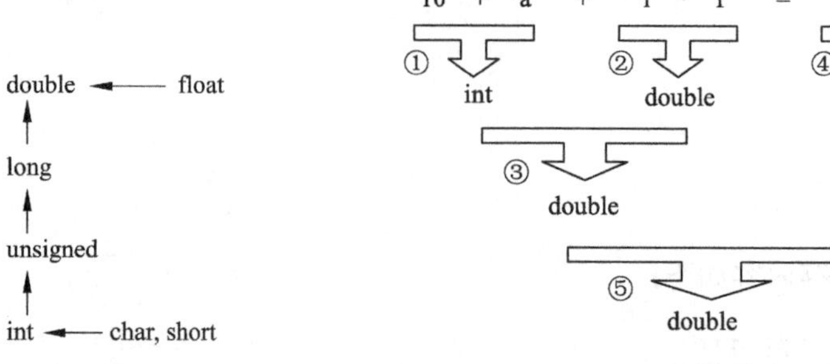

图 2-4　混合运算类型转换原则　　　　图 2-5　运算顺序和类型转换过程

2.5.3　强制类型转换

前面介绍了不同类型量相互赋值时以及混合运算时的自动类型转换，但有时为了强调类型的概念或者为了满足运算符对数据类型的要求，可以显式地写出类型转换，称为强制类型转换。

格式是：

```
(<类型名>) <表达式>
```

例：

```
int i, a;
float x, y;
double  z;
i = (int) (x+y);
z = (double) a;
a = (int) z% i;
```

注意：强制转换的对象是表达式的值，例如表达式 (double) a 的意义是将 a 的值（即表达式的值）转换成 double 型，而 a 仍然为 int 型变量，其值未发生变化。

类型转换运算符的优先级较高，如表达式(int)z% i 中为计算(int)z，即先将 z 的值取整，再进行%运算。注意，%运算符要求运算量为整型量。

习　题　2

1．请找出以下合法的常量。

65535	3.5U	66L	1.24e–2
6e1.2	'@'	'abc'	"abc"
"?"	892.	.123	–0xAB

2．请找出以下合法的用户自定义的标识符。

Max	_301	4_5	M–1
Char	int	my name	M.D.Jhon

3．若有 int x=12, y=77, z= –116，请用二进制表示这三个量在内存中的存储值。

4．已知 int a=2, b=3; float x=3.5, y=2.5;，请写出表达式 (float)(a+b)/2+(int)x%(int)y 的运算结果，并指出表达式运算结果的类型。

5．已知 float x=2.5, y=4.7; int a=7;，请写出表达式 x+a%3*(int)(x+y)%2/4 的运算结果，并指出表达式运算结果的类型。

6．已知 int a=8, n=5;，请写出下面表达式运算结束后 a、n 的值以及表达式的值。

（1）a+=a　（2）a–=2　（3）a*=2+3　（4）a/=a+a

（5）a%= (n%=2)　（6）a+= a–=a*=a　（7）a=3*5, a*4　（8）n = (a=3, 6*3)

（9）n=a=3, 6*3　（10）a = ++a || ++n

7．已知 char ch=277;，请写出 ch 的内存内容的二进制形式。若将 ch 看作是 1 个字节长度的整型量，则 ch 的值是多少？

8．已知 char ch=249; int i =ch;，请写出 i 的内存内容的二进制形式，并写出 i 的十进制值。

9．已知 unsigned char ch=249 ; int i =ch;，请写出 i 的内存内容的二进制形式，并写出 i 的十进制值。

10．将下面的表达式看成逻辑表达式。已知 int a=1, b=2, c=3, x, y;，请写出下列逻辑表达式的判定结果。假定用 1 表示真，用 0 表示假。

（1）a+b>c&&b==c　（2）a||b+c

（3）!(a>b)&&!c||–2　（4）!(x=a)&&(y=b)

（5）'a'+'5'　（6）!(a+b)+c–1&&b+c/2

（7）a+b, a/2　（8）a == (c-b)

11．已知 int a=5, b=8;，连续做 3 个运算 a=a+b; b=a–b; a=a–b; 后，a 和 b 的值分别是什么？你能得出什么结论吗？如果 a 和 b 的值发生了变化，结论还成立吗？

12．已知 int a=5, b=9;，连续做 3 个运算 a=a^b; b=b^a; a=a^b; 后，a 和 b 的值分别是什么？你能得出什么结论吗？如果 a 和 b 的值发生了变化，结论还成立吗？

13．如图 2-6 所示，请写出其逻辑表达式。使得如果任意一点的坐标（x, y）落在阴影内（不包括阴影的边界），则表达式为真，否则表达式为假。

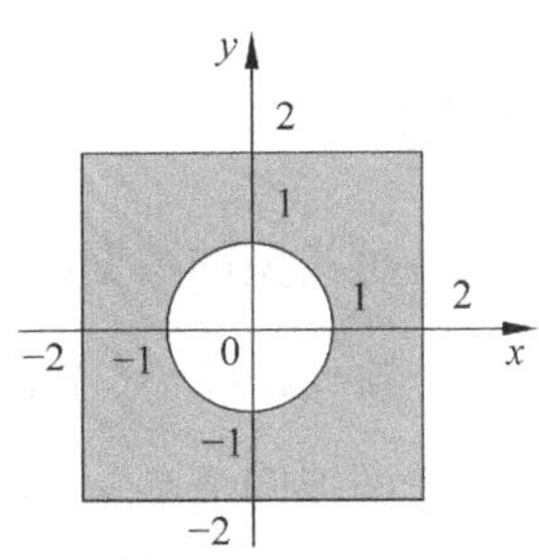

图 2-6　习题 13 题图

第3章 标准设备的输入输出

3.1 输入输出的基本概念

所谓输入输出是对计算机而言的，如图 3-1 所示。计算机程序在计算机中运行，需要的数据通过输入操作从外部设备输入到计算机内部，运算的结果通过输出操作在外部设备上显示或打印到外部设备上。图 3-1 中列出了若干输入设备和输出设备，其中键盘和显示器是标准输入输出设备，本章给出它们输入输出操作的实现，在第 11 章中给出关于磁盘文件输入输出操作的实现。

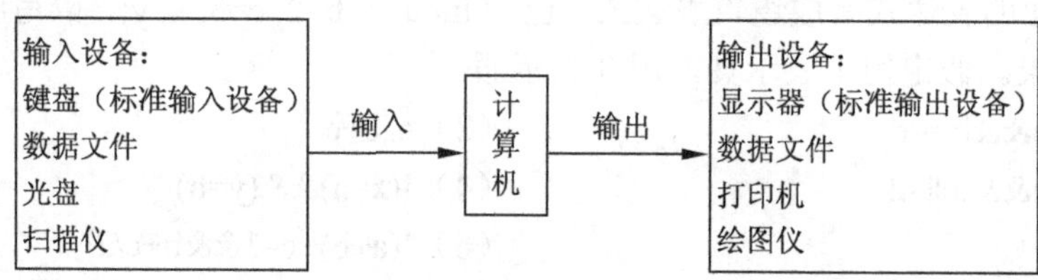

图 3-1　输入输出的概念

C 语言自身没有提供输入输出语句，输入输出是通过函数实现的。下面主要介绍两对输入输出函数，第一对是格式化输入输出函数 scanf()和 printf()，第二对是字符输入输出函数 getchar()和 putchar()。

3.2 格式化输入输出函数的使用

3.2.1 格式化输出函数 printf()

格式化输出函数 printf()用于输出各种类型的数据，其语法格式为：

```
int printf( <格式控制字符串> [, 输出量1] [, 输出量2] … [, 输出量n])
```

其中 printf 是函数名，前面的 int 是函数的返回值类型，在第 5 章中会讨论函数返回值的含义。现在的目标是讨论 printf 函数的功能。该函数的功能是按照格式控制字符串规定的要求将后面的输出量的内容输出到标准输出设备上。

例：

```
int i=3, j=4;
printf("i=%d, j=%d\n", i, j);
```

其中"i=%d, j=%d\n"是格式控制字符串，在格式控制字符串中，以%开头后接格式字符的部分是格式说明，如%d 是格式说明，其中 d 是格式字符。此处%d 表示将后面对应的输出量按照十进制 int 型量输出。格式说明必须与后面的输出量一一对应。本例中的输出量是 i 和 j，对应的输出格式说明都是%d。在格式控制字符串中的其他字符被原样输出。上述输出函数的输出结果是：i=3, j=4。

在输出时，不同的数据类型对应的输出格式字符不同，在表 3-1 中给出了 C 语言中用于输出的格式字符。

表 3-1　printf 函数中使用的格式字符

对应输出量的类型	格式字符	说明
整型	d, i	将输出量按十进制 int 型量输出
整型	u	将输出量按十进制 unsigned int 型量输出
整型	o	将输出量按八进制 unsigned int 型量输出
整型	x, X	将输出量按十六进制 unsigned int 型量输出，表示十六进制的字母分别以小写的 a~f 和大写的 A~F 形式输出
字符型	c	将输出量作为字符输出（若输出量是数值，则将其值看成 ASCII 码，输出对应的字符），一般用于输出 char 型量
字符指针	s	作为字符串输出
实型	e, E	以指数形式输出单精度或双精度实型数。Turbo C 2.0 中结果样例：8.12800e+02 和 8.12800E+02，默认小数点前 1 位非 0 值，小数点后 5 位，指数部分 2 位
实型	f	以小数形式输出单精度或双精度实型数，结果样例：8.128000，默认小数点后 6 位
实型	g	自动以 e 或 f 中较短的一种输出
实型	G	自动以 E 或 f 中较短的一种输出
指针	p	以十六进制形式输出指针值（即地址值）
无	%	输出%自身

例 3-1　输出格式字符的常规使用。

```
#include<stdio.h>

main()
{
  int i=3, j=6;
  float x=4.5;
  double y=4.9;
  char c1='A', c2='*';

  printf("%d, %d\n", i, j);
  printf("%f, %f\n", x, y);
  printf("%c, %c\n", c1, c2);
}
```

本例中给出 C 语言中基本类型量在输出时最常规的用法。int 型量用 d 格式字符；float

型和 double 型量用 f 格式；为了强调 double 是双精度实型量，经常用 lf 格式输出 double 型量，见本节后面的叙述；char 型量用 c 格式。

运行该程序，输出结果如下：

```
3, 6
4.500000, 4.900000
A, *
```

对输出格式字符较深入的用法，现给出以下说明。

（1）表 3-1 中对应输出量的类型为“整型”，“整型”数据可以是表 2-2 中前 8 种的任意一种。字符型也属于整型。例如若输出格式字符为 u，则对应输出量可以是 8 种整型量的任意一种。C 语言首先将整型输出量的值转换成 unsigned int 类型，然后输出该值。

例 3-2 整型量的输出（d、i、u、o、x、X 格式的使用）。

```
#include<stdio.h>

main()
{
  char c=-2;
  int i=-5;
  long y=65536;

  printf("c=%d, i=%d, y=%d\n", c, i, y);  /* A */
  printf("c=%u, i=%u, y=%u\n", c, i, y);  /* B */
  printf("c=%x, i=%x, y=%x\n", c, i, y);  /* C */
}
```

运行该程序，输出结果如下：

```
c=-2, i=-5, y=0
c=65534, i=65531, y=0
c=fffe, i=fffb, y=0
```

读者可以参照 2.5.1 节介绍的类型的自动转换规则分析输出结果。即在程序的 A 行，将变量 c、i、y 的值转换（类似于赋值时的类型转换）成 int 型数据，再按 d 格式输出。在程序的 B 行和 C 行，将变量 c、i、y 的值转换成 unsigned int 型数据后，再按照 u 和 x 格式输出。

例 3-3 整型量的输出（c 格式的使用）。

```
#include<stdio.h>

main()
{
  char c1=65, c2='B';
  int m=35, n='$';

  printf("%c%c%c%c\n", c1, c2, m, n);
```

```
  printf("%d, %d, %d, %d\n", c1, c2, m, n);
}
```

运行该程序，输出结果如下：

```
AB#$
65, 66, 35, 36
```

若以 c 格式输出，就是将输出量转换成 char 型量，将其值看成 ASCII 码值，输出对应的字符。若以 d 格式输出，则将输出量转换为 int 型量输出。因此，若输出量是 char 型量，输出格式是 d，则转换为 int 型量后输出该字符的 ASCII 码值。

（2）表 3-1 中的“实型”数据可以是表 2-2 中的单精度实型（float）和双精度实型（double）数据。

（3）表 3-1 中的“指针类型”在第 9 章中讲述。

（4）输出格式说明的完整描述为：

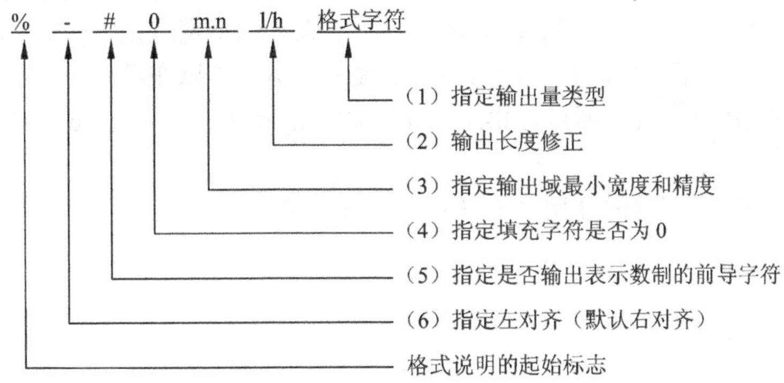

也就是说，在格式说明的%和格式字符之间还可以加入附加格式说明，附加格式说明符的意义见表 3-2。

表 3-2　printf 函数中使用的附加格式字符

格式字符	用途
l（小写字母）	对于整型输出量，转换成 long 型量输出，可加在 d, i, u, o, x, X 之前；对于实型，指 double 型，加在 f 之前，如%lf 可输出 double 型量
h（小写字母）	对于整型输出量，转换成 short int 型量输出，可加在 d, i, u, o, x, X 之前；对于实型，指 float 型，加在 f 之前，如%hf 可输出 float 型量
m（一个正整数）	指定输出的最小宽度。若输出的实际宽度大于 m，则按实际宽度输出。若实际宽度比 m 小，则按左右对齐方式不同分别在输出结果的右侧或左侧填充规定的字符至宽度 m
n（一个正整数）	对实型数，表示输出 n 位小数；对字符串，表示截取输出的字符个数
-（连字符）	输出数据在输出域中左对齐（说明：默认的数据对齐方式是右对齐）
0（数字零）	当右对齐时，在 m 之前若加 0，表示填充字符是 0（说明：默认的填充字符是空格）
#	用在 o, x, X 之前，表示输出用于表示数制的前导 0 和前导 0x 或 0X

例 3-4　附加格式字符的使用。

```
#include<stdio.h>

main()
{
  int i=152;
  long j=135790;

  printf("%2d,%6d,%-6d,", i, i, i);
  printf("%ld\n", j);     /* % 和 d 之间是附加格式:小写字母 l */
}
```

运行该程序，输出结果如下：

```
152,␣␣␣152,152␣␣␣,135790
```

␣表示一个空格。%2d 表示输出整数，设定最小输出宽度是 2，但数据 152 的实际宽度是 3，大于最小宽度，则按实际宽度输出。%6d 表示输出宽度是 6，实际输出量 152 的宽度是 3，小于 6，由于输出时默认的对齐方式是右对齐，所以在第二个 152 的前面补三个空格。%-6d 表示输出左对齐，所以在第三个 152 的右边补 3 个空格。%ld 一般用于输出 long 型量。

例 3-5 附加格式字符的使用（e、f 格式的使用）。

```
#include<stdio.h>

main()
{
  float x=1234567.1234;
  double y=1234567.1234;

  printf("%f, %e\n", x, x);
  printf("%12.2f, %.3f\n", y, y);
}
```

运行该程序，输出结果如下：

```
1234567.125000, 1.23457e+06
␣␣1234567.12, 1234567.123
```

格式说明%f 默认小数点后有 6 位数。格式说明%e 默认小数点前 1 位非 0 值，小数点后有 5 位数。格式说明%12.2f 表示输出的总宽度是 12 个字符（包括小数点），其中小数点后有 2 位数，由于实际输出宽度是 10，所以在左边补 2 个空格。格式说明%.3f 没有指定输出总宽度，但指定了小数点后数的位数，那么总宽度按实际宽度输出。

例 3-6 输出字符串（s 格式的使用）。

```
#include<stdio.h>
main()
```

```
{
 printf("%3s,%.2s,%4.2s\n", "Program", "Program", "Program");
}
```

运行该程序，输出结果如下：

```
Program, Pr,␣␣Pr
```

在输出字符串时，格式说明%-*m.n*s 表示最小输出宽度是 *m*，从输出量中取前 *n* 个字符输出，若有‘-’字符，则表示左对齐。本例中三个待输出字符串都是"Program"，对应三个不同的输出格式说明，请读者自行分析输出结果。

例 3-7 附加格式字符 0（零）和 # 的使用。

```
#include<stdio.h>

main()
{
 int i=152;

 printf("%08d,%08o,%08x\n", i, i, i);       /* 输出域宽前面加 0 */
 printf("%#8d,%#8o,%#8x\n", i, i, i);       /* 输出域宽前面加# */
}
```

运行该程序，输出结果如下：

```
00000152,00000230,00000098
␣␣␣␣␣152,␣␣␣␣0230,␣␣␣␣0x98
```

输出域宽前面若加 0，表示用 0 填充，否则用空格填充。域宽前面若加#，则输出用于表示数制的前导 0（零）或 0x（零 x），前导 0 表示八进制数，前导 0x 表示十六进制数。

请注意在例 3-2 中用%x 格式说明输出的数据，前面没有表示数制的前导 0x。

例 3-8 转义字符在输出格式中的应用。

```
#include<stdio.h>

main()
{
 double m1=100, rate1=0.25, m2=200, rate2=0.18;

 printf("%.2f\t%.0f%%\t%f\n", m1, rate1*100, m1*rate1);/* 输出量可以是表达式 */
 printf("%.2f\t%.0f%%\t%f\n", m2, rate2*100, m2*rate2);
}
```

运行该程序，输出结果如下：

```
100.00␣␣25%␣␣␣␣␣25.000000
200.00␣␣18%␣␣␣␣␣36.000000
```

在实际应用中，被输出的数据经常需要对齐。如本例中有两笔金额 m1 和 m2，对每笔金额收税的税率分别为 rate1 和 rate2，税款为金额乘以税率，要求输出金额、税率和税款。本例中格式字符串中的 \t 表示跳至下一制表起始位置，在 Turbo C 2.0 中默认的制表宽度为 8 个字符，所以各制表位置的起始点为 1、9、17、…列，不论当前输出点在哪里，如遇 \t ，则输出点立刻跳至下一制表起始位置。在格式控制字符串中，%%表示输出一个%。本例还表明输出量可以是表达式。

3.2.2 格式化输入函数 scanf()

scanf 函数的功能是输入数据，就是按格式控制字符串的规定，从标准输入设备上输入数据，并转换成内存存储格式存放到与变量对应的内存空间中。scanf 函数的一般格式为：

```
int scanf( 格式控制字符串 [, 地址 1] [, 地址 2]…[, 地址 n]);
```

例如，如果有 int i, j; float x, y; 则输入函数可以是：

```
scanf("%d%d%f%f", &i, &j, &x, &y);
```

格式控制字符串的组成与 printf 函数中的类似。地址一般表示变量的地址。在 2.3.3 节已经提到，一个变量有三个要素，即变量名、变量的存储空间、在存储空间中存放的该变量的值。变量的地址就是变量存储空间的第一个字节的内存地址。格式控制字符串中的格式说明在类型和个数方面必须与后面的变量一致。对应于上述 scanf 语句，可以输入：

```
3␣5␣8.2␣9.3<Enter>
```

于是，scanf 分别将 4 个输入数据转换成 2 个 int 型量和 2 个 float 型量的内存表示形式，分别存入 4 个变量对应的内存空间中。输入数据之间用空格分隔。

scanf 函数的返回值类型为 int，表示正确输入的数据个数。例如，上述 scanf 函数的返回值为 4。

在 scanf 函数中，格式说明的一般形式是：

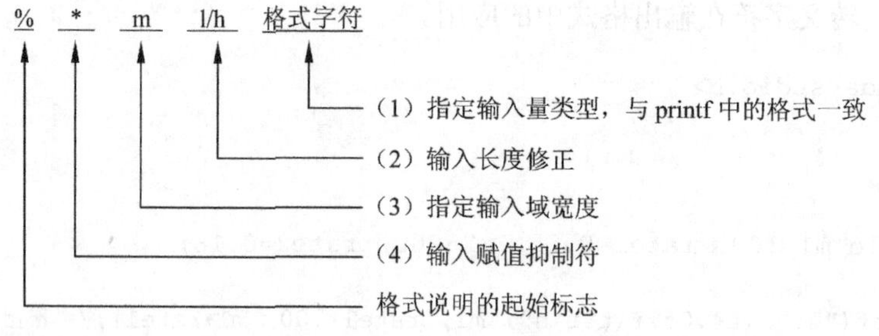

例 3-9 输入格式字符的常规使用。

```
#include<stdio.h>

main()
{
  int i;
  long j;
```

```
  float x;
  double y;

  scanf("%d%ld", &i, &j);
  scanf("%f%lf", &x, &y);
  printf("i=%d,j=%ld\n", i, j);
  printf("x=%f,y=%f,y=%lf\n", x, y, y);
}
```

该程序的运行结果如下（第一行有下划线的部分为输入，紧接着的两行为输出。后文的程序运行结果中，如无特别说明，有下划线部分均表示输入）：

```
3␣6␣8.2␣9.97<Enter>
i=3,j=6
x=8.200000,y=9.970000,y=9.970000
```

在本例中，我们注意到 int 型量的输入输出格式说明都是%d。long 型量的输入输出格式说明都是%ld。float 型量的输入输出格式说明都是%f。double 型量的输入必须是%lf，而输出格式说明可以是%f 或%lf。

在输入数据时，数值之间的分隔符可以是一个或多个空白字符。C 语言中的空白字符可以是空格、<Tab>键或<Enter>键。因此，对于例 3-9 的程序，如果按下述方式输入，结果是一样的：

```
3<Tab>6<Enter>
8.2<Enter>
9.97<Enter>
```

值得注意的是，在输入格式控制字符串中除格式说明外一般不要出现其他字符。若出现其他字符，则在输入字符流中必须输入与之一样的字符加以匹配，见下面例 3-10。

例 3-10 对输入格式控制字符串中非格式字符的处理。

```
#include<stdio.h>

main()
{
  int i, j;

  scanf("i=%d,j=%d", &i, &j);
  printf("ii=%d,jj=%d\n", i, j);
}
```

该程序的运行结果如下：

```
i=6,j=8<Enter>
ii=6,jj=8
```

本例的输入格式控制字符串中除了格式说明，还出现了非格式字符如 i=，因此在输入字符流中必须输入与之对应的字符，才能完成正确的输入。如果输入 6␣8<Enter>，则无法完成正常输入。如果将输入函数改写为：scanf("%d,%d", &i, &j);，则正确的输入必须是：6,8<Enter>。

请读者思考下面程序段的错误：

```
int  i;
scanf("%d\n", &i);
printf("i=%d\n", i);
```

例 3-11　指定输入宽度，使用输入抑制符。

```
#include<stdio.h>

main()
{
  int i;
  float x;

  scanf("%3d%*4d%2f", &i, &x);
  printf("i=%d,x=%f\n", i, x);
}
```

该程序的运行结果如下：

```
1234567893<Enter>
i=123,x=89.000000
```

本程序指定了输入域宽。按顺序将前 3 个字符转换成整型数赋值给变量 i，然后跳过 4 个字符（因为在格式控制中有输入抑制符），最后将 2 个字符转换成实型数赋值给变量 x，在输入行中多余的字符 3 就留在了输入缓冲区中。

需要说明的是，输入实型量时不能指定小数点后的位数，如 scanf("%6.2f ", &x);是错误的，格式说明"%6.2f "不符合输入格式的一般形式。

例 3-12　输入字符型数据。

```
#include<stdio.h>

main()
{
  char c1, c2, c3;

  scanf("%c%c%c", &c1, &c2, &c3);
  printf("%c%c%c\n", c1, c2, c3);
}
```

在输入字符型数据时，字符之间不需要分隔符。空白字符均作为字符被输入。

运行该程序，情况为：①若输入 abc<Enter>，则输出 abc，因为字母'a', 'b', 'c'分别被赋给了变量 c1, c2, c3。②若输入 a␣b␣c<Enter>，则输出 a␣b，因为字母'a', '␣', 'b'分别被赋给了变量 c1, c2, c3，多出的␣c 被留在了输入缓冲区中。③若输入 a<Enter>b<Enter>，则输出 a<换行>b，即 a 和 b 被输出在两行中，因为字母'a', '\n', 'b'分别被赋给了变量 c1, c2, c3。

在学习完第 7 章的有关字符数组的输入输出内容后，可以再回来阅读下面的例 3-13。它给出了字符串输入格式的控制方法。

***例 3-13**　输入字符串。

```
main()
{
  char str1[10], str2[10], ch;

  scanf("%4s%3s%c", str1, str2, &ch);
  printf("str1=%s, str2=%s, ch=%c\n",str1, str2, ch);
}
```

运行该程序，运行结果如下：

```
abcdefghijklmn<Enter>
str1=abcd, str2=efg, ch=h
```

格式%ms 中的 m 规定了输入字符串的宽度。则本例中字符数组 str1 和 str2 读取的字符串分别是 "abcd" 和 "efg"，字符 ch 读取的字符是 'h'。

例 3-14　scanf()函数的返回值。

```
#include<stdio.h>

main()
{
  int i, j, k, num;

  num = scanf("%d%d%d", &i, &j, &k);
  printf("i=%d, j=%d, k=%d\n", i, j, k);
  printf("num=%d\n", num);
}
```

scanf()函数的返回值是正确输入数据的个数，在本例中应输入三个正确的整数，但是如果输入流中有错误的字符，正常的输入无法完成，那么 scanf()会自动中断输入。

运行结果 1：

```
1␣2␣3<Enter>
i=1, j=2, k=3
num=3
```

即三个数据正常输入，scanf()的返回值是 3。

运行结果 2：

```
1␣2␣x<Enter>
i=1, j=2, k=-858993460
num=2
```

在输入第 3 个量时，因输入了一个错误的字符 x，此时 scanf()无法将 x 解释成一个正确的整数，所以中断执行，变量 k 无法得到值。scanf()的返回值是 2，表示前两个值正确读入，并且被赋值给变量 i 和 j，而第 3 个值未正确读入，所以 k 的值是一个不确定的值。

对于%c 和%d 格式，在采用 scanf 函数输入数据时，要注意如下情况：

```
int  i;
char c;
scanf("␣%c␣%d", &c, &i);
```

通过上述的 scanf 将无法读取空格。运行该程序片段时，如输入␣␣␣6 ␣8<Enter>，编程者意欲将空格'␣'读入并赋值给字符变量 c，但实际情况是字符 '6'被读入并赋值到字符变量 c 中，整数 8 被读入并赋值到整型变量 i 中。

3.3 常用的字符输入输出函数

getchar()和 putchar()用于字符数据的输入和输出。它们实际上是系统提供的“宏”，其定义在输入输出头文件 stdio.h 中。“宏”的意义和使用在第 6 章中讲述。在本章，读者可将它们看成函数，按规定的形式使用即可。getchar()和 putchar()除了可以输入输出一般的可打印字符外，也可以用于输入输出控制字符。

putchar()的使用形式是 putchar(c)，其中 c 是一个整型表达式。一般来说 c 是 char 型量，但也可以是 8 种整型量中的任意一种。

例 3-15 putchar()的使用。

```
#include<stdio.h>

main()
{
  int i=66;
  char c='Y';

  putchar(i);            /* 输出字母 B */
  putchar('O');          /* 输出字母 O */
  putchar(c);            /* 输出字母 Y */
  putchar('\n');         /* 输出控制字符：换行 */
  putchar(i-1);          /* 输出字母 A */
  putchar(i);            /* 输出字母 B */
  putchar('\n');         /* 输出控制字符：换行*/
}
```

运行该程序，输出结果为：

```
BOY
AB
```

其中每行的输出见程序中的注释。

需要说明的是：程序中如果使用 getchar()和 putchar()，则在程序的首部必须包含头文件 stdio.h，而若用格式化输入输出函数 scanf()和 printf()，则可不包含头文件 stdio.h。

getchar()的使用形式是 c = getchar()，其中 c 是一个整型变量。一般来说 c 是 char 型量，但也可以是 8 种整型量中的任意一种。

例 3-16　getchar()的使用。

```
#include<stdio.h>

main()
{
  char c1, c2;
  int i;

  c1 = getchar();
  c2 = getchar();
  i = getchar();
  putchar(c1);
  putchar(c2);
  putchar(i);
  putchar('\n');
}
```

运行该程序的输入输出情况与例 3-12 一样。即：①若输入 abc<Enter>，则输出 abc;，因为字母'a', 'b', 'c'分别被赋给了变量 c1, c2, i。②若输入 a␣b␣c<Enter>，则输出 a␣b，因为字母'a', '␣', 'b'分别被赋给了变量 c1, c2, i，多出的␣c 被留在了输入缓冲区中。③若输入 a<Enter>b<Enter>，则输出 a<换行>b，即 a 和 b 被输出在两行中，因为字母'a', '\n', 'b'分别被赋给了变量 c1, c2, i。

3.4　顺序结构程序设计举例

在本章给出的输入输出例子中，所有的语句都是按顺序执行的，即一条语句接着一条语句的执行，每条语句都必须被执行，而且只执行一次，这种程序语句执行的控制方式叫做顺序结构。C 语言中语句的执行还有选择结构和循环结构两种方式，将在第 4 章中叙述。

下面举两个例子，一是说明语句的顺序执行方式，另外再说明一下输入输出的使用。

例 3-17　输入三角形的三边长，求出并输出三角形面积。设 a、b、c 为三个边长，则三角形的面积为：$Area=\sqrt{s\times(s-a)\times(s-b)\times(s-c)}$，其中 $s=(a+b+c)/2$。

```
#include<stdio.h>
#include<math.h>
main()
{
  float  a, b, c, s, area;

  scanf("%f,%f,%f", &a, &b, &c);
```

```
  s=(a+b+c)/2;
  area=sqrt(s*(s-a)*(s-b)*(s-c));
  printf("area=%7.2f\n", area);
}
```

本程序的运行结果如下：

```
3,4,5<Enter>
area=␣␣␣6.00
```

注意：在输入时，由于格式控制字符串中有逗号，所以在输入流中必须输入逗号以与格式控制字符串中的逗号匹配。

本程序中使用了数学库函数 sqrt()，用于求参数表达式的平方根（square root），使用该库函数的前提是包含头文件 math.h。C 中常用数学库函数的函数原型在此头文件中给出。

本程序还有一个假定：所输入的三个边长能够构成三角形，即输入数据是合理的。好的程序应该能够对输入数据的合理性作出判定，以决定下一步的操作，是结束计算还是继续要求输入合理数据，然后再计算，这是第 4 章介绍的选择和循环结构解决的问题。

例 3-18 求一元二次方程 $ax^2+bx+c=0$ 的根。假定输入的 a、b、c 的值满足 $b^2-4ac>0$，即方程有两个不相等的实根，它们是：

$$x_1=\frac{-b+\sqrt{b^2-4ac}}{2a}，\quad x_2=\frac{-b-\sqrt{b^2-4ac}}{2a}$$

令 $$p=\frac{-b}{2a}，\quad q=\frac{\sqrt{b^2-4ac}}{2a}$$

则 $$x_1=p+q，\quad x_2=p-q$$

```
#include<stdio.h>
#include<math.h>

main()
{
  float  a, b, c, x1, x2, p, q;

  scanf("%f%f%f", &a, &b, &c);
  p = -b/(2*a);
  q = sqrt(b*b-4*a*c)/(2*a);
  x1 = p+q;
  x2 = p-q;
  printf("\nx1=%5.2f\nx2=%5.2f\n", x1, x2);
}
```

本程序的运行结果如下：

```
1.2␣6␣0.5<Enter>

x1=-0.08
x2=-4.92
```

例 3-19 输入两个大写字母，分别赋值给字符变量 cl 与 c2，将它们转换成小写字母，并交换 cl 与 c2 的值，最后输出 cl 与 c2 的值。

```
#include<stdio.h>

main()
{
  char c1, c2, t;

  c1=getchar();
  c2=getchar();
  c1 = c1+'a'-'A';
  c2 = c2+'a'-'A';
  t = c1; c1 = c2; c2 = t;
  putchar(c1);
  putchar(c2);
  putchar('\n');
}
```

本程序的运行结果如下：

```
MN<Enter>
nm
```

习 题 3

1．编写一个程序，输出你所用的 C 语言版本中各种基本类型的量占用的存储字节数。提示：（1）使用 sizeof 运算符；（2）基本类型参见表 2-2。

2．编写一个程序，测试你所用的 C 语言版本中，用 printf 输出一个带小数部分的实型量时，是截断处理还是四舍五入？如果将一个实型数赋值给一个整型数，结果是截断处理还是四舍五入？例如，对实数 23.176，若输出时要求保留 2 位小数，测试输出的是 23.17 还是 23.18。将数值 2.999 赋值给一个整型变量，则此变量获取的值是多少？

3．编写一个程序，用 getchar 读入两个字符给 c1、c2，然后分别用 putchar 和 printf 函数输出这两个字符。并思考以下问题：（1）在此程序中，变量 c1、c2 定义为字符型还是整型（本题中指 int 型）？抑或二者皆可？定义为哪种类型较好？为什么？（2）要求输出 c1、c2 的 ASCII 码，应如何处理？用 putchar 还是 printf 函数？（3）整型变量与字符型变量是否在任何情况下都可以互相代替？如 char c1, c2; 与 int c1, c2; 是否无条件等价？提示：考虑变量的值域。

4．写出下面程序的输出结果。

```
main()
{
  printf("ABC\11DE\12\xA");
  printf("\nABC\tDE\nFG\b\bH\n");   /* 提示：\b 表示当前输出位置回退一个字符 */
}
```

5．写出下面程序的输出结果。

```
#include<stdio.h>
main()
{
  int x=2, y=8, z;

  x*=y+3; printf("%d\n", x);
  x*=y=z=4; printf("%d\n", x);
  x=1;
  z=x++-1; printf("%d,%d\n", x, z);
  z+=-x++ + ++y; printf("%d,%d,%d\n", x, y, z);
  printf("%d,%d,%d\n", z++, ++z, z++);
}
```

6．写出下面程序的输出结果。

```
#include<stdio.h>
main()
{
  int x=20, y=3, z=3;

  x=y==z; printf("%d,%d,%d\n", x, y, z);
  x=x==(y=z); printf("%d,%d,%d\n", x, y, z);
  x=y=5;
  y=x++-1; printf("%d,%d\n", x, y);
  y=++x-1; printf("%d,%d\n", x, y);
}
```

7．写出下面程序的输出结果。

```
#include<stdio.h>
main()
{
  int x, y, z, k;

  x=y=z=0;
  k = ++x||++y&&++z;
  printf("%d,%d,%d,%d\n", x, y, z, k);
  x=y=z=0;
  k = ++x&&++y||++z;
  printf("%d,%d,%d,%d\n", x, y, z, k);
  x=y=z=0;
  k = ++x&&++y&&++z;
  printf("%d,%d,%d,%d\n", x, y, z, k);
  x=y=z=-1;
  k = ++x&&++y&&++z;
```

```
  printf("%d,%d,%d,%d\n", x, y, z, k);
}
```

8. 运行以下程序，若输入 abc<Enter>，请写出下面程序的输出结果。

```
#include<stdio.h>
main()
{
  printf("%c,%c,%c\n", getchar(), getchar(), getchar());
}
```

9. 输入两个长整型数 *m* 和 *n*，输出 *m* 除以 *n* 得到的实数商，要求保留 4 位小数，小数点后第 5 位四舍五入，并输出实数商的小数点后的第 3 位数字。例如，若 *m*=188639，*n*=100000，则 *m*/*n* 得到的实数商为 1.88639，其小数点后的第 3 位是 6。要求程序的运行结果如下：

```
Please input m & n: 188639␣100000<Enter>
quotient=1.8864, b3=6
```

提示：可使用类型的强制转换机制将 *m* 或 *n* 的值转换为实型量后，再相除。

10. 输入公里数（kilometer），转换成等值的英里（mile）和码（yard），然后输出英里和码值。公里、英里和码的换算公式是：1 英里=1760 码=1.6093 公里（千米）。例如，如果输入 10 公里，10/1.6093≈6.2139 英里，而 0.2139 英里等于 0.2139×1760 码≈376.464 码≈376 码（要求四舍五入），最后的结论是 10 公里等于 6 英里 376 码。要求：（1）将公里数设计成 double 型量，英里和码设计成整型量。（2）将常数 1.6093 和 1760 设计成符号常量。要求程序的运行结果形式如下：

```
Please input kilometers: 10<Enter>
miles=6, yards=376
```

11. 输入两个复数（复数格式如 2+3i），输出该两个复数相加后的结果。假定复数的实部和虚部都是正整数。要求按复数的格式输入输出。要求程序的运行结果形式如下：

```
Please input complex 1: 3+5i<Enter>
Please input complex 2: 8+9i<Enter>
The Sum is = 11+14i
```

12. 以 hh:mm:ss 格式输入时间，赋给表示时间的时、分、秒三个变量 hour、minute、second，再以同样的格式输出。以 yyyy-mm-dd 格式输入日期，赋给表示日期的年、月、日三个变量 year、month、day 中，再以同样的格式输出。要求输出格式为：时、分、秒占 2 位，年占 4 位，月、日占 2 位，不足位数前面以 0 填充。要求程序的运行结果形式如下：

```
Please input time(hh:mm:ss): 5:3:8<Enter>
Time is = 05:03:08
Please input date(yyyy-mm-dd): 2006-12-8<Enter>
Date is = 2006-12-08
```

13．输入总秒数，将它按小时、分钟、秒的形式来输出。例如，输入 3753 秒，则输出 1 小时 2 分 33 秒，实际输出格式为：1 hours, 2 minutes, 33 seconds。要求总秒数用长整型量表示，时、分、秒用 int 型量表示。要求程序的运行结果形式如下：

```
Please input total seconds: 3753<Enter>
equal to 1 hours, 2 minutes, 33 seconds
```

14．以十六进制方式输入一个无符号整数（unsigned 类型，由 4 个十六进制位构成），分别输出它的十六进制的低 2 位和高 2 位。例如，假如输入的十六进制值是 A8BD，则要求输出 BD,A8。要求程序的运行结果形式如下：

```
Please input a hex number: A8BD <Enter>
BD, A8
```

第4章 C语言的流程控制

计算机程序可以实现各种复杂的运算，这不是仅仅靠前面介绍的输入输出以及基本的数据操作就可以完成的。在程序中真正实现各种实际运算功能的是算法，学习计算机编程最重要的也是学习算法的设计方法。只有掌握了算法的设计原则，能够使用算法设计工具来熟练地设计出算法，才能设计出优秀的程序。

本章首先介绍程序的算法及其效率、算法的设计原则、算法的表示工具；然后给出了结构化程序设计的三种基本控制结构，介绍了C语言中实现这三种结构的流程控制语句；最后结合具体问题，给出了若干使用流程控制语句解决实际应用的程序实例。

4.1 算法概述

4.1.1 算法及其效率

所谓程序的算法，就是使用程序解决问题的计算步骤。人们在日常生活中无论做任何事情都是有步骤的。例如，出外旅游首先要到旅行社报名，签订旅游合同，付款，按时到指定地点出发，到各个风景点游玩，最后回家。这其间所完成的步骤不能颠倒和出现差错，否则就会耽误事情。

使用计算机去解决问题时，与做一件日常生活中的事情没有两样，也需要按照特定的步骤来完成。由于计算机主要是以数学计算的方式来解决问题的，因此本书中以解数学题的例子来介绍程序算法。想象一下如何去解决一道数学题：首先阅读题目，理解题意；然后利用大脑中已有的知识去组合列出解题的公式；最后将数据代入公式，求得数值解。其中在公式中规定了解题的步骤，先做什么，后做什么，这些次序是不可以颠倒的，否则就得不到正确的结果。

程序的设计过程与解决数学问题的过程一样，其中程序的算法设计对应的就是上述的列出解题公式的操作。解题公式规定了数学计算的步骤，保证取得正确的计算结果，程序算法规定了计算机程序的运行步骤，也保证了程序的运行可以取得正确的结果。解题公式可以简单或者复杂，程序算法也可以简单或者复杂。

从数学题的解法中可以看到，列出公式与具体数值的计算是分离的。同样道理，在计算机程序中算法与数据也是分离的。一般认为，一个计算机程序包括两个部分：程序和数据。所谓程序就是对操作步骤的描述，也就是用特定的计算机语言描述算法。所谓数据就是在程序的运行过程中被用来参与计算的数值，这些数值在计算机中是按照一定的数据结构来存放的。

前面提到计算机算法可以等同于日常生活中人们处理事情的行动步骤，这就可以推演出一个算法效率的问题。不同的人在解决同一个问题时会根据自己的生活经验合理地安排行动步骤。有的人安排的行动步骤非常合理，就说他的办事效率比较高；有的人安排的行动步骤不太合理，就说他办事没有效率。在计算机程序设计中，这种问题也同样存在。对于同一个问题，可以有不同的解题方法和步骤。采用优秀的解题方法，合理安排计算步骤，以最少的计算步骤完成计算任务的方法称为高效率算法。同理，使用了比较笨拙的解题方法，通过较多的运算步骤来实现同样的计算任务的计算方法称为低效率算法。

例如，求 s = 1 + 2 + 3 + … + 99 + 100。可以直接计算，即先计算 1+2，然后将计算结果再加上 3，依此类推，一直加到 100。也可以使用一些技巧性的算法，例如 s =(100+1)+(99+2)+(98+3)+…+(51+50)= 101×50 = 5050。此外还可以有其他多种计算方法。

从上面的例子可以看出，同样正确的解决一道计算题，在第二种算法中在归纳计算规律的基础上只进行了 1 次乘法计算，而在第一种方法中，总共进行了 99 次加法，明显第二种计算方法的效率要优于第一种计算方法。因此称第二种计算方法是高效率算法，而第一种计算方法是低效率算法。

一般来说，在程序设计中希望采用简单的、运算步骤少的算法。为了有效地进行解题，不仅需要保证算法正确，还要考虑算法的质量，选择合适的算法。衡量一个程序员是否具有良好的软件开发能力，也往往考察其是否能够在解决实际问题时设计和使用合适的算法。

4.1.2 算法的设计原则

算法控制程序运行的步骤，以便获得需要的运算结果。但不是任何一种随意书写的算法都能够获得运算结果，算法的设计必须遵循以下几个原则。

1．符合数学计算规则

由于计算机是按照数学规则来进行计算的机器，只有符合数学规则的计算步骤才可以被计算机正确执行。如果在算法中书写了违反数学规则的命令，那么重则程序出现错误，终止运行，轻则出现一些莫名其妙的计算结果。例如，有两个变量 a=3，b=0，如果书写公式 a/b，则计算结果是无穷大，而计算机无法表示无穷大，这时程序出错，终止运行。再例如，有变量 c=−5，如果调用函数 sqrt(c)求变量 c 的平方根，由于负数的平方根非实数，计算获得无效的答案。

2．保证结果确定

一个正确的算法中的每一个计算步骤获得的计算结果都应当是确定的，只有这样才能最终获得确定有效的计算结果。如果一个算法对同一组数据进行多次计算，竟然获得多个不同的结果，这种算法是不确定的、无效的。保证算法的确定性，最重要的方面是排除程序中随机数的产生。在 C 语言中，很多变量在没有初始化时，其中存放的值是不确定的。如果将这些值不确定的变量拿来直接使用或作为逻辑条件来判断，将使计算的结果不确定或造成程序逻辑混乱。因此，程序编写的过程中一定要注意变量的初始化问题，使得算法的执行过程唯一。

3．程序能够正常结束

一个合理的算法应该包含有限的操作步骤，而不能是无限运算的。在后面的章节中会介绍一种程序设计的重要结构——循环结构，使用循环结构可以使得程序按照一定的数学规律，利用迭代算法对一组数据进行计算。但是在设计循环结构算法时，如果不能正确地处理循环判断条件，则循环将永远不会停止。这种程序永远也不会得到结果，因此是无效的。

还有一种情况，由于对循环结构的控制不合理，虽然程序最终可以运行结束并且获得结果，但是可能需要 10 年、20 年，甚至于 100 年、1000 年。这样的算法效率太低，没有实际的使用价值，也是无效的。

一个程序能够在有限的时间内计算获得正确的结果，才算是一个能够正常结束的有效程序。

4. 合理的输入

输入输出也是算法设计中需要考虑的一个重要因素。一个实际有效的程序中应该含有零个或者多个输入。如果程序预先将所有需要处理的数据都嵌入到程序中，则在程序的运行过程中不再需要用户输入数据，这时程序的算法中可以不加入输入操作。在大多数情况下，为了保证程序的灵活性，一般都会在程序的算法中加入一个或者多个输入。

5. 合理的输出

实际程序的运算目的都是希望求得运算结果并且显示给用户，如果计算的结果只有计算机自己知道是没有意义的。所以，一个有效的程序在设计算法时必须保证程序至少要有一个输出。根据不同程序的要求，算法中也可以实现多个输出。

4.1.3 算法的表示工具

算法是程序的计算步骤，就像在解数学题目时要用数学公式来表示计算的步骤一样，在设计程序算法的时候也需要一种表示方式，用来描述算法的实施步骤。

在实际应用中有四种常用的表示方法来描述一个算法：自然语言、流程图、N-S 图和伪代码。其中伪代码使用的频率不高，这里不做介绍。

自然语言就是人们日常生活中使用的语言。用自然语言表示算法通俗易懂，但由于自然语言自身结构不够严谨，同一句话可以有不同的含义，容易造成误解，往往需要根据上下文来判断句子的真正含义。同时，由于程序员在使用自然语言描述算法时往往喜欢使用母语，这也不利于国际间的开发合作。

流程图是目前全球软件开发领域使用最广泛的算法表示工具，它通过一些严格定义的图形的组合来表示算法的步骤以及数据变化的走向。用图形表示算法，直观形象，易于理解。目前全球广泛使用的流程图标准是由美国国家标准化协会 ANSI（American National Standard Institute）规定的标准。一些常用的流程图符号如图 4-1 所示。

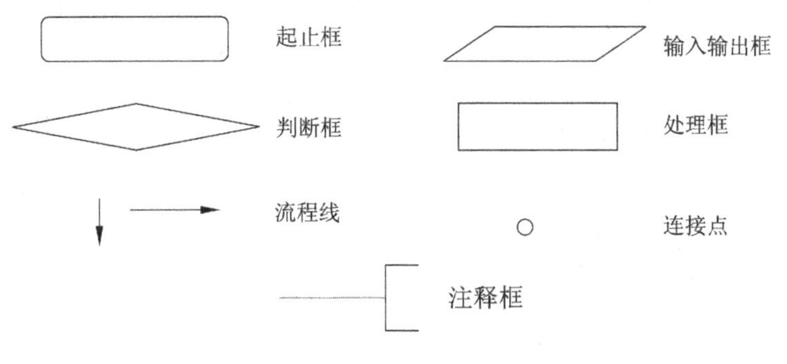

图 4-1　流程图中的常用符号

图 4-1 中起止框是一个圆角矩形，它的作用很简单，说明程序的起始点和终止点。

输入输出框是一个平行四边形，算法中所有与输入输出相关联的步骤都要写在这种框中。

菱形代表判断框，它的作用是对一个给定的逻辑条件进行判断，根据判断的结果是真或者假来决定如何执行后面的操作。它有一个入口，两个出口，具体操作见后续章节示例。

处理框是一个方角矩形，算法中的大部分内容都会写在这种框中，主要是各种数学运算和逻辑运算。

连接点（小圆圈）用于在设计复杂流程图时，将多条流程分支组合在一起。用连接点，可以避免流程线的交叉或者过长，使复杂的流程图变得清晰可读。由于本书只是介绍 C 语言的基本语法和基本算法，不会牵涉到比较复杂的计算流程，因此连接点的应用就不再具体举例介绍。相关内容，读者可以参考其他介绍算法描述的书籍。

注释框只是为了对流程图中某些框图的操作做必要的说明，不是流程图中必须书写的部分。如果不是非常复杂的流程图，一般不用。

流程图虽然可以很清晰的表达程序员的思想，但是绘制起来比较复杂，其中大部分时间花费在绘制流程线上。1973 年，美国学者 I. Nassi 和 B. Shneideman 提出了一种无流程线的流程图，称为 N-S 图，它省略了流程线，提高了算法描述的效率。

例如，求解多项式$1\times\frac{1}{2}\times\frac{1}{3}\times\cdots\times\frac{1}{100}$的值。

算法描述如下：定义累乘积变量 M 和分母变量 N。

算法步骤：

① $M\leftarrow 1$，$N\leftarrow 1$；

② $M\leftarrow M\times\frac{1}{N}$；

③ $N\leftarrow N+1$；

④ 如果 $N\leqslant 100$，转②，否则，转⑤；

⑤ 输出 M 的值；

⑥ 结束。

上述算法的描述是采用自然语言加伪代码的方式给出的。用流程图对算法进行同样的描述，如图 4-2 所示。

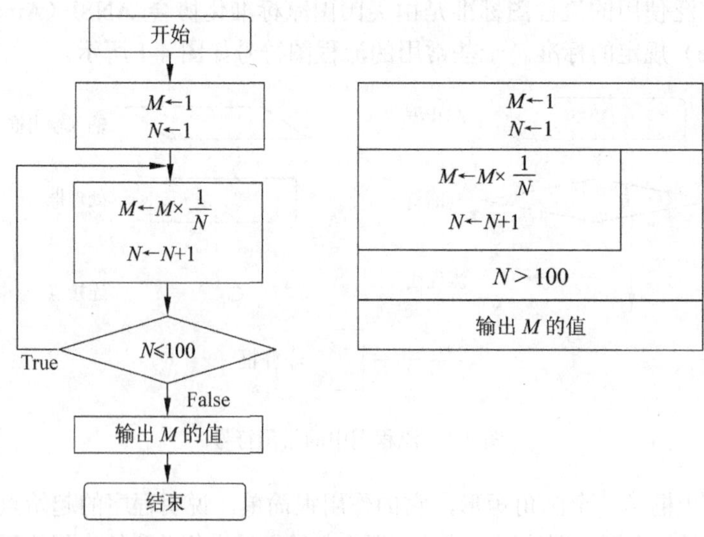

图 4-2　流程图（左）和 N-S 图（右）

注意对循环结束条件的描述，左边的流程图中是在循环末尾处进行判断，当条件“N≤100”为 True（真）时继续循环；当条件“N≤100”为 False（假）即“N>100”时，结束循环。右边 N-S 图中的循环是“直到型”循环（将在 4.1.4 节中描述），循环结束处条件的意义是直到“N>100”为真时，结束循环。这与左边流程图中表达的意义一致，但条件表达式的写法相反，一个是“N≤100”，另一个是“N>100”。

4.1.4 结构化程序设计中基本结构的表示

在结构化程序设计方法中，人们将所有的计算结构归纳成三种基本结构：顺序结构、选择结构和循环结构。

在顺序结构中，先执行 A 操作再执行 B 操作，两者的次序不能颠倒。其中 A 和 B 可以是一条语句，也可以是三种基本结构中的任何一个基本结构。具体如图 4-3 所示。

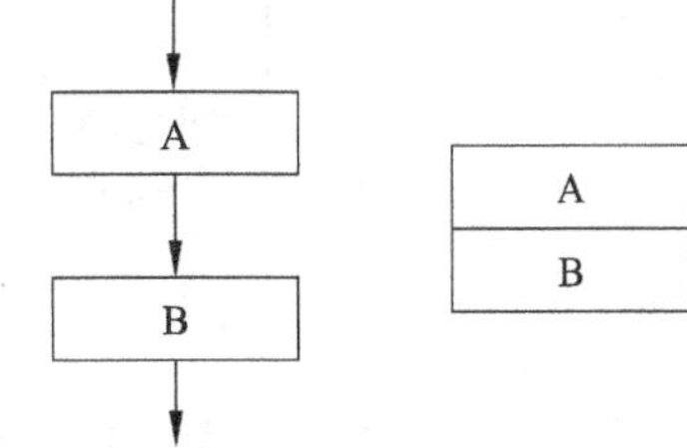

图 4-3 顺序结构的流程图（左）和 N-S 图（右）

在选择结构中，C 代表一个逻辑条件，A 和 B 是两个不同的操作。当条件 C 为真时，执行 A 操作；当条件 C 为假时，执行 B 操作。在程序的一次运行中，只能执行 A 或者 B 中的一个操作，具体如图 4-4 所示。

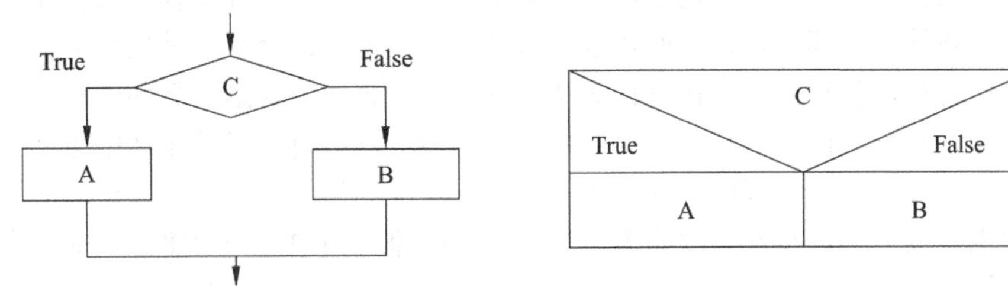

图 4-4 选择结构的流程图（左）和 N-S 图（右）

基本循环结构又分为两类：当（While）型循环和直到（Until）型循环。这两个名字是根据它们的运算法则来取的。在当型循环中，首先判断逻辑条件 C。当条件 C 为真时，执行 A 操作，并且在执行完 A 操作后继续进行下一次的条件 C 判断。当条件 C 为假时，退出循环。由于在循环中执行循环体 A 操作的条件是“当”C 的条件为真的时候，所以称为当型循环。当型循环用流程图和 N-S 图描述，如图 4-5 所示。

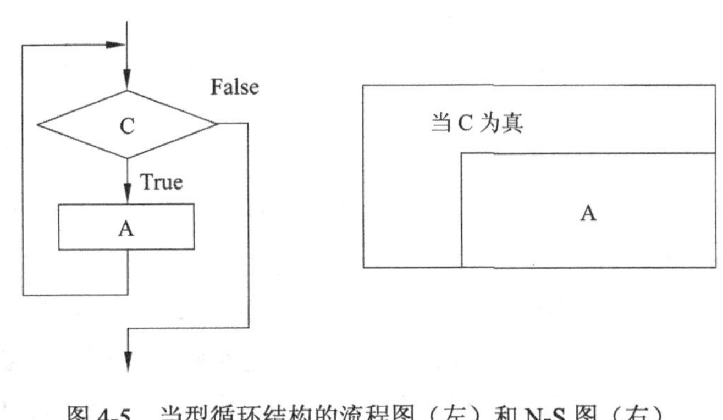

图 4-5 当型循环结构的流程图（左）和 N-S 图（右）

直到型循环与当型循环的执行顺序不同，在直到型循环中，首先执行操作 A，然后再判断条件 C 的值是否为真。如果 C 的条件判断为假，则再次执行 A 操作，直到 C 的条件判断为真为止。当 C 的条件判断为真的时候，退出循环。由于在循环中是“直到”C 的条件判断为真时退出循环，所以称为直到型循环。直到型循环用流程图和 N-S 图描述，如图 4-6 所示。

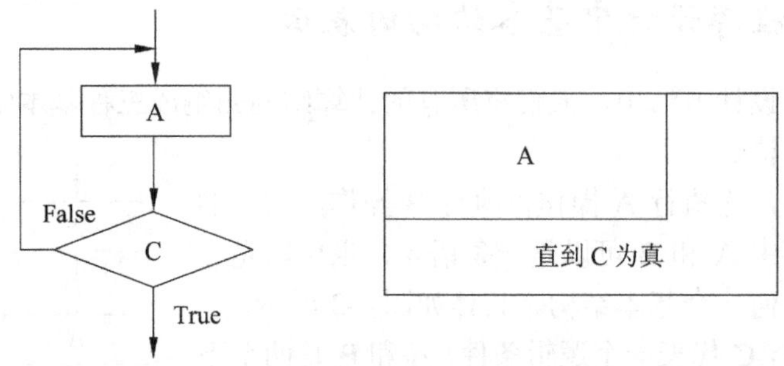

图 4-6　直到型循环结构的流程图（左）和 N-S 图（右）

当型循环是先判断条件，再按照判断的结果决定是否执行循环体操作。直到型循环是先执行循环体操作，再进行条件判断，以决定是否继续执行循环体操作。所以在当型循环中，有可能循环体一次都不执行，而在直到型循环中，循环体至少要被执行一次。两类循环在具体执行时存在差别，所以在进行算法设计时，应该选择合适的循环结构。

所有的程序都可以由这三种基本结构拼接组装而成，所有的算法设计中也都只使用这三种基本结构，大大简化了程序设计的难度，这种算法叫做结构化程序设计算法。同时，在流程图中也规范了三种基本结构的描述，在以后的流程图中只需要将标准的基本结构进行合理的连接就可以实现算法。三种基本结构的流程图表示如图 4-7 所示。

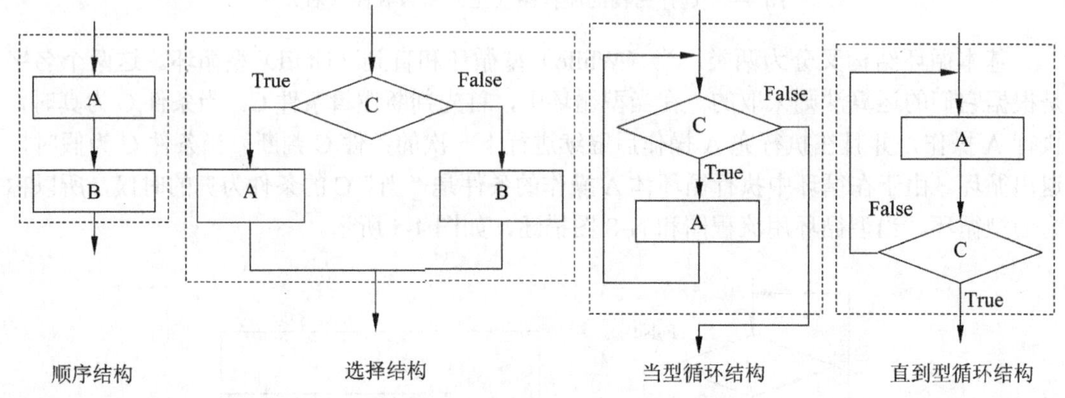

图 4-7　程序设计的三种基本结构

三种基本结构的特点为：

（1）单入口、单出口。在图 4-7 中，虚线框内部是基本结构的运行逻辑，每一个虚线框都只有一个进入和退出的端口。基本结构所具有的这个特点保证了将多个基本结构组装在一起的时候，程序的运行不会产生歧义性。程序可以沿着一个方向运行，直到结束。

（2）结构中的每一部分都可能被执行到。通过前面对三种基本结构运行逻辑的介绍可以看到，无论是选择结构中每次执行的 A 或者 B 部分可能不同，还是循环结构中，循环体 A 可能不被执行，但是，这次不被执行的部分，下次还是有可能被执行到的。结构中不会有永远不被执行的无用部分。

（3）没有死循环。在循环结构中，都设定了退出循环的条件，只要满足了这个条件，循环就可以退出，使得程序正常终止。

（4）A、B 可能是一个更基本的结构。在三种基本结构中，A 和 B 部分不但可以代表基本语句，还可以是基本结构。例如，在一个选择结构中，当条件判断为 True、执行 A 部分时，A 部分可能是一个顺序结构，又包含了几个顺序执行的语句部分；当条件判断为 False、执行 B 部分时，B 部分可能是一个当型循环结构，循环若干次来实现某个计算。

在总结出三种基本结构，开始用基本结构来构造结构化的算法后，还需要能够实现三种基本结构的编程工具。于是在 20 世纪 70 年代中期诞生了一批例如 C 语言、Pascal 语言等能够实现三种基本结构的高级编程语言。这些能够实现三种基本结构的编程语言称为结构化编程语言。

4.2 C 程序的结构和语句概述

C 语言是一种程序编写语言，可以编写出功能各异的程序来。从某种角度来说，可以认为程序编写语言与自然语言功能是一样的，都是用来描述事物的工具。在学习自然语言的时候，我们需要学习单词、语法等要素，学习编程语言也一样。在第 2 章和第 3 章中，我们已经学习了构成程序的基本语法要素，如常量、变量、表达式和输入输出函数等，但要实现算法，还需要学习程序设计语言的语句。语句是计算机程序的基本组成单位，它可以使用上述语法要素，实现简单的运算，也可以实现程序流程的控制。语句最终被翻译成机器指令，从而控制计算机运行，产生计算结果。

图 4-8 显示了 C 语言程序的组成结构，以及语句在 C 语言程序中的地位。

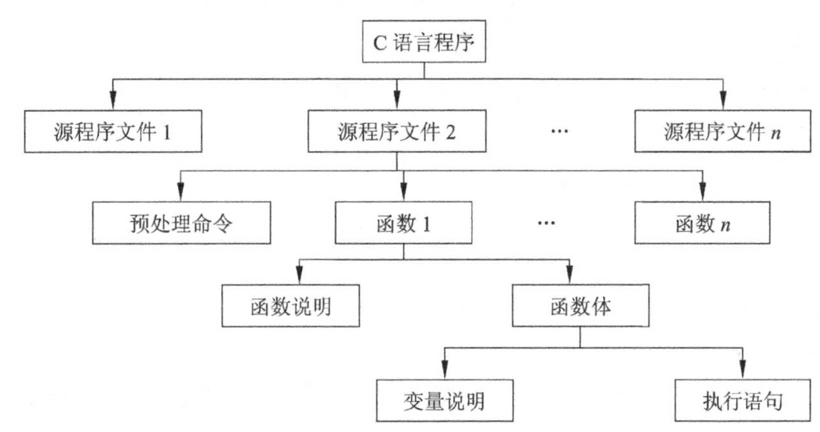

图 4-8　C 语言程序的组成结构

一个 C 语言程序可以由一个或者多个源程序文件构成。一个复杂的应用系统，在一个程序中往往会用到几十个甚至上百个源程序文件。每个源程序文件中都包含了一些程序段，这些程序段由若干个函数和预处理命令构成。函数也是结构化程序设计中的一个重要概念，它将一组语句构造成一个整体，可以在程序中反复使用，提高了程序的开发和维护的效率。关于函数和预处理命令的使用，在后面的章节中都有详细的介绍。

在C语言中，语句可以分为以下5大类。

1．控制语句

能够完成一定的控制功能、改变程序执行方向的语句称为控制语句。C语言中的主要控制语句有如下9种：

（1）if()…else…　　条件语句
（2）switch　　多分支选择语句
（3）while()…　　当型循环语句
（4）do…while()　　直到型循环语句
（5）for()…　　当型循环语句
（6）continue　　结束本次循环语句
（7）break　　终止执行switch或循环的语句
（8）go to　　转向语句
（9）return　　从函数中返回语句

在C语言中，就是通过控制语句来实现前面介绍的结构化程序设计的三种基本结构。在本章下面的小节中将对控制语句的使用方法做详细的介绍。

2．函数调用语句

在函数调用的后面加上一个分号构成的一条语句，实现函数定义中规定的功能。例如：

```
scanf("%d", &i);
```

3．表达式语句

在一个表达式的后面加上一个分号构成的一条语句，实现表达式的计算功能。在前面的章节中已经对表达式的概念作了介绍，两者的差别如下所示：

```
a = b + c          /* 赋值表达式 */
a = b + c;         /* 赋值表达式语句，简称赋值语句 */
```

4．空语句

仅有一个分号的语句称为空语句，如下所示：

```
;    /* 空语句 */
```

空语句一般用在循环语句中，用于构造空转循环体。

5．复合语句

我们已经知道，一个表达式后面加上一个分号就构成了一条语句。那么如下的写法就构造了三个语句：

```
a = 1;  b = 2;  c = 3;
```

复合语句就是用一对花括号“{}”将若干条语句括在一起，系统会将这一组语句在语法上视为一条语句。将上面的三条语句修改如下：

```
{  a = 1;  b = 2;  c = 3;  }
```

这时，原先分开的三条语句因为“{ }”的作用被视为一条语句。

在 C 语言的某些特定的场合，例如 4.3 节和 4.4 节将要介绍的选择结构语句和循环结构语句中的“语句”或“语句 *n*”，语法上要求必须为一条语句，但解决实际问题时需要用多条语句完成复杂操作，此时只能将多条语句组合成一个复合语句，以满足语法要求。

4.3 选择结构语句

在结构化程序设计的三种结构中，顺序结构就是依次编写语句，系统按照语句书写的先后次序，依次执行它们，以实现预先设计的功能。顺序结构不需要特别的语句来控制，在 3.4 节已给出了几个顺序结构的程序实例。

选择结构是三种基本结构中的第二种结构，它的主要功能是判断给定的条件，根据判断的结果从给定的多组操作中选择一组执行。在 C 语言中，if 语句和 switch 语句用于实现选择结构。

4.3.1 if 语句

if 语句的标准语法格式为：

```
if(<表达式>)
      语句 1
[ else
      语句 2 ]
```

其中，方括号中的内容是可选的。if 语句的语法要求是，“语句 1”和“语句 2”必须是一条语句。“一条语句”的意义是它可以是 C 语言中 5 大类语句中的任意一种，可以是一个简单语句（如赋值语句），可以是一个复合语句，还可以是 C 语言 9 种控制语句中的任何一条语句（包括 if 语句自身）。

在实际编程时，为了适应对多种情况的处理，一般来说，if 语句有以下三种使用形式。

1．不平衡的 if 语句

语法格式为：

```
if(<表达式>) 语句
```

实际上就是将 if 语句标准语法格式中的方括号部分省略，流程图如图 4-9 所示。其意义是，当“表达式”为真（True）时执行“语句”；当“表达式”为假（False）时，跳过“语句”执行 if 语句后面的语句。

例 4-1 演示不平衡 if 语句的使用方法。程序的功能是由用户输入三个数字，程序求出并输出其中的最大值。

```
#include<stdio.h>
```

```
main()
{
      float a, b, c, t;

    printf("Please input three numbers:");
    scanf("%f%f%f", &a ,&b, &c);
    t=a;
    if(t < b)  t=b;
    if(t < c)  t=c;
    printf("The Maximum number is: %f\n", t );
}
```

不平衡 if 语句主要用于简单的条件判断，决定某条语句或者某个复合语句是否执行。

2. 平衡的 if 语句

语法格式为：

```
if( <表达式> )  语句 1
else            语句 2
```

其操作流程如图 4-10 所示，其意义是：当“表达式”的值为真时，执行“语句 1”；否则，执行“语句 2”。即在一次执行过程中，程序根据条件在“语句 1”和“语句 2”中自动选择一个执行。

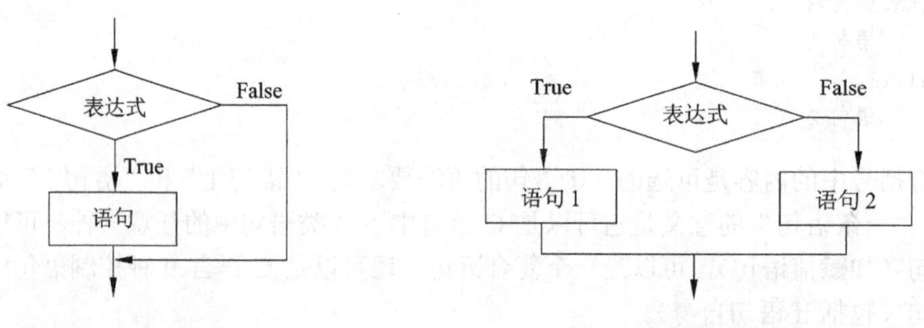

图 4-9　不平衡的 if 语句　　　　图 4-10　平衡的 if 语句

例 4-2　演示平衡 if 语句的使用方法，程序的功能与例 4-1 相同。

```
#include<stdio.h>

main()
{
    float a, b, c, t;

    printf("Please input three numbers: ");
    scanf("%f%f%f", &a ,&b, &c);
    if(a < b)   t=b;
    else        t=a;
    if(t < c)   printf("The Maximum number is: %f \n", c );
```

```
    else        printf("The Maximum number is: %f \n", t );
}
```

程序中使用了两个平衡的 if 语句。

3. 组合的 if 语句

上面介绍的两种 if 语句的使用形式只能够通过判断一个表达式进行分支语句的选择。但是，在实际的程序编写过程中，有很多复杂的条件判断不是仅仅通过一次判断就可以实现的，这就需要有功能强大的语句来完成复杂的判断。组合的 if 语句就是这样一种选择语句。

书写格式如下：

```
if( <表达式 1> )          语句 1
else if( <表达式 2> )     语句 2
else if( <表达式 3> )     语句 3
…
else if( <表达式 n> )     语句 n
else                      语句 n+1
```

流程图表示如图 4-11 所示。

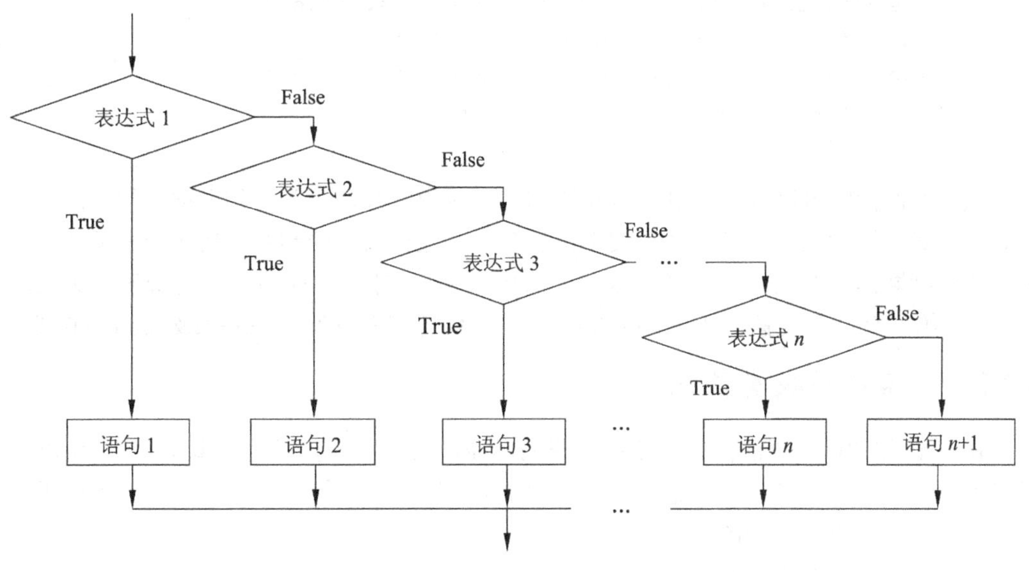

图 4-11　组合的 if 语句

组合的 if 语句的应用实例如下面两例所示。

例 4-3　演示组合的 if 语句的使用方法，程序的功能与例 4-1 相同。

```
#include<stdio.h>

main()
{
    float a, b, c;
```

```
    printf("Please input three numbers: ");
    scanf("%f%f%f", &a ,&b, &c);
    if(a>=b && a>=c)  printf("The Maximum number is: %f \n", a );
    else  if(b>=a && b>=c)  printf("The Maximum number is: %f \n", b );
    else printf("The Maximum number is: %f \n", c );
}
```

例 4-4 演示组合的 if 语句的使用方法，程序的功能为用户输入百分制成绩，程序将其转换为五分制成绩输出。

```
#include<stdio.h>

main()
{
    float score;

    printf("Please input the score:");
    scanf("%f", &score);
    if(score>=90)  printf("The grade is: A \n");
    else  if(score>=80)  printf("The grade is: B \n ");
    else  if(score>=70)  printf("The grade is: C \n ");
    else  if(score>=60)  printf("The grade is: D \n ");
    else  printf("The grade is: E \n ");
}
```

从上面两例中可以看出，组合的 if 语句书写较为复杂，一条语句占据多行。而且，除最后一行 else 语句以外，每个 if 分支中都包含了对逻辑条件的判断，当前一个条件不成立时，才会判断后一个条件，这样可以大大简化后续 if 分支条件的书写复杂度。比如，若例 4-4 中第二个 if 分支条件“score>=80”成立，则意味着 80<= score && score<90 成立。

4.3.2 if 语句的嵌套使用

在 if 语句的标准语法格式介绍中，我们已经说明，“语句 1”和“语句 2” 可以是 C 语言 5 大类语句中的任何一种语句。如果“语句 1”和“语句 2”本身又是一个 if 语句，称这种使用方式为 if 语句的嵌套。

一种嵌套使用形式如下：

```
if()
    if() 语句 1
    else     语句 2      /* 内嵌平衡 if 语句 */
else
    if() 语句 3
    else     语句 4      /* 内嵌平衡 if 语句  */
```

注意 if 与 else 的配对关系。根据 C 语言的语法规定，else 总是与写在它前面的、最靠近的、尚未与其他 else 配对过的 if 配对。内嵌平衡的 if 语句，else 与 if 的匹配一般不会有问题。但是，如果内嵌不平衡 if 语句，就可能出问题。考虑如下程序段：

```
if()
   if()  语句 1      /* 内嵌不平衡 if 语句  */
else
   if()  语句 2    } /* 内嵌平衡 if 语句 */
   else      语句 3
```

编程者把第一个 else 写在与第一个 if（外层 if）同样突出的位置上，本意是希望这个 else 能够与第一个 if 对应。但根据上面所说的语法规定，由于第二个 if 没有与 else 配过对，又最靠近第一个 else，因此实际上是第一个 else 与第二个 if 配对。这样，上述 if 语句的实际执行流程是：

```
if()
   if() 语句 1
   else
       if()  语句 2
       else  语句 3
```

该流程没有达到预期目的，第 1 个 if 后面没有与之配对的 else。为了达到预期目的，应该使用括号“{ }”将内嵌的不平衡 if 语句构造成一条复合语句。将上例改为如下：

```
if()
{  if()     语句 1 } /* 在复合语句内 */
else
   if()     语句 2 } /* 内嵌平衡 if 语句  */
   else     语句 3
```

这样，第 1 个 else 不能和复合语句中的 if 配对，避免了由于配对错误造成的逻辑错误。

在 4.3.1 节中介绍了 if 语句的三种使用形式。前两种与 if 语句的标准语法格式对照，比较好理解。if 语句的第 3 种使用形式，其本质也是 if 语句的嵌套使用形式，即标准格式中的“语句 2”本身是一个平衡 if 语句，而该平衡 if 中的“语句 2”又是一个更底层的平衡 if 语句。如：

```
if(条件 1 )
   语句 1
else
   if(条件 2)
       语句 2
   else
       if(条件 3)
           语句 3
       else
           语句 4
```

注意，图中每一个方框都是一个平衡 if 语句，方框中的 if 语句作为外层 if 语句的 else 部分。程序段中每一个内嵌 if 语句都是采用缩进的书写方式书写。但是由于这种内嵌方式比较“单纯”，而且 C 语言的程序书写比较“自由”，所以可以改成下述方式：

```
if(条件 1 )语句 1
else if(条件 2) 语句 2
else if(条件 3) 语句 3
else 语句 4
```

它就是 4.3.1 节中所介绍的组合 if 语句。从本质上讲 if 语句只有一种格式即标准格式。

下面再编程实现一个实际的数学计算题来加深理解 if 语句的嵌套使用。有数学函数如下：

$$y=\begin{cases}-10 & (x<10)\\ 5 & (x=10)\\ 20 & (x>10)\end{cases}$$

例 4-5 演示用嵌套的 if 语句解决数学问题。

```
#include<stdio.h>

main()
{
    float x, y;

    printf("Please input x: ");
    scanf("%f", &x);
    if(x < 10)  y = -10;            /* A */
    else  if(x == 10)  y = 5;       /* B: 内嵌 if 语句 */
        else  y = 20;               /* C */
    printf("y= %f \n", y );
}
```

该程序的 A、B、C 三行可以改写成如下形式，请注意两个版本程序中内嵌 if 语句的位置。

```
if(x <= 10)
if(x<10) y = -10;   /* 内嵌 if 语句 */
else  y = 5;
else  y = 20;
```

4.3.3 条件运算符

在 C 语言中，针对简单的平衡 if 语句，还可以采用条件运算符表示。条件表达式的形式如下：

```
<表达式 1> ? <表达式 2> : <表达式 3>
```

条件运算符是一种三元运算符，即在表达式中需要书写三个操作数。条件运算的计算过程是：首先计算<表达式 1>（一般为逻辑表达式），如果<表达式 1>的值为真（值为非 0）则执行<表达式 2>并将其计算结果作为整个表达式的值。如果<表达式 1>的值为假（值为 0）则执行<表达式 3>并将其计算结果作为整个表达式的值。

条件表达式的执行流程如图 4-12 所示。

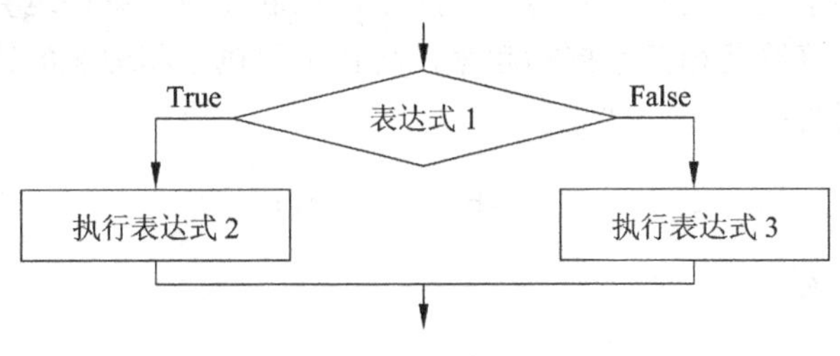

图 4-12　条件表达式

根据图 4-12 所描述的流程图可以看出，条件运算符的使用方法与平衡的 if 语句完全相同。它完全等价于如下的 if 语句：

```
if(<表达式 1>)
    <表达式 2>;
else
    <表达式 3>;
```

例如，求两个数中较大数，可以使用条件运算符如下：

```
max = (a>b) ? a : b;
```

也可以使用 if 语句如下：

```
if(a>b)  max = a;
else     max = b;
```

当然，由于在 if 语句中可以使用复合语句来实现复杂的功能，所以条件运算符的功能只能相当于简单的平衡 if 语句，而不能认为两者完全等价。

条件运算符的计算优先级比较低，仅仅高于赋值运算符和逗号运算符。因此在条件运算表达式中，一般是将所有的逻辑运算和数值运算都计算完毕以后，使用条件运算符选择合适的分支取得计算结果，最终再将计算结果赋值给其他变量。

条件运算符按照“自右向左”的计算规则进行计算。例如有如下的条件运算符表达式：

```
x = a>b ? a : c<b ? c : b;
```

它等价于：

```
x = a>b ? a : (c<b ? c : b);
```

正确的计算顺序是：先计算 a>b，若成立，则 a 是赋值号右边表达式的值；否则，再计算 (c<b?c:b)，作为赋值号右边表达式的值。若 a=1，b=3，c=5，则 x 的值为 3。

例如，求解三个数中的最大数，使用条件运算符书写如下：

```
max = (a>b ? a: b)<c ? c : a>b ? a:b;
```

从上面的例子可以看出，虽然可以利用“自右向左”的规则来实现正确的计算，但是这样的书写方法不利于程序的阅读和维护。所以，在嵌套使用条件运算符的时候，应该尽量使用括号将条件运算符及相关数据括起来，防止出现执行和理解的错误。所以上面求解最大数的例子应该写为：

```
max = (a>b ? a : b)<c ? c : (a>b ? a : b);
```

4.3.4 switch 语句

尽管采用组合 if 语句可以实现复杂的逻辑判断，但是组合的 if 语句书写工作量大，使用不太方便。C 语言提供了一个与组合的 if 语句功能类似而使用简单的语句：switch 语句，即开关语句。

开关语句也称为多分支选择语句，功能与组合的 if 语句类似，可以用来模拟组合的 if 语句的功能（注意，两者的功能并非完全等价）。开关语句通常用于各种分类统计和计算，该语句的语法格式如下：

```
switch( <表达式> )
{
  case <常量表达式 1>: 语句序列 1;
                  [< break; >]
  case <常量表达式 2>: 语句序列 2;
                  [< break; >]
        …
  case <常量表达式 n>: 语句序列 n;
                  [< break; >]
  [ default:  语句序列 n+1; [< break; >] ]
}
```

其中<表达式>和<常量表达式 *i*>（*i*=1, 2, …, *n*）的类型必须是整型（包括字符类型、枚举类型等），而不能为其他类型数据（如 float 型或 double 型）。每个 case 后的“语句序列”表示此处可以是多条语句。

switch 语句的执行规则是，首先计算<表达式>的值，然后将该值从上到下依次与<常量表达式 *i*>（*i*=1, 2,…, *n*）比较，若<表达式>的值与某个<常量表达式 *i*>的值相等，则从第 *i* 个 case 后面的语句序列开始执行。如果<表达式>的值与所有的<常量表达式 *i*>都不相等，则执行 default 后面的语句序列。注意 default 部分是可选的。switch 语句中的 break 语句用于结束 switch 语句，即结束对某个状况（case）的处理，流程跳出 switch 语句，转至 switch 后面的语句继续执行。若一个 case 语句序列后没有 break 语句，则继续执行下一个 case 后的语句序列。

若在 switch 语句每个分支语句序列的后面加上 break 语句后，操作流程图如图 4-13 所示。

例如实现一个程序，用户输入英文五分制成绩（A、B、C、D 或 E），输出对各个成绩的英文描述。程序主要分支处理语句如下：

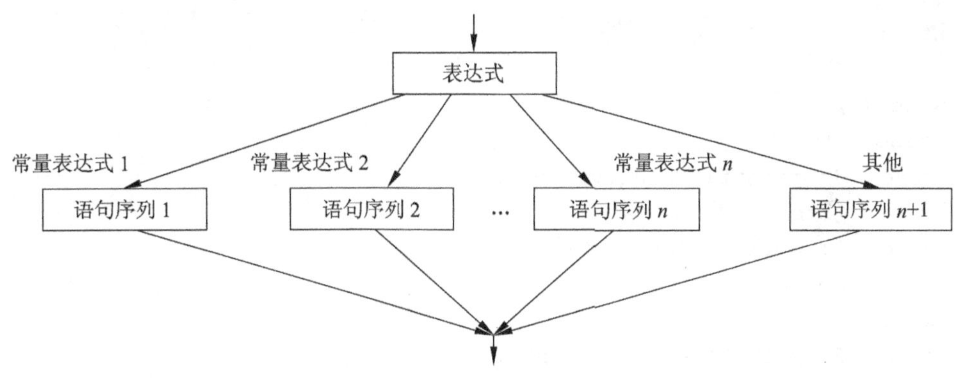

图 4-13　开关语句流程

```
char grade;
grade = getchar();  /* 输入五分制成绩, A、B、C、D或E */
switch(grade)
{
    case 'A': printf("Excellent \n" ); break;    /* 优 */
    case 'B': printf("Good \n" ); break;         /* 良 */
    case 'C': printf("Medium \n" ); break;       /* 中 */
    case 'D': printf("Pass \n" ); break;         /* 及格 */
    default: printf("Fail \n" );                 /* 不及格 */
}
```

在 switch 语句中，为什么要规定若一个 case 语句序列后没有 break 语句，继续执行下一个 case 后的语句序列？原因如下。

在 switch 语句中每个<常量表达式 *i*>后面的语句序列类似于 if 语句的分支，但是执行各分支的条件判断方法不同。考虑如下情况：

```
int x;
…
if(x>=-2 && x<0)    printf("Negative \n");       /* 负数 */
else if(x==0)        printf("Zero \n");           /* 零 */
else if(x>0 && x<=2) printf("Positive \n");      /* 正数 */
```

上述 if 语句的条件中使用了数值范围判断，若某一条件为真，则执行其后的语句分支。而 switch 语句中，执行某一语句序列（相当于一个分支）的条件判断，使用的是完全匹配规则，即将<表达式>与<常量表达式 *i*>做恒等于比较（==）操作，相当于 if(<表达式>==<常量表达式 *i*>)条件为真时，执行<常量表达式 *i*>后面的语句序列分支。所以为了使 switch 语句也能像 if 语句一样，当一个范围的数据条件成立时，执行一个分支，在 C 语言中做了上述规定。

该规定的详细描述为，当找到一个 case 并且执行了后面的语句序列后，并不像 if 语句那样结束 switch 语句的执行，而是继续执行下一个 case 后面的语句序列，直到执行完全部的语句序列或者遇到 break 语句时终止。这样就可以使多个数值共享一个语句序列，即在一定程度上实现了数值范围判断。可以将上面由 if 语句实现的程序段改写成如下程序段：

```
int x;
…
switch(x)
{ case  -2:
  case  -1: printf("Negative \n");
            break;
  case   0: printf("Zero \n");
            break;
  case   1:
  case   2: printf("Positive \n");
}
```

在程序段中，如果 x 的值为–2，则与第一个 case 语句匹配。由于第一个 case 语句后面没有执行语句序列，也没有 break 语句，根据规则，程序会继续执行第二个 case 语句后面的语句序列。数值–1 和–2 共享了输出“Negative”字符串的语句序列，而且紧跟着写有 break 语句，程序在执行了输出语句后退出 switch 语句，这样实现的功能与上述 if 语句程序段完全相同。

有了上述规定，如下程序片断的功能是：用户输入英文五分制成绩，程序给出是否通过考试的信息。

```
switch(grade)
{
    case 'A':
    case 'B':
    case 'C':
    case 'D': printf("Pass \n" ); break;      /* 及格 */
    default: printf("Fail \n" );              /* 不及格 */
}
```

而对于如下程序段：

```
grade= 'B';
switch(grade)
{
    case 'A': printf("Excellent \n" );        /* 优 */
    case 'B': printf("Good \n" );             /* 良 */
    case 'C': printf("Medium \n" );           /* 中 */
    case 'D': printf("Pass \n" );             /* 及格 */
    default: printf("Fail \n" );              /* 不及格 */
}
```

程序的输出为：

```
Good
Medium
Pass
Fail
```

注意：

（1）在 switch 语句中，default 分支可以放在任何位置。但是为了程序书写和阅读方便，一般将 default 分支写在 switch 语句的最后一行。

（2）每个常量表达式的值都必须互不相同，否则当表达式的值与多个常量表达式的值都匹配时，计算机将无法决定到底该执行哪一个常量表达式后面的语句序列。

（3）常量表达式必须是一个确定的字符类型或者整数类型的常量数值，而不能是浮点数或者变量表达式。

（4）switch 语句虽然可以模拟组合的 if 语句，但是并不是与组合的 if 语句完全等价。switch 语句只能处理字符类型和整数类型的条件判断，而组合的 if 语句不但可以处理字符类型和整数类型的条件判断，还可以对浮点数等其他的条件进行判断。由此看来，组合的 if 语句的功能要远远大于 switch 语句。

下面举例说明 switch 语句在实际生活中的应用。

在单位的工资发放中都要缴纳住房公积金，住房公积金是根据收入的多少按不同比例缴纳的，假设比例设置如下：

收入范围	比例
收入 < 1000	2%比例
1000 <= 收入 < 2000	3%比例
2000 <= 收入 < 5000	4%比例
5000 <= 收入 < 10 000	5%比例
10 000 <= 收入	6%比例

例 4-6 用 switch 语句解决公积金问题。程序是根据输入的收入金额求出并且输出应该缴纳的公积金。

```
#include<stdio.h>

main()
{
    int  in, temp, r;
    float  fee;

    printf("Please input your income: ");
    scanf("%d", &in);
    temp = in/1000;      /* 按照 1000 为单位进行区间划分 */
    switch(temp)
    {
      case 0: r=2; break;
      case 1: r=3; break;
      case 2:
      case 3:
      case 4: r=4; break;
      case 5:
      case 6:
      case 7:
```

```
        case 8:
        case 9: r=5; break;
        default: r=6;
      }
      fee = in * r / 100.0;
      printf("The accumulation fund is: %f", fee);
}
```

程序使用了多个分支共享语句序列，使得 switch 语句能够处理一个范围内的数据。在 switch 语句的最后使用了 default 语句，用来处理收入>=10 000 后的所有情况。

4.4 循环结构语句

现代计算机是一个高速运算的机器，每秒钟可以进行几亿次计算，如果是一个顺序执行的程序，可以在瞬间执行完毕。而我们却经常能够看到一些大型的科学计算需要计算机不停的计算几天、几个星期、甚至几个月。这种长时间自动运行程序的功能不是靠程序员编写很多代码来实现的，而主要是靠循环结构使得程序反复迭代计算实现的。

只要计算的数据之间存在着规律性的变化，就可以使用循环结构来对其进行迭代计算。例如，使用循环结构可以实现如下的多项式累加和与累乘积的求解：

$$n! = 1\times 2\times 3\times 4\times \cdots \times n$$

$$\pi = 4\times\left(1-\frac{1}{3}+\frac{1}{5}-\frac{1}{7}+\cdots+(-1)^{n+1}\frac{1}{2n-1}+\cdots\right)$$

循环结构的分类和运行原理在 4.1.4 节中已经做过了简单的介绍，其在 C 语言中的实现形式主要有以下四种：

- 用 goto 语句和标号构成循环；
- 用 while 语句构成循环；
- 用 for 语句构成循环；
- 用 do-while 语句构成循环。

下面分小节来分别进行介绍。

4.4.1 goto 语句及标号的使用

goto 语句最早出现在顺序结构的程序设计语言中，负责程序模块之间的跳转工作。它的书写形式为：

```
goto  <语句标号>;
```

<语句标号>是一个标识符，用来标记程序跳转的位置。下面使用 goto 语句编写程序求解 s = 1 + 2 + 3 + … + 99 + 100。

例 4-7 演示用 goto 语句求解 1～100 的累加和 s。

```
#include<stdio.h>

main()
```

```
{
    int  i=1, m=0;

    loop:  if(i <= 100)
           {
              m += i;
              i++;
              goto  loop;    /* 跳转到标号 loop */
           }
    printf("The sum from 1 to 100 is:  %d", m);
}
```

由于在程序中大量使用 goto 跳转命令会破坏结构化程序设计的原则，而且虽然 goto 语句和 if 语句联用可以实现循环结构，但是在 C 语言中我们有能够实现相同功能的，结构更加简单的语句，如下面将要介绍的 while、do-while、for 循环语句。所以在程序设计中一般不宜采用 goto 语句。

4.4.2 while 语句

while 语句与其字面上的含义一致，是一种典型的“当型”循环结构。其语法格式如下：

```
while(<表达式>)  <语句>
```

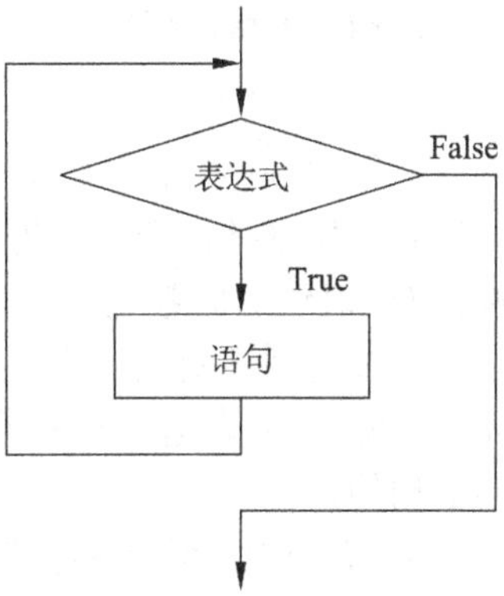

执行的顺序为：首先判断<表达式>的计算结果，如果计算结果为真（非 0 值）则执行 while 语句后面跟随的<语句>序列，直到表达式的计算结果为假（0 值），结束循环语句的执行。我们将 while 语句后面跟随的<语句>称为循环体。对应的流程图如图 4-14 所示。

下面使用 while 语句编写程序例 4-8，求解 s = 1 + 2 + 3 + ⋯ + 99 + 100。

图 4-14 while 语句流程

例 4-8 演示用 while 语句求解 1～100 的累加和 s。

```
#include<stdio.h>

main()
{
    int  i=1, sum=0;

    while(i <= 100)     /* 循环体是一个复合语句 */
    {
        sum += i;
        i++;
    }
    printf("The sum from 1 to 100 is:  %d \n", sum);
}
```

需要注意 while 语句的以下几个用法：

（1）与 if 语句相同，while 语句后面只能跟随一条语句。当用户想要在循环体内实现较为复杂的功能时，必须要将多条语句用“{}”符号括起来，构成一条复合语句。这样才能正确的实现程序的功能。后面介绍的 for 语句和 do-while 语句与 while 语句相同，其后都只能跟随一条语句，都只能使用复合语句来实现复杂的功能。

（2）在循环体内必须包含对循环变量修改的语句。在程序例 4-8 中，结束循环的条件是变量 i 的值大于 100。由于变量 i 的值决定了是否结束循环，是对循环起到至关重要作用的变量，因此将其称为循环变量。变量 i 初始的值为 1，如果在循环体内没有语句 i++对其值进行修改，则变量 i 的值永远为 1，循环永远无法结束，我们称其为死循环。死循环会导致程序死锁或者计算机死机。因此在循环体内必须包含修改循环变量的语句，以使程序正常结束。

（3）对常见的两类循环操作。累加计算和累乘计算。针对不同的循环操作需要设置不同的初始化值。累加计算中的累加和变量一般初始化为 0，累乘计算中的累乘积变量一般初始化为 1。

4.4.3 for 语句

for 语句与 while 语句功能相同，也是一种典型的“当型”循环。其语法格式如下：

```
for([<初始化表达式>]; [<条件表达式>]; [<修正表达式>])
    <语句>
```

执行的顺序为：首先执行<初始化表达式>完成变量的初始化，然后进行<条件表达式>的计算。如果条件表达式的计算结果为真（非 0 值），则执行 for 语句后面跟随的<语句>，然后执行<修正表达式>，修改相关的循环变量，转到<条件表达式>，继续下一次循环；如果<条件表达式>的计算结果为假（0 值），则结束循环语句的执行。

for 语句中<语句>称为循环体，其语法要求与 while 语句中的<语句>一样。其对应的流程图如图 4-15 所示。

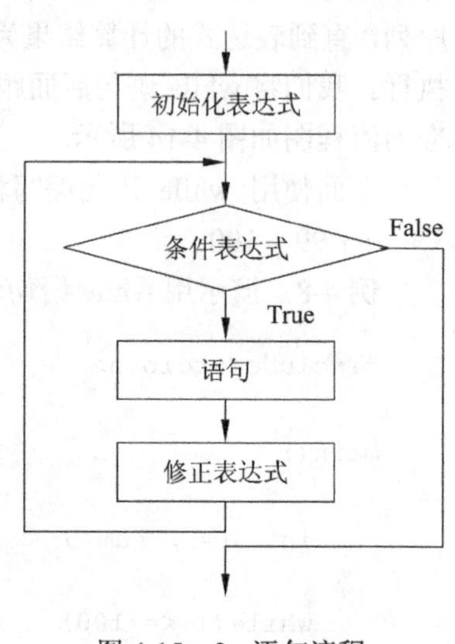

图 4-15 for 语句流程

从流程图的结构可以看出 while 语句与 for 语句都属于“当型”循环，for 语句在语义上等价于如下的 while 语句：

```
<初始化表达式>;
while(<条件表达式>)
{
   <语句>;
   <修正表达式>;
}
```

下面使用 for 语句编写程序求解 s = 1 + 2 + 3 + … + 99 + 100。

例 4-9 演示用 for 语句求解累加和 s。

```
#include <stdio.h>
```

```
main()
{
    int  sum=0, i;

    for(i=1; i<=100; i++)
      sum += i;
    printf("The sum from 1 to 100 is:  %d \n", sum);
}
```

根据例 4-9 可以看出，用 for 语句实现与 while 语句同样的循环功能时，程序可以书写的更加简单。

与 while 语句比较，在 for 语句中一般将对循环变量的修改操作从循环体中分离出来，放在修正表达式中。这样，在 for 语句的第一行，可以很清楚地看到循环变量的初值、终值和步长，提高了程序的阅读性。“步长”是每次循环结束后，循环变量的变化值。例 4-9 中，循环变量 i 的初值、终值和步长分别是 1、100 和 1。本例循环结束后，变量 i 的值为 101。

for 语句功能十分强大，使用 for 语句除了标准的用法外，还有一些特殊的用法和注意事项，如下所示。

（1）for 语句的三个表达式并非都要书写。在实际使用时，可以针对不同情况，省略一个或多个。

如果将初始化语句放到 for 语句的前面，可以在 for 语句中省略初始化表达式。例如：

```
i=0;
for(; i<100; i++);
```

在 for 语句中也可以省略条件表达式，这时候的 for 语句的功能相当于 while 语句的一种特殊写法，如下所示：

```
for(i=0;  ; i++)     ⇔      while(1)
```

这种循环称为永真循环，即永远循环或者死循环。这种循环配合在 4.4.5 节中介绍的 continue 和 break 语句，可以实现一些具有特殊作用的循环。

当将循环变量的修改语句写入循环体中时，for 语句中的修正表达式也可以省略。例如：

```
for(i=0; i<100;)
{
   printf("%d", i);
   i++;
}
```

有时也可以将三个表达式都省略，这时 for 语句同样等价于永真循环，如下：

```
for(;  ;)     ⇔      while(1)
```

（2）for 语句和 while 语句都是“当型”循环，它们的执行方法是先执行条件语句，再根据条件语句的计算结果判断是否执行循环体中的语句。由于是先判断后执行，因此循环体可能一次都不会被执行。

4.4.4 do-while 语句

do-while 语句虽然字面上与 while 语句都含有一个 while 单词，但在执行过程中“<语句>的执行”和“对<表达式>条件的判断”顺序正好相反。do-while 语句先执行循环体，然后再判断是否要继续执行循环，属于典型的“直到型”循环。其一般语法格式如下：

```
do
  <语句>    /* 循环体 */
while(<表达式>);
```

执行的顺序为：首先执行<语句>（即循环体），然后再判断<表达式>的计算结果。如果计算结果为真（非 0 值）则进行下一次的循环体运算，直到表达式的计算结果为假（0 值），结束循环。对应的流程图如图 4-16 所示。注意 do-while 语句的执行流程与直到型循环流程图（见图 4-6）的区别，对结束条件的判断正好相反，do-while 语句中当“表达式”为真继续循环，而图 4-6 流程图中当条件“C”为假继续循环。但是 do-while 还是一个“直到型”循环，可以理解为：循环继续执行，直到<表达式>为假，则结束循环。

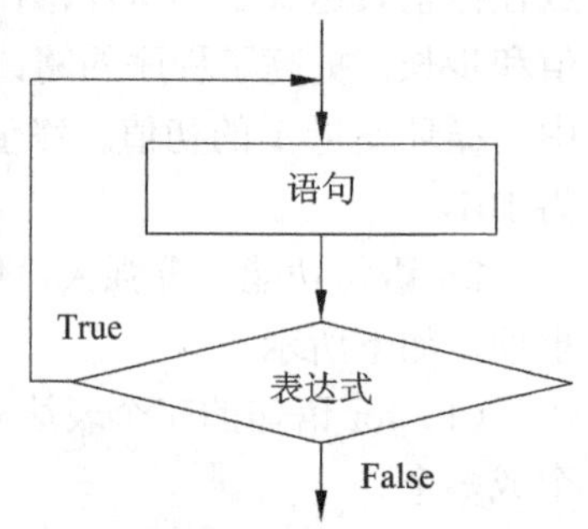

图 4-16　do-while 语句流程

下面使用 do-while 语句编写程序求解 s = 1 + 2 + 3 + … + 99 + 100。

例 4-10　演示用 do-while 语句求解 1～100 的累加和 s。

```
#include<stdio.h>

main()
{
    int  i=1, sum=0;

    do {
          sum += i;
          i++;
    }while(i <= 100);
    printf("The sum from 1 to 100 is:  %d \n", sum);
}
```

由于 do-while 循环是“直到型”循环，先执行循环体后判断，循环体至少会被执行一次。而“当型”循环的循环体有可能一次都不被执行。这种差别会导致同样书写的代码由于采用的循环语句不同而计算的结果不同。

下面使用 while 语句和 do-while 语句来实现相同的计算数值累加和的算法，以比较两种循环的不同点。

```c
main()
{
  int i, sum=0;

  scanf("%d", &i);
  while(i <= 5)
  {
     sum += i;
     i++;
  }
  printf("%d", sum);
}
```

```c
main()
{
    int i, sum=0;

   scanf("%d", &i);
   do
    {  sum += i;
       i++;
    }
   while(i <= 5);
   printf("%d", sum);
}
```

在上述的程序中，如果用户输入的数据小于等于 5，则两个程序的功能等效，都是求解从输入的数据到 5 的累加和。如果输入的数据大于 5，则两个程序的功能不等效。其中使用 while 语句的程序由于先判断再计算，导致了由于判断条件为假而不做计算的结果，输出的结果始终为 0。而使用 do-while 语句的程序由于先执行后判断，会对用户输入的数据至少计算一次。例如用户输入 6，则使用 do-while 语句的程序输出 6，而使用 while 语句的程序输出 0。

4.4.5 break 语句和 continue 语句

在循环语句的执行过程中，主要是按照条件表达式的计算结果来决定何时结束循环语句。如果在程序的循环中，要对某些特殊情况进行处理，例如强行中断循环、跳过某些特定的执行过程等，就需要加入新的控制语句。break 语句和 continue 语句正是专门设计的用来改变循环执行流程的语句。

在前面 switch 语句的使用中已经说明：break 语句可以中断 switch 语句向下执行的流程。此外，它更重要的作用是用来中断循环语句的执行。

break 语句的书写格式为：

```c
break;
```

其功能是中断程序的执行流程。下面用例子说明：

```c
int i;
for( i=1;  ; i++)
{
   printf("%d ", i);
   if(i >= 10) break;
}
```

上述程序段的作用是在屏幕上显示 1～10 的十个数。在 for 语句的书写上使用了永真循环的写法，程序本来应该永远不停的循环下去。但是由于循环体内使用了 break 语句，当变量 i 的值等于 10 时，if 语句中的 break 语句被执行，程序的执行流程跳出循环语句，结束循环。

break 语句可以用来打断循环语句的执行，跳出循环语句去执行紧跟在循环语句后面的下一条语句。但是必须注意，一条 break 语句只能跳出它所在的最内层循环，如果将 break 语句写在一个多重循环语句中（见 4.4.6 节），想要跳出循环语句往往需要多次调用 break 语句。

continue 语句也是一种改变循环执行流程的语句，但是它的作用与 break 语句不同。它并不使程序的执行流程跳出循环，而是跳过循环体中下面尚未执行的语句，结束本次循环。

continue 语句的书写格式为：

```
continue;
```

continue 语句一定要配合 if 语句写在循环体的中间，将需要跳过的计算过程写在 continue 语句的后面，这样才能达到预期的效果。break 语句和 continue 语句的对比实例如下：

```
for(i=1; i<=4; i++)
{
   x = i * i;
   if(x == 9) break;
   printf("%d \n", x);
}
printf("i= %d \n", i);
```

```
for(i=1; i<=4; i++)
{
   x = i * i;
   if(x == 9) continue;
   printf("%d \n", x);
}
printf("i= %d \n", i);
```

上面的两个程序段中除了 break 语句和 continue 语句不同之外，其他都完全相同，但是它们的执行结果却完全不同，分别是：

```
1
4
i=3
```

```
1
4
16
i=5
```

当循环变量 i 的值为 3 时，如果执行 break 语句，则退出循环，这时后续的 printf 语句不再执行；如果执行 continue 语句，则跳过后续显示 9 的 printf 语句，继续执行下一次循环，直到将循环执行完毕。

下面举例说明 break 语句的使用。

例 4-11 使用循环语句，按照定义求任意两个数的最大公约数和最小公倍数。

```
#include<stdio.h>

main()
{
  int x, y, i, k;

  printf("Please input two integers: ");
  scanf("%d%d", &x, &y);
  k=x<y?x:y;                   /* 取两数中的小数 */
```

```
    for(i=k; i>=1; i--)          /* A行, 求最大公约数 */
        if(x%i==0 && y%i==0)
            break;
    printf("Greatest Common Divisor : %d \n", i);
    k=x>y?x:y;                   /* 取两数中的大数 */
    for(i=k; i<=x*y; i++)        /* B行, 求最小公倍数 */
        if(i%x==0 && i%y==0)
            break;
    printf("Lowest Common Multiple : %d\n", i);
}
```

这里使用探测法。求最大公约数时，探测范围为两数中的较小数 k 至 1（在此范围内必定能找到最大公约数）。在 A 行的 for 循环中，循环变量 i 的值从 k 开始依次递减，在循环体中作判断，第 1 个能够同时把 x 和 y 除尽的 i 就是最大公约数，此时用 break 跳出循环，输出最大公约数。求最小公倍数时，探测范围为两数中的较大数 k 至 x*y（在此范围内必定能找到最小公倍数），在 B 行的 for 循环中，循环变量 i 的值从 k 开始依次递增，在循环体中判断 i 是否能同时被 x 和 y 除尽，满足此条件的第 1 个 i 就是最小公倍数，此时用 break 跳出循环，输出最小公倍数。

4.4.6 循环的嵌套

在某些复杂计算中，使用一个循环语句无法实现计算的目标，这时往往需要在一个循环语句中再使用循环语句。这种在一个循环语句中又包含其他的循环语句的循环结构称为循环的嵌套。在前面介绍的三种主要的循环语句（while 语句、for 语句和 do-while 语句）中，它们彼此之间都可以互相嵌套。

循环嵌套调用的包含关系称为层次关系，一个循环语句包含另外一个循环语句称为两层循环。在 C 语言中，对循环嵌套调用的层次一般没有限制，在复杂的问题求解中甚至会用到 4 层或 5 层循环。当然循环的嵌套调用中也不仅仅存在层次关系，还存在并列关系。

图 4-17 以图示说明几种常见的循环嵌套结构，其中每一个闭环矩形代表一个循环语句。

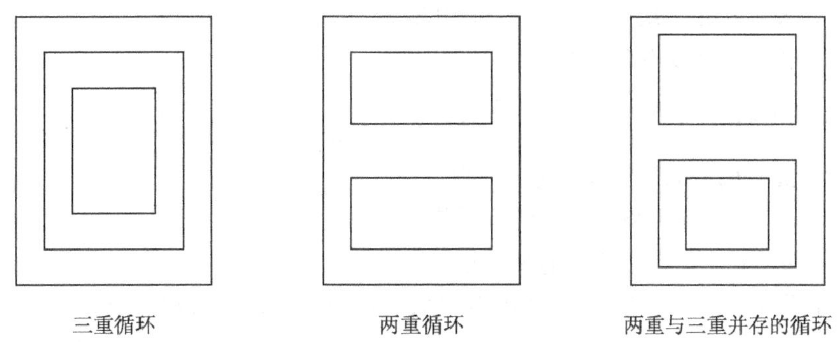

图 4-17　循环嵌套类型

下面使用循环嵌套编写例 4-12 的程序输出 99 乘法表。

例 4-12 演示用循环嵌套技术输出 99 乘法表。

```
#include<stdio.h>

main()
{
   int i, j;

   printf("Multiplication table: \n");
   for(i=1; i<=9; i++)          /* 外循环控制输出的行数 */
   {
     for(j=1; j<=i; j++)        /* 内循环 */
        printf("%d*%d=%d\t", i , j , i*j );
     printf("\n");
   }
}
```

程序的运行结果如下：

```
Multiplication table:
1*1=1
2*1=2   2*2=4
3*1=3   3*2=6   3*3=9
4*1=4   4*2=8   4*3=12  4*4=16
5*1=5   5*2=10  5*3=15  5*4=20  5*5=25
6*1=6   6*2=12  6*3=18  6*4=24  6*5=30  6*6=36
7*1=7   7*2=14  7*3=21  7*4=28  7*5=35  7*6=42  7*7=49
8*1=8   8*2=16  8*3=24  8*4=32  8*5=40  8*6=48  8*7=56  8*8=64
9*1=9   9*2=18  9*3=27  9*4=36  9*5=45  9*6=54  9*7=63  9*8=72  9*9=81
```

4.5 控制语句应用举例

例 4-13 求解一元二次方程 $ax^2+bx+c=0$ 的根。

在求解的过程中有以下几种情况需要考虑：

（1）$a=0$，则表达式不是一元二次方程，解为 $-\frac{c}{b}$。

（2）$b^2-4ac=0$，有两个相等的实数根。

（3）$b^2-4ac>0$，有两个不相等的实数根。

（4）$b^2-4ac<0$，有两个共轭的复数根。

根据以上分析，对各种情况使用 if 语句来分别处理，编写程序如下：

```
#include<stdio.h>
#include<math.h>

main()
```

```
{
    float a, b, c, disc, x1, x2, real, image;

    printf("Please input three real numbers: ");
    scanf("%f%f%f", &a, &b, &c);
    printf("The equation");
    if (fabs(a)<=1e-7)     /* a==0, 注意写法。处理第 1 种情况。 */
        printf(" is not quadratic, solution is %.2f\n", -c/b);
    else
    {                   /* 处理 2、3、4 三种情况 */
        disc=b*b-4*a*c;
        if (fabs(disc)<=1e-7)     /* disc==0 */
            printf("  is not quadratic, solution is: %.2f\n", -b/(2*a));
        else if (disc>1e-7)
        {
            x1=(-b+sqrt(disc))/(2*a);
            x2=(-b-sqrt(disc))/(2*a);
            printf(" has distinct real roots: %.2f and %.2f \n", x1 , x2);
        }
        else
        {
            real=-b/(2*a);
            image=sqrt(-disc)/(2*a);
            printf(" has complex roots:\n");
            printf("%.2f + %.2f i \n", real, image);
            printf("%.2f - %.2f i \n", real, image);
        }
    }
}
```

由于程序中 b^2-4ac 是一个必须计算的值，这里用一个中间变量 disc 来存放这个值，以避免重复计算。由于 disc 为实数变量，在计算机中实数变量存放的值并非绝对精确。因此判断 disc 是否为 0 时，不能取 0 值，而是取一个接近 0 的区间（小于 10^{-7}）。运行程序四次，结果分别如下：

（1）
```
Please input three real numbers: 0 2 -3<Enter>
The equation is not quadratic, solution is 1.50
```
（2）
```
Please input three real numbers: 1 4 4<Enter>
The equation is not quadratic, solution is: -2.00
```
（3）
```
Please input three real numbers: 2 4 1<Enter>
The equation has distinct real roots: -0.29 and -1.71
```
（4）
```
Please input three real numbers: 2 2 1<Enter>
The equation has complex roots:
-0.50 + 0.50 i
```

```
-0.50 -0.50 i
```

注意：程序中的 fabs()是 math.h 文件中定义的一个系统函数，它返回浮点型参数的绝对值。

在 4.4 节中举例说明了循环语句能够实现有规律的科学计算。我们可以将其分为两类：有穷计算和无穷计算。

对于有穷计算，由于已经知道了计算的步数，最适合用 for 语句来实现，如在例 4-9 中计算 s = 1 + 2 + 3 + … + 99 + 100，计算的次数是可知的。对于无穷计算，当然不可能无止境的计算下去，通过在条件表达式中对计算公式通项的判断来决定何时结束循环。能够求得结果的多项展开式，其通项都是收敛的（越变越小）。我们认为当通项足够小的时候（例如小于 10^{-7}），就可以对以后的计算忽略不计，以后的计算也不会对解产生大的影响。因此，对于无穷计算，往往通过判断通项的大小来决定循环是否继续。

for 语句除了可以处理预知次数的循环操作，也可以通过对条件表达式的判断来处理未知循环次数的无穷计算。因此，for 语句的使用频率要高于 while 语句和 do-while 语句。

下面通过实际程序的编写来说明循环语句的使用方法。

例 4-14 编写程序，输入一个 int 型整数 num，逆向输出其各位数字，同时求出其位数以及各位数字之和。

```
#include<stdio.h>

main()
{
    int  num, sum=0, k, i=0;
    scanf("%d", &num);
    while(num>0)
    {
        k = num%10;
        printf("%d  ", k);
        sum += k;
        i++;
        num = num/10;
    }
    printf("\nsum = %d\n", sum );         /* 输出各位数字之和 */
    printf("digit number = %d\n", i);    /* 输出 num 的位数 */
}
```

如果输入的数据是 8953，则程序的运行结果是：

```
8953<Enter>
3  5  9  8
sum = 25
digit number = 4
```

例 4-15 使用循环语句，对 cos(*x*)多项式求和。

cos(*x*)的多项式求和公式为：

$$\cos(x)=1-\frac{x^2}{2!}+\frac{x^4}{4!}-\cdots+(-1)^{n+1}\frac{x^{2n-2}}{(2n-2)!}+\cdots$$

程序如下：

```
#include<stdio.h>
#include<math.h>

main()
{
    int i;
    double x, t, value;

    printf("Please input x: ");
    scanf("%lf", &x);
    value=1; t=1; i=1;
    while((fabs(t))>=1e-9)
    {
        t=t*(-1)*x*x/((2*i)*(2*i-1));      /* 通项的值 */
        value = value + t;
        i++;
    }
    printf("cos(x)= %lf \n", value);
}
```

由于 cos(x)多项式的项数是无穷的，所以通过判断通项值的大小来结束循环。当通项的绝对值小于 10^{-9} 时，其值对计算结果影响不大，可以忽略不计，于是结束循环。

程序中使用变量 i 来记录循环的次数，通过循环的次数与分母变化之间的关系求出分母的值，变量 t 记录通项的值。经过若干次累加，最后在变量 cos 中获得计算结果。

例 4-16 使用循环语句求解 $\sum_{n=1}^{20} n!$ 多项式的和（即求解 1!+2!+…+20!）。

```
#include<stdio.h>

main()
{
    double sum, t;
    int i;

    sum=0;   t=1;
    for(i=1; i<=20; i++)
    {
       t=t*i;      /* 计算每一个阶乘 */
       sum=sum+t;
    }
    printf("sum=%lf \n", sum);
}
```

程序中变量 sum 用来存放累加和，初始化为 0；变量 t 用来存放累乘积，初始化为 1。

例 4-17 使用循环语句求解 Fibonacci 数列的前 40 项。

该数列的推导公式如下：

$$F_n = \begin{cases} 1 & n=1 \\ 1 & n=2 \\ F_{n-1}+F_{n-2} & n>2 \end{cases}$$

```
#include<stdio.h>

main()
{
    long f1, f2;
    int i;

    f1=1;    f2=1;
    for(i=1; i<=20; i++)
    {
        printf("%12ld%12ld", f1, f2);
        if(i%2==0) printf("\n");        /*  A  */
        f1=f1+f2;
        f2=f2+f1;
    }
}
```

程序中的 A 行用于控制每行输出 4 个数。注意，由于该数列的前 40 项的值超过了整型数值范围，程序中的 f1 和 f2 采用了长整型。

```
          1           1           2           3
          5           8          13          21
         34          55          89         144
        233         377         610         987
       1597        2584        4181        6765
     10 946      17 711      28 657      46 368
     75 025     121 393     196 418     317 811
    514 229     832 040   1 346 269   2 178 309
  3 524 578   5 702 887   9 227 465  14 930 352
 24 157 817  39 088 169  63 245 986 102 334 155
```

例 4-18 输入一个整数 x，判断其是否为素数。

素数即质数，是只能被 1 和其自身整除的数，因此可以使用试探法来寻找素数。假设要判断整数 x 是否为素数，就可以试探用 [2, x–1] 区间之内的所有整数去除 x，如果没有一个数可以将 x 除尽，则 x 就是素数。如果区间内有一个数可将 x 除尽，则 x 不是素数。寻找素数其实是寻找一种倍数关系，所以没有必要试探[2, x–1] 区间之内的所有整数，只要试探 2 到 $\sqrt{x}$ 之间的整数就可以了。下面给予简单的证明。

设 x 不是一个素数，那么 x 就应当有一个不小于 2 的因子 m，即 x 可以分解为：$x=(\sqrt{x})^2=mn$，其中 m 和 n 为 x 的两个约数，显然 m 和 n 都是大于或等于 2 的整数。假设 m 是 m 与 n 两个数中比较小的一个整数，可以推出：$(\sqrt{x})^2 = mn \geqslant m^2 \geqslant 2^2$，由前提条件“$x$ 是一个正整数”可得：$\sqrt{x} \geqslant m \geqslant 2$。故可以得到一个结论：若正整数 x 不是一个素数，那么在 2～$\sqrt{x}$ 之间必有一个约数。

```
#include<stdio.h>
#include<math.h>

main()
{
    int x, b, i;

    printf("Please input a integer number: ");
    scanf("%d", &x);
    b = sqrt(x);
    for(i=2; i<=b; i++)       /* 循环变量 i 的变化范围是: 2~b  */
        if(x%i==0) break;     /* A */
    if(i>=b+1)                /* B */
        printf("%d is a prime number\n", x);
    else
        printf("%d is not a prime number\n", x);
}
```

程序中 A 行的 break 语句跳出它所在的 for 语句，然后执行 B 行的 if 语句。for 循环结束后，可根据循环变量 i 的值判定 x 是否为素数，如果 i<=b，表示在 A 行，在范围 2～$\sqrt{x}$ 之内有一个 i 能把 x 除尽，break 语句跳出循环，此时 x 不是素数。如果在范围 2～$\sqrt{x}$ 之内的所有的 i 都不能把 x 除尽，则 for 循环结束后，i 的值是 b+1，即条件 i>=b+1 成立，表示 x 是素数。

例 4-19 使用循环语句求解 300～500 范围内的所有素数。

注意：在本例中参考了例 4-18 中求素数的算法。

```
#include<stdio.h>
#include<math.h>

main()
{
   int  m, k, i, n=0;                    /* n是计数器 */

   for (m=301; m<=500; m=m+2)            /* 2 以外的偶数不会是素数 */
   {
      k=sqrt(m);
      for (i=2; i<=k; i++)               /* A */
        if (m%i==0) break;
```

```
        if (i>=k+1)                    /* A行的 for 循环正常结束, m是素数 */
        {
           printf("%5d", m);
           n=n+1;
           if (n%10==0)               /* 控制每行输出 10 个素数 */
              printf("\n");
        }
     }
   printf("\n");
}
```

本例中使用了双重嵌套循环。因为大于 2 的偶数不是素数，外层循环变量 m 扫描 300～500 之间的所有奇数，内层循环判定当前奇数 m 是否为素数。如果内层的循环发现一个可以将 m 除尽的数，则执行 break 语句，终止内层循环。在内层循环之后，采用 if 语句判断内层循环是否正常终止。如果是正常终止，则变量 i 的值等于 k+1，当前的 m 是素数，这时就将 m 输出，同时统计素数个数；否则，变量 i 的值会小于 k+1，说明 i 是 m 的约数，故 m 不是素数。

例 4-20 求出并输出满足如下条件的三位数：该数是 11 的倍数，并且个、十、百位数字各不相同。

```
#include<stdio.h>

main()
{
    int  i, x, y, z;

    for(i=100; i<1000; i++)
      if(i%11==0)                    /* 11 的倍数 */
      {
         x=i/100;                    /* 取得百位的数值 */
         y=i%100/10;                 /* 取得十位的数值 */
         z=i%10;                     /* 取得个位的数值 */
         if(x!=y && y!=z && z!=x)
           printf("%d \n", i);
      }
}
```

程序利用整数的整除和取模运算将一个整数分解，分别取得它的个位、十位和百位。

例 4-21 用牛顿迭代法求方程 $x^3+2x^2+3x+4=0$ 在 1 附近的实数根。

牛顿迭代法是利用曲线的导数方程即切线方程这一数学原理，通过不断迭代求得切线方程与 X 坐标轴的交点，来逼近精确解，最终求得曲线方程的近似解。其推导后的迭代公式如下：

$$x_{n+1} = x_n - \frac{f(x_n)}{f'(x_n)}$$

对于上述方程有：$f'(x)=3x^2+4x+3$。

```
#include<stdio.h>
#include<math.h>

main()
{
   double  x, x1, f, f1;

   x=x1=1;                          /* 初始化迭代因子 */
   do
   {
     x=x1;
     f=x*x*x+2*x*x+3*x+4;           /* 原方程 */
     f1=3*x*x+2*2*x+3;              /* 导数方程 */
     x1=x-f/f1;                     /* 迭代公式 */
   }while(fabs(x1-x)>=1e-9);
   printf("Root is: %lf \n", x1);
}
```

在上述程序中当前后两次计算结果之间的差值小于 10^{-9} 时，就认为已经接近精确解，这时就终止循环，输出 x1 的值。

例 4-22 编写程序完成一个简单计算器。通过键盘循环输入合法的四则运算表达式，然后输出表达式及其计算结果。为了简单，本例中只考虑整数运算，如除法为整除，而且规定不把 0 作为分母。

```
include<stdio.h

main()
{
    char  op;
    int  num1, num2, result, parnum;
    parnum = scanf("%d%c%d", &num1, &op, &num2);        /* A */
    while(parnum==3)
    {
        switch (op)
        {
            case '+' : result =num1+num2; break;
            case '-' : result =num1-num2; break;
            case '*' : result =num1*num2; break;
            case '/' : result =num1/num2; break;
            default: printf("Operator is illegal.\n");
        }
        printf("%d%c%d=%d\n", num1, op, num2, result);
        parnum = scanf("%d%c%d", &num1, &op, &num2);     /* B */
    }
}
```

程序中 A 行和 B 行使用了输入函数 scanf，它的返回值是被正确读入的数据的个数。当运行时输入 1+2<Enter>时，整数 1 和 2 被正确读入并赋给整型变量 num1 和 num2，字符 '+' 被正确读入并赋值给字符变量 op，三个字符被合法读入，scanf 返回值为 3。当输入非法数据时，如输入 Q<Enter>时，scanf 无法正确读入数据，返回值不是 3，于是循环结束。如下所示：

```
1+2<Enter>
1+2=3
7/2<Enter>
7/2=3
4?5<Enter>
Operator is illegal.
4?5=3
8-10<Enter>
8-10=-2
Q<Enter>    /* 非法输入，结束循环 */
```

习　题　4

1．编写程序，从键盘输入 3 个数，输出其中最大的数。

2．编写程序，判断用户输入的年份（如 2000 年）是否是闰年。闰年判断条件为：如果某年份能被 4 整除而不能被 100 整除，或者能被 400 整除，该年份就是闰年。

3．画出求解 1+2+3+…+1000 的流程图。

4．编程求解 1000 以内可以同时被 9 和 11 整除的所有整数。要求一行输出 5 个数据。

5．编写程序，将从键盘输入的百分制成绩转换为五分制成绩并显示在屏幕上。成绩转换规则如下：A 对应 90～100 分，B 对应 80～89 分，C 对应 70～79 分，D 对应 60～69 分，E 对应 60 分以下。请使用 if-else 语句和 switch 语句两种方法求解。

6．每个公民在生活中都需要依法纳税，个人所得税的税率是根据收入按不同比例缴纳的，收入少于 800 元的部分不计税，收入大于 800 元的部分为超出部分，超出部分分段计税，分段税率设置如下：

（1）超出部分<= 500 即超出部分中小于 500 元的部分税率为 5%；

（2）500<超出部分<=2000 即超出部分中 500 元至 2000 元的部分税率为 10%；

（3）2000<超出部分<=5000 即超出部分中 2000 元至 5000 元的部分税率为 15%；

（4）5000<超出部分<=20 000 即超出部分中 5000 元至 20 000 元的部分税率为 20%；

（5）20 000<超出部分<=40 000 即超出部分中 20 000 元至 40 000 元的部分税率为 25%；

（6）40 000<超出部分<=60 000 即超出部分中 40 000 元至 60 000 元的部分税率为 30%；

（7）60 000<超出部分<=80 000 即超出部分中 60 000 元至 80 000 元的部分税率为 35%；

（8）80 000<超出部分<=100 000 即超出部分中 80 000 元至 100 000 元的部分税率为 40%；

（9）100 000<超出部分即超出部分中超过 100 000 元的部分税率为 45%。

请用 if 语句编程实现根据输入的收入金额计算出应缴的所得税总额，并且显示在屏幕上。

例如，一个人的收入为 3000 元，则 2200 元为超出部分（3000－800＝2200），应缴税。超出部分又分为 3 段计算，即超出的 500 元部分（共 500 元）按 5%缴税（税额为 25 元），500～2000 元部分（共 1500 元）按 10%缴税（税额为 150 元），2000～5000 元部分（共 200 元）按 15%缴税（税额为 30 元），最后将各段应缴税额求和，得到应缴税总额 205 元。

7．求符合以下条件的所有四位数：该数各位数字的四次方之和等于该数本身。例如 1634 就是这样的一个数。

8．编写程序，求出并输出 1000 以内的所有素数。

9．编写程序，用循环语句输出如下图形：

```
*******
 *****
  ***
   *
  ***
 *****
*******
```

10．使用穷举法（三重循环）求解例 4-20。

11．编写程序，求解下列分数序列的前 30 项之和：

$$\frac{2}{1},\frac{3}{2},\frac{5}{3},\frac{8}{5},\frac{13}{8},\frac{21}{13},\cdots$$

12．编写程序，输入一个正整数 $N(1\leqslant N\leqslant 1000)$，计算出 N 元人民币兑换成 1 元、2 元和 5 元纸币的所有组合，要求组合中 1 元、2 元和 5 元都必须存在。输出每一种组合的情况以及总的组合数。

13．编写程序，求 1～50 之间是 3 的倍数的所有数之积。

14．从键盘上输入任意一串字符，以按 Enter 键结束，统计其中字母 c 出现的个数。

15．求 sum = $a + aa + aaa + aaaa + \cdots + aa\cdots a$（$n$ 个 a）之值，其中 a 是一位数字。例如，当 a=3，n=6 时，sum = 3 + 33 + 333 + 3333 + 33333 +333333。a 和 n 的值由键盘输入。

16．输入一行字符，以回车结束输入，分别统计其中出现的大写英文字母、小写英文字母、数字字符、空格和其他字符等 5 类字符出现的次数。例如，若输入 I am 20 years old! <Enter>，则统计的 5 类字符的次数分别是 1, 10, 2, 4, 1。

17．用迭代法求 a 的平方根 $x=\sqrt{a}$。迭代公式为：

$$x_{n+1}=\frac{1}{2}\left(x_n+\frac{a}{x_n}\right)$$

要求前后两次求出的 x 的差的绝对值小于 10^{-6}。

第5章　函　数

5.1 概　述

对于一个较大的程序，为便于实现一般应将其分为若干个程序模块，每一个模块实现一个特定的功能。在C语言中，由函数实现模块的功能。函数是C程序的构成基础。一个C程序可由一个主函数main()和若干个子函数构成。像printf()、scanf()这样的函数是由系统提供的，其他函数则由用户编写。函数的实现，将有利于信息隐藏及数据共享，节省开发时间，增强程序的可靠性。本章将介绍函数的定义、说明以及调用等内容。此外还将介绍有关作用域的概念，使读者能够了解变量、函数的作用域及生存期，进而提高对变量和函数的灵活使用能力。

先举一个简单的函数调用的例子。

例 5-1　简单函数调用。

```
#include<stdio.h>

void printstar()
{
  printf("*****************\n");
}

void print_message()
{
  printf("  Welcome to C\n");
}

main()
{
  printstar();
  print_message();
  printstar();
}
```

运行结果为：

```
*****************
  Welcome to C
*****************
```

printstar 和 printf_message 是用户定义的函数名，分别用来输出一行“*”号和一行信息。

任何一个 C 程序都是从主函数（即 main()）的开花括号开始执行，一直到 main()的闭花括号为止。在执行过程中，如果遇到一个函数调用语句，则暂时中断 main()函数的执行，将流程转到被调函数，执行完被调函数再返回到主函数中断处继续执行，直到 main()函数执行完为止。

5.2 函数的定义与调用

5.2.1 函数的定义

函数可以是系统预定义的，也可以是用户自定义的。前者称为系统函数或标准库函数，后者称为用户自定义函数。

一个函数必须定义后才能使用。所谓定义函数，就是编写完成函数功能的程序块。一个 C 函数由函数头与函数体两部分组成，其一般形式如下：

```
[<类型>] <函数名> ([形式参数列表])              /* 函数头 */
{
    语句                                        /* 函数体 */
}
```

方括号内的<类型>说明等可以省略，以下同。

为了说明函数的结构，请看下面的例子。

例 5-2 求两个数中的较小值。

```
#include<stdio.h>

int min(int x, int y)        /* 函数定义: 求两个数中的较小值 */
{
  return( x < y ? x : y );
}

void main()
{
  int a, b, c;

  printf("Please input two integers:\n");
  scanf("%d%d", &a, &b);
  c=min(a, b);            /*函数调用*/
  printf("the min is:%d\n", c);
}
```

运行情况如下：

```
Please input two integers:
4 6<Enter>
the min is:4
```


1. 函数头

函数头的组成形式如下：

```
[<类型>] <函数名> ([形式参数列表])
```

<类型>规定函数返回值的类型。如 int min(int x, int y)，则表示函数 min 将返回一个 int 类型的值。若<类型>缺省，表示函数返回值为 int 型。无返回值的类型是 void 类型，如例 5-2 中的 main()函数就定义为 void 类型，代表无返回值。

函数名是函数的标识，它应是一个有效的 C 标识符。

形式参数简称形参。形参列表是包含在圆括号中的 0 个或多个以逗号分隔的变量定义。它规定了函数将从调用函数中接收几个数据及它们的类型。之所以称为形参，是因为在定义函数时系统并不为这些参数分配存储空间，只有被调用时，向它传递了实际参数（简称实参）才为形参分配存储空间。如例 5-2，变量 a、b 是实参，而变量 x、y 是形参。

2. 函数体

一个函数体是用花括号括起来的语句序列。它描述了函数实现一个功能的过程，并要在最后执行一个函数返回。返回的作用是：

- 将流程从当前函数返回其上级（调用函数）；
- 撤销函数调用时为各参数及变量分配的内存空间；
- 向调用函数返回最多一个值。

一般来说，函数返回由返回语句来实现。如例 5-2 中的 return(x < y ? x : y); 就可以执行上述三个功能。

return 语句的一般形式为：

```
return 表达式;
```

或

```
return (表达式);
```

或

```
return;
```

包含表达式的返回语句实现过程如下：

（1）先计算出表达式的值。

（2）如果表达式的类型与函数的类型不相同，则将表达式的类型自动转换为函数的类型，这种转换是强制性的。

（3）将计算出的表达式的值返回到调用处作为调用函数的值。

（4）将程序执行的控制由被调函数转向调用函数，执行调用函数后面的语句。

关于 return 语句的使用说明如下：

（1）有返回值的 return 语句，用它可以返回一个表达式的值，从而实现函数之间的信息传递。

（2）无返回值的函数须用 void 来说明函数类型。该函数中可以有 return 语句，也可以无 return 语句。当被调函数中无 return 语句时，程序执行完函数体的最后一条语句后返回调用函数，相当于函数体的右括号有返回功能。

（3）一个函数体中可以有多个 return 语句，但每次只能通过一个 return 语句执行返回操作。

例 5-3 返回一个整数的绝对值。

```
int abs(int x)
{
    if(x>=0)
        return x;
    else
        return -x;
}
```

一个函数体中有多个 return 语句时，如例 5-3 中有两个 return 语句，每个 return 语句的返回值类型都应与函数定义一致。

函数可以只执行一个功能而不向调用函数返回任何值，如例 5-1 中的 printstar()函数就是这样。如果有 return 语句，这时 return 语句后的表达式是空的，它只执行将流程返回以及撤销函数中定义的动态变量(包含参数变量)。空的 return 语句位于函数末尾时可以缺省，由函数体后的花括号执行返回功能。

5.2.2 函数的调用

调用函数是实现函数功能的手段。

函数的调用是用一个表达式来表示的。其调用形式如下：

```
<函数名> (实参列表);
```

其中，实参列表是由 0 个、1 个或多个实参构成，多个参数之间用逗号分隔，每个参数是一个表达式。即使实参列表中没有参数，括号也不能省略。实参是用来在调用函数时给形参初始化的，一般要求在函数调用时，实参的个数和类型必须与形参的个数和类型一致，即个数相等，类型相同。实参对形参的初始化是按其位置对应进行，即第一个实参的值赋给第一个形参，第二个实参的值赋给第二个形参，依此类推。例 5-2 中的值传递如图 5-1 所示，相当于在函数参数传递时有 int x=a; int y=b;。

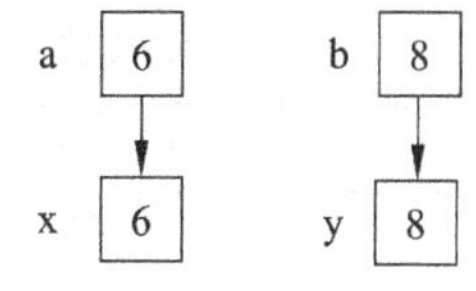

图 5-1 参数传递

C 语言中的函数调用是传值调用，使用这种方式调用，实参可以是常量、变量和表达式。系统先计算实参表达式的值，再将实参的值按位置对应地赋给形参，即对形参进行初始化。因此，传值调用的实现是系统将实参拷贝一个副本给形参，形参和实参分别占用不同的存储单元。在被调函数中可以改变形参，但这只影响形参的值，而不影响调用函数中实参的值，也就是说是单向值传递。所以传值调用的特点是形参值的改变不影响实参。

下面举一个函数调用的例子。

例 5-4 理解函数调用。

```
#include<stdio.h>

void swap(int x, int y)
{
    int t;

    t=x;
    x=y;
    y=t;
    printf("x=%d, y=%d\n", x, y);
}

main()
{
    int a=4, b=5;

    swap(a, b);
    printf("a=%d, b=%d\n", a, b);
}
```

运行结果为：

```
x=5, y=4
a=4, b=5
```

从该程序的结果看，在 swap()函数中，形参 x 和 y 的值交换了，而在 main()函数中，实参 a 和 b 的值并没有发生变化，可见 swap()函数中形参值的改变并没有影响实参 a 和 b 的值。

5.2.3 函数的参数

当一个函数带有多个参数时，标准 C 语言没有规定在函数调用时实参的求值顺序，而由编译器根据对代码进行优化的需要自行规定对实参的求值顺序。有的编译器规定自左至右，有的编译器规定自右至左，这种对求值顺序的不同规定对一般参数来讲没有影响。但是，如果实参表达式中存在带有副作用的运算符时，就有可能产生由于求值顺序不同而造成的二义性。下面是一个由于使用求值顺序不同的编译器造成二义性的例子。

例 5-5 使用求值顺序不同的编译器造成二义性。

```
#include<stdio.h>

int fun(int a, int b)
```

```
{
  return b;
}

main()
{
  int x=5, y=6;
  int z=fun(x--, x+y);

  printf("z=%d\n", z);
}
```

该程序中，调用如下表达式：

```
z=fun(x--, x+y);
```

其中，实参是两个表达式 x– –和 x+y。如果编译器对实参求值顺序是自左至右的，x+y 的值为 10，结果 z 的值也为 10。如果编译器对实参求值顺序是自右至左的，x+y 的值为 11，z 的值也为 11。z 的值由于实参值的不同，调用 fun()函数后返回值也不同，于是造成了在不同编译器下输出不同的结果。克服这种二义性的方法是改变 fun()函数的两个实参的写法，尽量避免二义性的出现。如 main()函数可改写如下：

```
main()
{
  int x=5, y=6;
  int w=x--;
  int z=fun(w, x+y);

  printf("z=%d\n", z);
}
```

可见，修改后对函数 fun()的两个实参表达式，无论怎样的求值顺序结果都是一样的。这样就避免了二义性的出现。在 Turbo C 中求值顺序是自右至左的。

5.3　函数的原型说明

在 C 语言中，当函数定义在前、调用在后时，调用前可以不必说明；如果一个函数的定义在后，调用在前，此时在调用前必须说明函数的原型。

按照上述原则，凡是被调函数都在调用函数之前定义，可以对函数不加说明。但是，这样做在安排函数顺序时要花费很多精力，在复杂的调用中，一定要考虑好谁先谁后，否则将发生错误。为了避免这个问题，并且使程序逻辑结构清晰，常常将主函数放在程序开头，这样就需要在函数调用之前对被调函数进行原型说明。

函数原型说明的一般格式如下：

```
[<类型>] <函数名> ([形式参数列表]);
```

这种说明类似于定义函数时的函数头。这里，类型是该函数返回值的类型，括号中的参数说明可以仅给出每个参数的类型，也可以指明每个形参名及其类型。说明函数原型的目的是告诉编译程序该函数的返回值类型、参数个数和各个参数的类型，以便其后调用该函数时，编译程序对该函数调用时的参数类型、个数、顺序及函数的返回值进行有效性检查。下面是一个使用原型说明的例子。

例 5-6 使用原型说明。

```
#include<stdio.h>

main()
{
    int min(int, int);        /* 函数原型说明 */
    int a, b, c;

    printf("Please input two integers:\n");
    scanf("%d%d", &a, &b);
    c=min(a, b);              /* 函数调用 */
    printf("the min is:%d\n", c);
}

int min(int x, int y)         /* 函数定义: 求两个数中的较小值 */
{
    int z;

    z = x < y ? x : y;
    return(z);
}
```

上例中的原型说明也可以写成：

```
int min(int x, int y);        /* 变量名不用 x,y 而用其他变量名也可以 */
```

注意：在 C 语言中函数的原型说明是一个说明语句，其后的分号不可缺少；函数的原型说明可以放在主函数中，也可以放在所有函数前，且对一个函数的原型说明次数没有限制。函数原型中可以只依次说明参数类型而不给出形参名的原因将在 5.6.1 节中说明。下面再举一个例子进一步说明函数的使用。

例 5-7 验证哥德巴赫猜想：一个大偶数可以分解为两个素数之和。试编写程序，将 96～100 之间的全部偶数分解成两个素数之和。

```
#include <stdio.h>
#include <math.h>

int prime(int a)    /* 函数类型 int 可以缺省 */
{
  int i, k;
```

```
  k=(int)sqrt(a);
  for (i=2; i<=k; i++)
         if (a%i==0) return 0;
  return(1);
}

main()
{
  int a, b, m;

  for (m=96; m<=100; m=m+2)
         for (a=2; a<=m/2; a++)
             if (prime(a))
             {
                 b=m-a;
                 if (prime(b))
                 {
                     printf("%d=%d+%d\n", m, a, b);
                     break;     /* 如果没有break,则找出所有组合 */
                 }
             }
}
```

运行结果为：

```
96=7+89
98=19+79
100=3+97
```

5.4 函数的嵌套调用和递归调用

5.4.1 函数的嵌套调用

C 语言的函数定义都是互相平行的、独立的。一个函数定义内部包含另一个函数定义，称为嵌套定义。C 语言规定不能嵌套定义函数，但可以嵌套调用函数。所谓嵌套调用是在调用一个函数的过程中又调用另一个函数，见图 5-2。

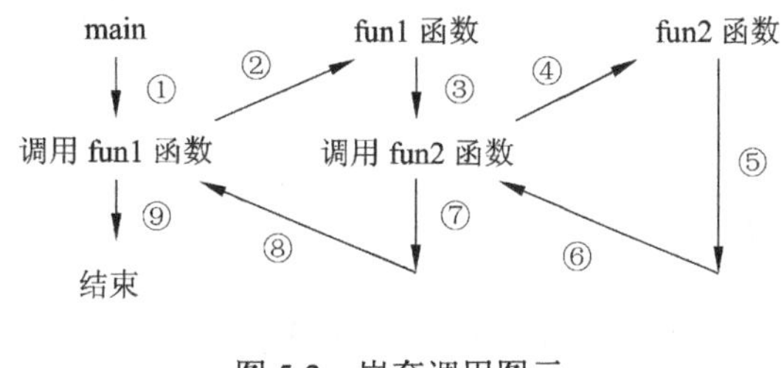

图 5-2 嵌套调用图示

图 5-2 表示的是两层嵌套（包含 main 函数共 3 层），其执行过程如下：

① 执行 main 函数的开头部分；

② 遇调用函数 fun1 的语句，流程转去执行 fun1 函数；

③ 执行 fun1 函数的开头部分；

④ 遇调用函数 fun2 的语句，流程转去执行 fun2 函数；

⑤ 执行 fun2 的函数体；

⑥ 返回调用 fun2 函数处，即返回 fun1 函数；

⑦ 继续执行 fun1 函数尚未执行的部分，直到 fun1 函数结束；

⑧ 返回 main 函数中调用 fun1 函数处；

⑨ 继续执行 main 函数的剩余部分直到结束。

嵌套调用是经常使用的，下面举例说明。

例 5-8 编写程序，求两个数 *a*、*b* 的最大公约数和最小公倍数。利用辗转相除法（又称欧几里得算法）计算如下：

① 求 *a* 除以 *b* 的余数；

② 如余数 *r* 为 0，则 *b* 是最大公约数，算法结束，否则执行下一步；

③ 将除数作为新的被除数，余数作为新的除数，即执行 *a*=*b*; *b*=*r*;转①。

```
#include<stdio.h>

int gcd(int x, int y)
{
  int r;

  while ((r=x%y)!=0)
  {  x=y; y=r;   }
  return(y);
}

int lcm(int x, int y)
{
  int bs, ys;

  ys=gcd(x, y);            /* 调用求最大公约数的函数 */
  bs=x*y/ys;
  return bs;
}

main()
{
  int x, y, g, bs;

  printf("Please input two integers:\n");
  scanf("%d%d", &x, &y);
```

```
  g=gcd(x, y);
  bs=lcm(x, y);
  printf("the greatest common divisor:%d\nthe lease common multiple:%d\n",
  g, bs);
}
```

运行结果如下：

```
Please input two integers:
21 35<Enter>
the greatest common divisor:7
the lease common multiple:105
```

程序中的 gcd()和 lcm()函数均是定义在调用之前，故没有进行单独的函数原型说明。

例 5-9 编写程序，输入 k 和 n，求出多项式 $\sum_{i=1}^{n} i^k$ 的值。

```
#include<stdio.h>

long int sum_of_power(int k, int n),power(int m, int n);/* 声明函数的原型 */

main()
{
  int k, n;

  printf("Please input k and n:");
  scanf("%d%d",&k, &n);
  printf("sum of %d power of integers from 1 to %d =", k, n);
  printf("%d\n", sum_of_power(k,n));
}

long int sum_of_power(int k, int n)
{
  int i;
  long int sum=0;

  for (i=1; i<=n; i++)
        sum+=power(i,k);
  return sum;
}

long int power(int m, int n)
{
  int i;
  long int product=1;

  for(i=1; i<=n; i++)
```

```
        product*=m;
  return product;
}
```


运行情况如下：

```
Please input k and n:5 10<Enter>
sum of 5 power of integers from 1 to 10 =220825
```

由于 i^k 可能是一个比较大的数，故将 power()函数中的 product 变量声明为 long int 类型。

例 5-10 用弦截法求方程 $x^4+4x^3-3x^2+5x+6=0$ 的根。方法如下：

① 确定求值区间。输入两个不同点 x_1、x_2，直到 $f(x_1)$和 $f(x_2)$异号为止。注意 x_1、x_2 的值不应相差太大，以保证（x_1, x_2）区间内只有一个根。

② 连接 $f(x_1)$和 $f(x_2)$两点，此线（称为弦）交 X 轴于点 x，见图 5-3。

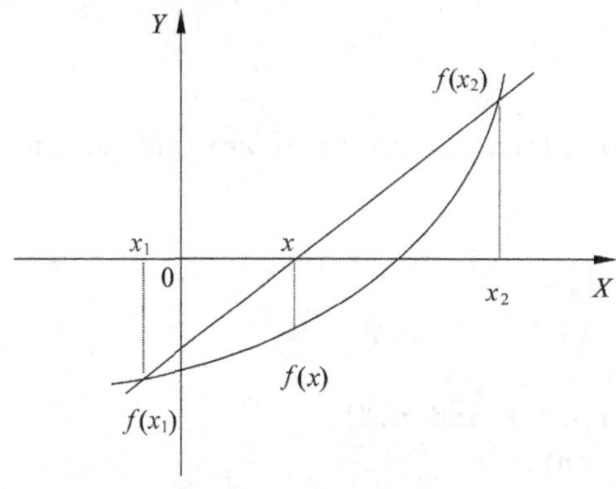

图 5-3　弦截法示意图

x 点坐标可用下式求出：

$$x=\frac{x_1\cdot f(x_2)-x_2\cdot f(x_1)}{f(x_2)-f(x_1)}$$

再求出 $f(x)$。

③ 若 $f(x)$与 $f(x_1)$同号，则根必在（x, x_2）区间内，此时将 x 作为新的 x_1。如果 $f(x)$与 $f(x_2)$同号，则表示根在（x_1, x）区间内，将 x 作为新的 x_2。

④ 重复步骤②和③，直到$|f(x)|<\varepsilon$为止（ε为一个很小的数，例如 10^{-6}）。此时认为 $f(x)\approx 0$。

分别用以下几个函数来实现各部分的功能：

（1）用 $f(x)$来求 x 的函数：$x^4+4x^3-3x^2+5x+6=0$。

（2）用函数 *xpoint*(x1, x2)求 $f(x_1)$和 $f(x_2)$的连线与 X 轴的交点 x 的坐标。

（3）用函数 *root*(x1, x2)求(x_1, x_2)区间的实根。显然执行 *root* 函数过程中要用到函数 *xpoint*，而执行 *xpoint* 函数过程中要用到 *f* 函数。

```
#include <stdio.h>
#include <math.h>
```

```c
double f(double x);                              /* 声明函数的原型 */
double xpoint(double x1, double x2);             /* 声明函数的原型 */
double root(double x1, double x2);               /* 声明函数的原型 */

main()                                           /* 主函数 */
{
  double x1, x2, x, f1, f2;

  do
  { printf("input x1, x2:\n");
    scanf("%lf%lf", &x1, &x2);
    f1=f(x1);
    f2=f(x2);
  }while( (f1*f2)>=0 );
  x=root(x1, x2);
  printf("A root of equation is %lf \n", x);
}

double f(double x)                    /* 定义函数,求 f(x)=x^4+4x^3-3x^2+5x+6 */
{
  return((((x+4.0)*x-3.0)*x+5.0)*x+6.0);
}

double xpoint(double x1, double x2)     /* 定义 xpoint 函数,求出弦与 X 轴交点 */
{
  return((x1*f(x2)-x2*f(x1))/(f(x2)-f(x1)));
}

double root(double x1, double x2)       /* 定义 root 函数,求近似根 */
{
  double x, y, y1;
  y1=f(x1);
  do
  { x=xpoint(x1, x2);
    y=f(x);
    if ( y*y1>0 )
    {    y1=y;
         x1=x;
    }else
         x2=x;
  }while( fabs(y)>=1e-6);
  return(x);
}
```

运行结果如下:

```
input x1, x2:
10 -2<Enter>
A root of equation is -0.692532
```


从例 5-10 中可以看到：

（1）在定义函数时，函数名为 f、xpoint、root 的 3 个函数是相互独立的，并不相互从属。这 3 个函数均定义为双精度型。

（2）在 main 函数外对上述 3 个函数进行了原型说明。

（3）程序从 main 函数开始执行。先执行一个 do-while 循环，作用是：输入 x1 和 x2，判别 f(x1)和 f(x2)是否异号，如果不是异号则重新输入 x1 和 x2，直到满足 f(x1)与 f(x2)异号为止。然后调用 root(x1, x2)求根 x。调用 root 函数过程中，要调用 xpoint 函数求 f(x1)与 f(x2)连线的交点 x；在调用 xpoint 函数过程中要用到函数 f 求 x1 和 x2 相应的函数值 f(x1)和 f(x2)。这就是函数的嵌套调用，见图 5-4。

（4）在 root 函数中要用到求绝对值的函数 fabs，它是对实型数求绝对值的标准数学库函数，因此在文件开头有#include <math.h>，即把数学库函数的函数原型说明等信息包含进来。

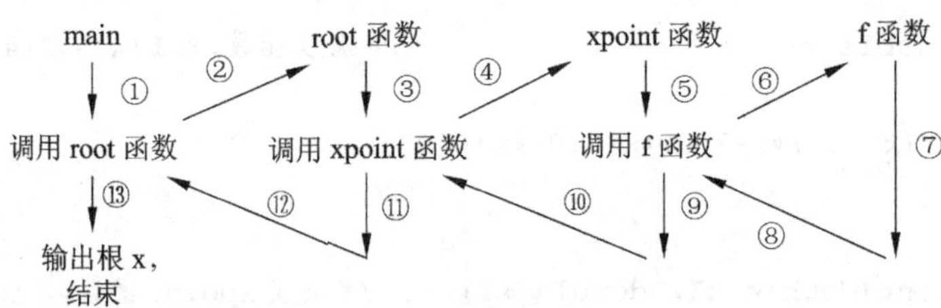

图 5-4　求方程的根的嵌套调用图示

5.4.2　函数的递归调用

在一个函数的执行过程中直接或间接地调用该函数本身，称为函数的递归调用。C 语言中允许函数的递归调用。

在调用函数 f 的过程中，又要调用 f 函数，这是直接调用本函数，称为直接递归调用，见图 5-5。在调用函数 f1 的过程中要调用函数 f2，而在函数 f2 的执行过程中又要调用函数 f1，这是间接调用函数 f1，称为间接递归调用，见图 5-6。

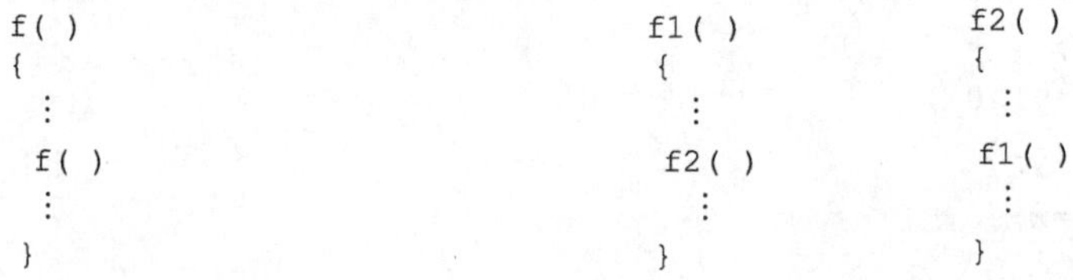

图 5-5　函数的直接递归调用　　　　图 5-6　函数的间接递归调用

程序中不应该出现无终止的递归调用，而只应出现有限次的、有终止的递归调用。这可以用 if 语句来控制，只有在某一条件成立时才继续执行递归调用，否则就不再继续。下面举例说明递归调用的过程。

例 5-11 递归计算 n!。其中 n!可以递归地描述为：

$$n! = \begin{cases} \text{非法} & n<0 \\ 1 & n=0 \text{ 或 } n=1 \\ n*(n-1)! & n>1 \end{cases}$$

```
#include<stdio.h>

float fac(int);

main()
{
  int n;
  float y;

  printf("Please input an integer number:\n");
  scanf("%d", &n);
  y=fac(n);
  if(n>=0) printf("%d!=%f\n", n, y);
}

float fac(int n)        /* 该函数求 n! */
{
  float f;
  if (n<0)
  {
    printf("n<0,data error!\n");
    return(-1);
  }
  else if (n==0|| n==1) f=1;
  else f=fac(n-1)*n;
  return(f);
}
```

运行结果如下：

```
Please input an integer number:
6<Enter>
6!=720.000000
```

递归调用的具体过程如图 5-7 所示。

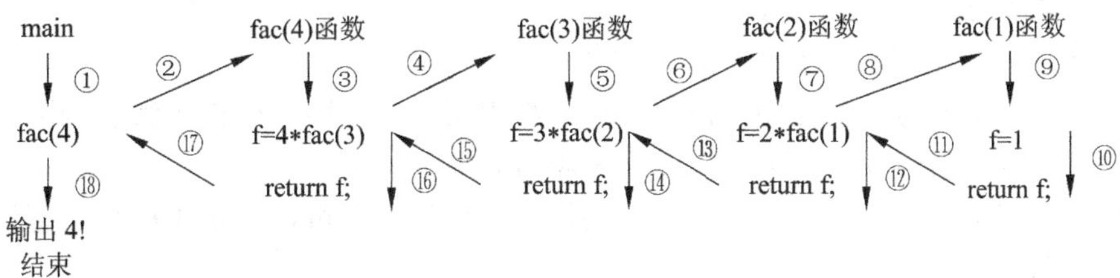

图 5-7　求 n!的递归调用图示

例 5-12 用递归实现求两个数的最大公约数。用前面介绍的辗转相除法求两个数的最大公约数的过程可以递归地描述为：

$$\gcd(a,b)=\begin{cases} b & a\%b=0 \\ \gcd(b,\ a\%b) & a\%b\neq 0 \end{cases}$$

```
#include<stdio.h>

int gcd(int,int); /* 在所有函数外进行函数原型说明 */

main()
{
  int a, b, g;

  printf("Please input two integers :a, b\n");
  scanf("%d%d", &a, &b);
  g=gcd(a, b);
  printf("the greatest common divisor of %d and %d is %d\n", a, b, gcd);
}
int gcd(int a, int b)
{
  if(a%b==0)
       return b;
  else
       return gcd(b, a%b);
}
```

运行结果如下：

```
Please input two integers :a, b
21 35<Enter>
the greatest common divisor of 21 and 35 is 7
```

例 5-13 汉诺塔（Tower of Hanoi）问题。问题是：古代有一个梵塔，塔内有 3 根钻石做的柱子，其中 1 根柱子上有 64 个金子做的盘子。64 个盘子从下到上按照由大到小的顺序叠放。僧侣的工作是把这 64 个盘子从第 1 根柱子上移动到第 3 根柱子上，移动的规则如下：

- 每次只能移动一个盘子；
- 移动的盘子必须放在其中一根柱子上；
- 大盘子在移动过程中不能放在小盘子上。

本例的目标是编写一个程序，该程序可以输出将盘子从第 1 根柱子转移到第 3 根柱子的过程中每一步移动的顺序。下面用递归来思考。

（1）考虑第 1 根柱子上只有 1 个盘子的情况，这样盘子可以从第 1 根柱子直接移动到第 3 根柱子上。

（2）考虑第 1 根柱子上有 2 个盘子的情况，方法如下：

① 把第 1 个盘子从柱子 1 移动到柱子 2。

② 第 2 个盘子从柱子 1 移动到柱子 3 上。

③ 把第 1 个盘子从柱子 2 移动到柱子 3 上。

(3) 考虑第 1 根柱子包含 3 个盘子的情况，这样可以一直推广到 64 个盘子的情况（实际上，可以推广到任意数目的盘子）。

假设柱子 1 上有 3 个盘子，方法如下：

① 为了把盘子 3 移动到柱子 3，前两个盘子必须先移动到柱子 2，然后将盘子 3 从柱子 1 移动到柱子 3 上。

② 为了把前两个盘子从柱子 2 移动到柱子 3 上，使用如上相同的策略。这一次要把柱子 1 作为中间柱子。

把这个问题推广到 64 个盘子的情形，方法如下：

① 将上面的 63 个盘子从柱子 1 移动到柱子 2。

② 再把盘子 64 从柱子 1 移动到柱子 3。

③ 现在，前面的 63 个盘子都在柱子 2 上。为了把盘子 63 从柱子 2 移动到柱子 3，首先要把前 62 个盘子从柱子 2 移动到柱子 1，接着再把盘子 63 从柱子 2 移动到柱子 3。按照相似的过程移动剩下的 62 个盘子。

经过上面的讨论，得到该递归算法如下：

假设第 1 根柱子上有 n 个盘子，并且 $n \geq 1$。

① 以柱子 3 作为中间柱子，把前 $n-1$ 个盘子从柱子 1 移动到柱子 2。

② 把盘子 n 从柱子 1 移动到柱子 3。

③ 以柱子 1 作为中间柱子，把前 $n-1$ 个盘子从柱子 2 移动到柱子 3。

```
#include<stdio.h>

void hanoi(int, char, char, char);
void move(char, char);

main()
{
  int m;

  printf("input the number of diskes:\n");
  scanf("%d", &m);
  printf("The step to moving %d diskes:\n", m);
  hanoi(m, 'A', 'B', 'C');
}

void hanoi( int n, char one, char two, char three)
{
  if (n==1)
     move(one, three);
  else
```

```
    {
      hanoi(n-1, one, three, two);
      move(one, three);
      hanoi(n-1, two, one, three);
    }
  }
  void move(char getone, char putone)
  {
    printf("%c-->%c\n", getone, putone);
  }
```

运行结果如下：

```
input the number of diskes:
3<Enter>
The step to moving 3 diskes:
A-->C
A-->B
C-->B
A-->C
B-->A
B-->C
A-->C
```

若将 n 个盘子从柱子 1 移到柱子 3，那么要移动 $2^n–1$ 次。例如 n=64，要移动 18 446 744 073 709 551 615 次。如果一个人一秒钟能正确地移动一个盘子，那么要用 584 942 417 355 年才能移完所有的盘子。下面采用数学归纳法证明要移动 $2^n–1$ 次。

（1）当 n=1 时，即柱子 1 上只有一个盘子时，只要移动一次即可，满足 $2^1–1=1$，公式成立。

（2）假设 $n=k$ 时公式成立，即柱子 1 上有 k 个盘子时，要移动 $2^k–1$ 次。

（3）当 $n=k+1$ 时，即柱子 1 上有 k+1 个盘子时，首先将柱子 1 上面的 k 个盘子移到柱子 2 上，这需要移动 $2^k–1$ 次；然后将柱子 1 上还剩下的一个盘子直接移动到柱子 3，需要移动 1 次；最后将柱子 2 上的 k 个盘子移到柱子 3 需要 $2^k–1$ 次，所以总的移动次数为：$2^k–1+1+2^k–1=2^{k+1}–1$，显然公式成立。

请读者自己分析例 5-12 和例 5-13 中递归调用的执行过程。

何时应采用递归解决问题呢？要满足如下两个条件：

（1）能化小问题规模。可把要解决的问题转化为一个新的问题，而新的问题的解法仍与原来的解法相同，只是所处理的问题规模有规律地递减，如 n!=n*(n–1)!。这时可应用这个转化过程使问题得到解决。

（2）能确定终结条件。必须有一个明确的结束递归的条件，如 n= =0||n= =1 时，n!的值为 1。

需要说明的是，对于同一个问题既可采用循环解决，又可采用递归解决时，采用循环的效率要高于递归，因为递归需要大量的额外开销。

5.5 使用C系统函数

C的编译系统提供了很多函数供编程者调用。本节将介绍使用系统函数的方法。

C将系统函数的说明分类放在不同的.h文件（又称为头文件）中。例如，有关数学的常用函数，如求绝对值函数、求平方根函数和三角函数等，放在math.h文件中；判断字母、数字、大写字母、小写字母等函数放在ctype.h文件中；有关字符串处理的函数放在string.h文件中；等等。因此，编程者在使用C系统函数时应注意以下几点。

（1）了解C提供了哪些系统库函数。不同的C编译系统提供的系统函数不同；同一种C编译系统的不同版本所提供的系统函数的多少也不一定相同。只有了解系统所提供的系统函数后，才能根据需要选用。

阅读C编译系统的使用手册可以了解该系统所提供的系统函数，手册中会给出各种系统函数的功能、函数的参数、返回值以及函数的使用方法。另外，也可以通过联机帮助了解一些系统函数的简单情况。

（2）必须知道某个系统函数的说明在哪个头文件中。因为要调用某个系统函数，必须将该系统函数的说明所在的头文件包含在调用的程序中，否则将出现连接错误。例如，当使用sqrt()函数求某个数的平方根时，就需要在程序中包含math.h头文件。

（3）调用一个函数时，一定要将该函数的功能、函数的返回值及各参数的含义弄清楚，否则难以正确调用该函数。

例5-14 将输入的三个字符转换成大写字符后输出。

```
#include<stdio.h>
#include<ctype.h>      /*  A  */

#define N 3

main()
{
  int i;
  char c;

  printf("Please input %d characters:\n", N);
  for(i=0; i<N; i++)
  {
         scanf("%c", &c);
         if(islower(c))        /*  B  */
             c-=32;
         printf("%c\t", c);
  }
  printf("\n");
}
```

如果缺少A行，则编译时出现错误：“error C2065: 'islower' : undeclared identifier”。因

为这里使用了 islower 函数（B 行），所以要包含 ctype.h 头文件。islower()函数用于判断参数字符 c 是否是小写字符，若是则返回 1，否则返回 0。

在解决一些商业和科学问题时，要求采用取样技术。例如，汽车加油站的汽车流量模型要求有统计模型。另外，类似计算机游戏等应用也只能由统计学描述。所有这些统计学模型都要求产生随机数——次序不能被预知的一系列数。在大多数情况下只能产生伪随机数，这对要完成的任务是充分随机的。所有的 C 语言编译器为产生随机数提供了两个函数：rand()和 srand()，它们的函数原型说明在 stdlib.h 头文件中。rand()函数生成一系列随机数，范围在 0 到 RAND_MAX 之间，RAND_MAX 是在 stdlib.h 头文件中定义的符号常量。srand()函数为 rand()函数设定一个开始的“种子”值。如果不采用 srand()函数或者其他等效的技术，则每次运行程序，rand()函数将总是产生相同的随机数序列。

例 5-15 产生 10 个随机数并输出。

```
#include<stdio.h>
#include<stdlib.h>
#include<time.h>

#define N 10

main()
{
  int i;
  double randnumber;

  srand(time(NULL));  /*A 行: time()生成一个时间值,用作"种子" */
  for(i=0; i<N; i++)
  {
       randnumber=rand();
       printf("%8.0lf\n", randnumber);
  }
}
```

注意 A 行：time(NULL)返回从 1970 年 1 月 1 日 00:00:00 开始到目前为止的秒数（具体请参考有关库函数手册），然后 srand()函数使用这个值初始化 rand()函数。下面是例 5-15 程序的运行结果：

```
    7208
    8134
   30542
    8833
   16564
   10019
    3950
   10165
   16281
    6447
```

每次执行该程序，都将产生不同的 10 个随机数，请读者思考其原因。

5.6 作用域和存储类别

作用域即作用范围，它是指所定义的标识符在哪一个区间内有效，即在哪一个区间内可以使用。在程序中出现的各种标识符，它们的作用域是不同的。C 语言的作用域分为四种：块作用域、文件作用域、函数原型作用域和函数作用域。

存储类别决定了何时为变量分配存储空间及该存储空间所具有的特征。在定义变量时，应指定变量的存储类别。

5.6.1 作用域

标识符只能在说明它或定义它的范围内进行存取，而在该范围之外不可以进行存取。下面逐一介绍这四种作用域。

1. 块作用域

C 语言中把用花括号括起来的一部分程序称为块。在一个块中说明的标识符，其作用域从说明点开始到该块结束为止。例如：

```
float f(int a)          /* 函数 f  */
{
  int b, c;     }
  ⋮             } a、b、c 有效
}

main()                  /* 主函数 */
{
  int m, n;     }
  f(m);         } m、n 有效
⋮               }
}
```

在一个函数内部定义的变量或在一个块中定义的变量称为局部变量。如上例中的所有变量均为局部变量。在一个函数内定义的局部变量，在退出函数时，局部变量就不存在了；在块内定义的变量，在退出该块时，块作用域内的局部变量也就不存在了。

例 5-16 分析下列程序的输出结果。

```
#include <stdio.h>

void swap(int a, int b)
{
  printf("(2)%d\t%d\n", a,b);
  if(a<b)
```

```
  {
      int t;  /* t是局部变量,具有块作用域,退出该复合语句后 t 不能使用 */

      t=a;  a=b; b=t;
  }
  printf("(3)%d\t%d\n", a, b);
}

main()
{
  int a, b;

  printf("Please input two integers:\n");
  scanf("%d%d", &a, &b);
  printf("(1)%d\t%d\n", a, b);
  swap(a, b);
  printf("(4)%d\t%d\n", a, b);
}
```

运行结果如下：

```
Please input two integers:
12 34<Enter>
(1)12   34
(2)12   34
(3)34   12
(4)12   34
```

说明：

（1）形参是局部变量。例如 swap 函数中的形参 a、b，只是在 swap 函数内有效，其他函数不能调用。

（2）主函数 main 中定义的局部变量 a、b 只在主函数中有效，swap 函数中定义的 a、b 只在 swap 函数中有效。尽管它们的名字相同，但代表不同的对象，在内存中占不同的存储单元，互不干扰。

（3）具有块作用域的标识符在其作用域内，将屏蔽在本块有效的同名标识符，即局部定义优先。下面的例子说明了局部变量的同名问题。

例 5-17 理解局部定义优先。

```
#include<stdio.h>

main()
{
  int a=1, b=2;

  ++a;
```

```
    ++b;
    {
            int b=4, c;                                          ⎫
                                                                 ⎬块B   ⎫
            c=a+b;          /* c 只能在该复合语句内使用 */          ⎭       ⎬块A
            printf("a=%d,b=%d,c=%d\n", a, b, c);                        ⎭
    }
    printf("a=%d,b=%d\n", a, b);
}
```

根据以上规则，块 B 中定义的变量 b 屏蔽了块 A 内的变量 b。因此在块 B 内使用的变量 b 是本块内定义的变量 b，而不是块 A 内定义的变量 b。一旦退出块 B，块 B 内定义的变量 b、c 就不存在了。因此程序运行结果如下：

```
a=2, b=4, c=6
a=2, b=3
```

2．文件作用域

文件是 C 语言的编译单位。文件作用域是在所有函数外说明的，其作用域从说明点开始，一直延伸到本文件结束。

通常把超出一个函数的作用域称为全局作用域，其他几种不超出一个函数的作用域称为局部作用域。

在函数外定义的变量称为全局变量。全局变量的默认作用域是：从定义全局变量的位置开始到该源程序文件结束，即符合标识符先定义后使用的原则。当全局变量出现先引用后定义时，要用 extern 对全局变量做外部说明，其方法在后面介绍（见例 5-20）。当在块作用域内的变量与全局变量同名时，局部变量优先。

3．函数原型作用域

在函数原型的参数列表中说明的参数名，其作用域只在该函数原型内，称为函数原型作用域。因此，在函数原型中说明的标识符可以与函数定义中说明的标识符不同。由于所说明的标识符与该函数的定义及调用无关，因此可以在函数原型说明中只做参数的类型说明，而省略参数名。例如：

```
float max(float a, float b);          /* 函数 max 的原型说明 */
…
float max(float x, float y)           /* 函数 max 的定义 */
{
            …
}
```

由于可以省略函数原型说明中的参数名，因此函数 max()的原型说明也可以写成：

```
float max(float, float);
```

4．函数作用域（了解）

作为 goto 语句转移目标的标志，标号具有函数作用域。在本函数内所给出的标号，无论它在什么地方，都可以用语句 goto 引用它。但是不能用 goto 语句把流程转到其他函数体内。语句标号是唯一具有函数作用域的标识符。例如：

```
void f1()
{
  { label1: …}
  …
  if(…) goto label1;
  if(…) goto label2;          /*A */
}
void f2()
{
   label2: …
}
main()
{
          …
}
```

编译上述程序时，会指出 A 行的标号没有定义。

5.6.2 存储类别

前面已经介绍了，从变量的作用域角度来分，可以分为全局变量和局部变量。从变量值存在的时间角度来分，可以分为静态存储变量和动态存储变量。存储类别规定了变量在整个程序运行期间的存在时间（即生存期）。

一个 C 源程序经编译和连接后，产生可执行程序。要执行该程序，系统必须为程序分配内存空间，并将程序装入所分配的内存空间内。一个程序在内存中占用的存储空间可以分为 3 个部分：程序区、静态存储区和动态存储区，如图 5-8 所示。

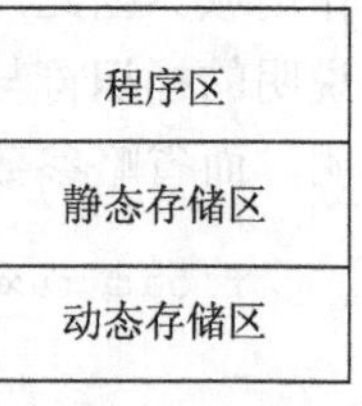

图 5-8　程序在内存中占用的存储空间

程序区用来存放可执行程序的代码。变量一般存储在静态存储区和动态存储区中。分配在静态存储区中的变量为静态变量，分配在动态存储区中的变量为动态变量。将变量存放在哪个区中是由变量的存储类别所决定的，而存储类别是由程序设计者根据程序设计的需要指定的。下面分别介绍局部变量和全局变量的存储类别。

1．局部变量的存储类别

在 C 语言中，局部变量的存储类别有以下三种：

- auto（自动）
- register（寄存器）

• static（静态）

在说明或定义时，存储类别说明符应放在数据类型说明符之前。格式如下：

```
[<存储类别>] <类型> <标识符>[=<初始化表达式>];
```

（1）自动变量（auto）

自动变量被分配在动态存储区中。在程序执行期间，当执行到变量作用域开始处时，系统动态地为变量分配存储空间，而当执行到作用域结束处，系统收回这种变量所占用的存储空间。自动变量用关键字 auto 进行存储类别说明，例如：

```
int f(int a)
{
  auto int b, c=2;        /* 定义 b、c 为自动变量 */
  …
}
```

关键字“auto”可以省略，即局部变量的默认存储类别是 auto。在本节之前介绍的函数以及函数形式参数中定义的变量都没有存储类别说明，默认指定为自动变量。在本例的函数体中，auto int b, c=2;与 int b, c=2;等价。

注意：对于自动变量，若没有明确地赋初值，则其初值是不确定的。如上例中的 b 没有确定的初值。

（2）寄存器变量（register）

一般情况下，变量的值存放在内存中。当程序中用到一个变量的值时，由控制器发出指令将内存中该变量的值送到运算器的寄存器中进行运算，如果需要保存数据，再将寄存器中的数据送到内存中。

如果有一些变量使用频繁，则为了节省时间，可以将这些变量存放在 CPU 的寄存器中。例如：

```
int fac(register int n)
{
  register int f=1, i;
  for(i=1; i<=n; i++)
        f*=i;
  return f;
}
```

由于寄存器的存取速度远远快于内存的存取速度，显然这样做可以提高执行效率。这种变量叫做“寄存器变量”，用关键字 register 说明。

由于 register 与 auto 说明的变量仅存储位置不同，并且现代的 C 编译器能决定哪些变量应存放在寄存器中，因此 register 说明符已很少使用。

需要说明的是，register 只能修饰局部的 int 型和 char 型变量。

（3）静态变量（static）

局部静态变量被分配在静态存储区中。有时希望函数中的局部变量的值在函数调用结束后不消失而保留原值，即占用的存储单元不释放，则在下一次调用该函数时，该变量已有值，就是上一次函数调用结束时的值。这时就应该指定该局部变量为“静态存储类别”，用关键字 static 进行说明。下面通过例子说明它的特点。

例 5-18 考察静态局部变量的值。

```
#include<stdio.h>

fun (int x)
{
  static int a=3;          /* 定义局部静态变量 */

  a+=x;
  return(a);
}

main()
{
  int k=2, m=1, n;

  n=fun(k);
  printf("first: n=%d\n", n);
  n=fun(m) ;
  printf("second: n=%d\n", n);
}
```

程序运行结果为：

```
first: n=5
second: n=6
```

在第一次调用函数 fun 时 a 的初值为 3，第一次调用结束时，a 的值为 5。由于 a 是静态局部变量，在函数调用结束后，系统并不释放变量的空间，仍保留 a=5，则在第二次调用 fun 函数时，a 的初值为 5（上次调用结束时的值）。

对静态局部变量的几点说明如下：

① 静态局部变量属于静态存储类别，在静态存储区内分配存储单元，在程序整个运行期间始终存在。

② 静态局部变量的初始化仅在程序开始执行时处理一次，在程序运行时它的值始终存在。以后每次调用函数时不再重新分配空间和赋初值，而保留上次函数调用结束时的值。自动变量赋初值是在函数调用时进行的，每调用一次函数会重新分配空间并赋一次初值。

③ 静态局部变量的默认初值为 0（对数值型变量）或空字符'\0'（对字符变量）。

④ 虽然静态局部变量在函数调用结束后仍然存在，但其他函数不能引用它。

若要保留函数上一次调用结束时的值，则需要用静态局部变量。例如，用例 5-19 的方法求 *n*!。

例 5-19 打印 1～5 的阶乘值。

```
#include<stdio.h>

int fac(int n);

main()
{
  int i;

  for (i=1; i<=5; i++)
        printf("%d!=%d\n", i, fac(i));
}

int fac(int n)
{
  static int f=1;

  f=f*n;
  return(f);
}
```

程序运行结果为：

```
1!=1
2!=2
3!=6
4!=24
5!=120
```

每次调用 fac(i)，打印出一个 i!，同时保留这个 i!的值以便下次再乘 i+1。

如果将上述程序中的 static 去掉，则程序运行结果变为：

```
1!=1
2!=2
3!=3
4!=4
5!=5
```

显然结果是不正确的。原因是将变量 f 说明成自动变量后，每调用一次 fac 函数，变量 f 都重新分配空间并赋值为 1。

2. 全局变量的存储类别

全局变量（即外部变量）是在函数的外部定义的，它的作用域为从变量的定义处开始，到本程序文件的末尾。在此作用域内，全局变量可以为程序中各个函数所引用。全局变量均为静态存储，即编译时将全局变量分配在静态存储区，在程序执行期间，对应的存储空间不会释放。如果在定义一个全局变量时赋初值，则系统在给它分配空间时赋初值。如果在定义一个全局变量时没有赋初值，那么系统在给它分配空间时，将它初始化为 0。

5.6.3 全局变量的作用域的扩展和限制

全局变量的作用域是从定义处到源文件结束处。但是，可以使用修饰词 extern 和 static 对其作用域进行扩展和限制。extern 用于扩展全局变量的作用域，static 用于限制全局变量的作用域。

1. 全局变量作用域的扩展

extern 有以下两种使用方式。

（1）将全局变量的作用域扩展到其定义之前

如果全局变量不在文件的开头定义，其作用范围只限于从定义处到文件尾部。如果在定义点之前的函数想引用该变量，则应该在引用之前用关键字 extern 对该变量作引用说明，以扩展全局变量的作用域，表示该变量是一个已经定义的全局变量。有了此说明，就可以从说明处起，合法地使用该全局变量。

例 5-20 用 extern 说明全局变量，扩展全局变量的作用域。

```
#include <stdio.h>

int min(int a, int b)           /* 定义 min 函数 */
{
  int c ;

  c=a<b?a:b ;
  return(c);
}

main()
{
  extern a, b;                  /* A: 说明全局变量 */

  printf("%d\n", min(a, b));
}
int a=3, b=5;                   /* B: 定义全局变量 */
```

在本程序文件的 B 行定义了全局变量 a、b，并且位置在 main 函数之后。在 main 函数的 A 行用 extern 对 a、b 进行引用说明，表示 a、b 是已经定义的全局变量，这样在 main 函数中就可以合法地使用全局变量 a、b。如果不用 extern 说明，编译时会出错，因为系统认为 a、b 未定义。一般做法是将全局变量的定义放在引用它的所有函数之前，这样可以避免在函数中再加一个 extern 说明。

用 extern 说明全局变量时，可以不写类型名，例如例 5-20 中的说明。

（2）将源文件中全局变量的作用域扩展到其他源文件中

一个 C 程序可以由多个源程序文件组成。在一个文件中想引用另一个文件中已定义的全局变量，可以用下面的方法解决。

如果一个程序中包含两个文件，在两个文件中都要用到同一个全局变量num，这时不能分别在两个文件中各自定义全局变量num，否则在进行程序的连接时会出现“重复定义”错误。正确的做法是：在一个文件中定义变量num，而在另一个文件中用extern对num作“全局变量说明”，即：

```
extern num;
```

这样，在编译和连接时，系统会知道num是一个已在其他地方定义的全局变量，并将在另一文件中定义的全局变量的作用域扩展到本文件，在本文件中可以合法地引用它。

如图5-9所示，有两个程序f1.c和f2.c，C行定义变量、分配存储空间，A行说明变量、不分配存储空间，这两行中的变量是同样的变量，即将文件f2.c中的全局变量x和y的作用域扩展到了文件f1.c中。

f1.c

```
extern int  x, y; /*A*/
main( )
{…}
static int a, b;  /*B*/
f1( )
{…}
```

f2.c

```
int x,y;  /*C*/
f2( )
{…}
static int a, b;  /*D*/
f3( )
{…}
```

图5-9　全局变量作用域的扩展和限制

下面举例说明。

例5-21　用extern将全局变量的作用域扩展到其他文件。

本程序的作用是输入x和y，求x^y的值。本程序由两个程序文件Li0521_1.c和Li0521_2.c构成。

Li0521_1.c中的内容为：

```
#include<stdio.h>

int x;        /* 定义全局变量 */

main()
{
  int my_pow(int);  /* 对调用函数作说明 */
  int  z, y;

  printf("enter the number x and its power y:\n");
  scanf("%d%d", &x, &y);
  z=my_pow(y);
  printf("%d ** %d=%d\n", x, y, z);
}
```

Li0521_2.c文件中的内容为：

```
extern  x;          /* 说明 x 是一个已定义的全局变量 */

int my_pow(int y)
{
   int i, z=1;

   for(i=1; i<=y; i++)
       z=z*x;
   return (z);
}
```

可以看到 Li0521_2.c 文件中的开头有一个 extern 说明，说明在本文件中出现的变量 x 是一个已经在其他文件中定义过的全局变量，本文件不必再次为它分配内存，可以直接使用该变量。假如程序有 4 个源程序文件，在一个文件中定义外部整型变量 x，其他 3 个文件都可以引用 x，但必须在其他 3 个文件中都加上一个“extern x;”说明。在各文件经过编译后，再将各目标文件连接成一个可执行文件。

但是，使用这样的全局变量应十分谨慎，因为在执行一个文件中的函数时，可能会改变全局变量的值，从而影响在另一文件中的应用。

如上所述，extern 既可以用来在本文件中将全局变量的作用域扩展到定义它之前，又可以将全局变量的作用域从一个文件扩展到其他文件，那么系统是如何处理的呢？在编译时遇到 extern，系统先在本文件中寻找全局变量的定义，如果找到，就在本文件中扩展作用域；如果找不到，就在连接时从其他文件寻找全局变量的定义，如果找到，就将作用域扩展到本文件，如果找不到，按出错处理。

2．全局变量作用域的限制

有时在程序设计中希望某些全局变量只限于被本文件引用，而不能被其他文件引用。这时可以在定义全局变量时加一个 static 说明。

例如在图 5-9 中，f1.c 文件中的 B 行定义的变量 a、b 只能在 f1.c 中使用；f2.c 文件中的 D 行定义的变量 a、b 也只能在 f2.c 文件中使用。虽然两个文件中的 a 和 b 同名，但它们各自拥有不同的存储空间，是不同的变量。

需要指出的是，对全局变量加 static 说明并不意味着这时才是静态存储（存放在静态存储区中），而不加 static 的是动态存储（存放在动态存储区中）。这两种形式的全局变量都是静态存储方式，只是作用范围不同，都是在编译时分配存储空间的。

5.7 程序的多文件组织

在编写大型程序时，为了方便程序的设计与调试，往往将一个程序分成若干模块，把实现相关功能的程序和数据放在一个文件中。当一个完整的程序的若干函数被存放在两个及两个以上文件中时，称为程序的多文件组织。这种多文件组织的程序如何进行编译和连接？一个文件中的函数如何调用另一个文件中的函数？这是本节要介绍的内容。

5.7.1 内部函数和外部函数

一个C程序可由多个源程序文件组成，根据函数能否被其他源文件中的函数调用，将函数分为内部函数和外部函数。

1. 内部函数

如果一个函数只能被本文件中其他函数所调用，它称为内部函数。在定义内部函数时，在函数类型的前面加上static。形式如下：

```
static <类型标识符> <函数名> (<形参列表>)
```

如：

```
static int fun(int x, int y)
```

使用内部函数，可以使函数只局限于所在文件，如果在不同的文件中有同名的内部函数，将互不干扰。这样不同的人可以编写不同的函数，而不必担心所用函数是否会与其他文件中的函数同名。通常把只能由同一文件使用的函数和外部变量放在一个文件中，在它们前面都加上static使之局部化，其他文件不能引用。

2. 外部函数

一个源程序文件中定义的函数不仅能在本文件中使用，而且可以在其他文件中使用，这种函数称为外部函数。C语言规定，在默认情况下，所有函数都是外部函数。但是，有时为了强调本源文件中调用的函数是在其他源文件中定义的（或者本文件中定义的函数可以被其他源文件中的函数调用），在进行函数原型说明（或函数定义）时，应在函数类型前加extern修饰。形式如下：

```
extern int fun(int x, int y)
```

如图5-10所示，在程序文件z1.c中定义了函数fun()，在程序文件z2.c中要调用文件z1.c中已定义了的函数fun()，则在调用前增加函数原型说明。

z1.c

```
int fun(int x, int y)
{…}
```

z2.c

```
extern int fun(int, int);
…
k=fun(x, y);
```

图5-10 外部函数调用

例5-22 用如下公式计算排列函数。

$$p(n,k)=\frac{n!}{(n-k)!}$$

在Li0522_1.c文件中定义求阶乘的函数，在Li0522_2.c文件中调用求阶乘函数。

Li0522_1.c 文件内容如下：

```
int fac(int n)          /* 返回 n!=n*(n-1)*(n-2)*…*2*1 */
{
  int f;

  if(n<0) return 0;
  f=1;
  while(n>1)
        f*=n--;
  return f;
}
```

Li0522_2.c 文件内容如下：

```
#include<stdio.h>

extern int fac(int); /* 调用在 Li0522_1.c 中定义的函数,要加原型说明 */

main()
{
  int n, k, p;

  printf("Please input n and k(n>=k):\n");
  scanf("%d%d", &n, &k);
  p=fac(n)/fac(n-k);
  printf("p(%d, %d)=%d\n", n, k, p);
}
```

运行文件内容如下：

```
Please input n and k(n>=k):
5  2<Enter>
p(5,2)=20
```

5.7.2 多文件组织的编译和连接

当一个完整的程序由多个源程序文件组成时，如何将这些文件进行编译并连接成一个可执行的程序文件呢？不同的计算机系统处理方法可能是不同的。通常有以下几种处理方法。

（1）用包含文件的方式

在定义 main()函数的文件中，将组成同一程序的其他文件包含进来（关于文件包含的含义请参看第 6 章），由编译程序对这些源程序文件一起编译，并连接成一个可执行文件。这种方法适用于编写较小的程序，不适用于编写大的程序，因为对任何一个文件做微小修改，均要重新编译所有的文件，然后才能连接。

（2）使用工程文件的方法

将组成一个程序的所有文件都加到工程文件中，由编译器自动完成多文件组织的编译和连接。如在 Turbo C 中，可以建立工程文件。方法是：

① 先编辑相关文件，比如 Li0522_1.c、Li0522_2.c，存储在磁盘上。

② 在编辑环境中建立一个“项目文件”，它不包含任何语句，而只包含组成程序的所有文件名。即：

```
Li0522_1.c
Li0522_2.c
```

扩展名可以省略。几个文件名顺序任意，可以连续写在同一行上，如：

```
Li0522_1.c  Li0522_2.c
```

如果这些源文件不在当前目录下，应指出路径，如 D:\temp\Li0522_1.c。

③ 将以上内容存盘，文件名自定，但扩展名必须为.prj（表示为 project 文件）。假设文件名为 Li0522.prj。在 Turbo C 主菜单中选择 Project 子菜单，选择子菜单中的 Project name 项，会出现一个如下的对话框，询问项目文件名。

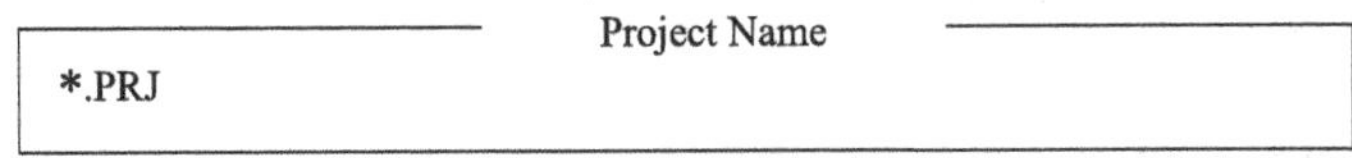

输入项目文件名 Li0522.prj 来代替*.prj（如果 Li0522.prj 不在当前目录下，应指出路径，如 D:\temp\Li0522_1.prj）。此时子菜单中的 Project name 后面会显示项目文件名 Li0522.prj，表示要编译的是 Li0522.prj 中包含的文件。

④ 对源程序进行编译。编译系统先后将 2 个文件翻译成目标文件，并把它们连接成一个可执行文件 Li0522.exe。

⑤ 运行可执行文件 Li0522.exe。

设计大型程序时，建议使用这种方法。当修改某一个源程序文件后，编译器只需要对已修改的源程序文件重新编译，而没有必要对其他源程序文件重新编译，因此可以大大提高编译和连接的效率。

习 题 5

1．编写被调函数，求四个数的平均值，在主函数中调用该函数求四个数的平均值。

2．编写被调函数，统计输入的整数序列中的奇数个数和偶数个数，在主函数中调用该函数求输入的整数序列中的奇数个数和偶数个数。

3．编写被调函数，判断一个数是不是回文数，在主函数中调用该函数判断一个数是否为回文数。所谓回文数即正读和反读相同的数，如 12321 是一个回文数。

4．下列公式用来计算笛卡儿平面上的两点(x_1, y_1)和(x_2, y_2)间的距离。

$$d = \sqrt{(x_2 - x_1)^2 + (y_2 - y_1)^2}$$

给定圆心和圆上一点的坐标，利用上述公式计算圆的半径。编写程序，输入圆心和圆上一点的坐标，然后输出圆的半径、直径、周长和面积，要求用函数实现求两点间的距离。

5．组合函数 $C(n, k)$在给定的 n 个元素的集合中，求不同的 k 个元素的子集的个数。该函数可以用以下公式计算。要求编写求阶乘及组合的函数，在主函数中调用求组合的函数。

$$C(n,k) = \frac{n!}{k!(n-k)!}$$

6．编写一个被调函数，用下面的公式求 e^x 的近似值。在主函数中输入 x 及精度 10^{-6}（要求最后一项小于 10^{-6}），求 e^x。

$$e^x = 1 + \frac{x}{1!} + \frac{x^2}{2!} + \frac{x^3}{3!} + \cdots + \frac{x^n}{n!}$$

7．编写被调函数，求出 1000 以内的素数。在主函数中调用函数输出 1000 以内的素数，要求每行输出 5 个素数。

8．一个数如果恰好等于它的因子之和，这个数就称为“完数”。例如，6 的因子为 1、2、3，而 6=1+2+3，因此 6 是“完数”。编写程序找出 1000 之内的所有完数，并按下面格式输出其因子：

```
6 its factors are:  1  2  3
```

9．编写两个函数，分别求两个整数的最大公约数和最小公倍数，用主函数调用这两个函数。要求不用递归算法实现。

10．编写一个递归函数，将这个整数的每个位上的数字按相反的顺序输出。例如，输入 1234，输出 4321。

11．用递归函数实现求 Fibonacci 数列的前 n 项，n 作为函数的参数。Fibonacci 数列的公式为：

$$\text{fib}(n) = \begin{cases} 1 & n = 1 \\ 1 & n = 2 \\ \text{fib}(n-1) + \text{fib}(n-2) & n > 2 \end{cases}$$

12．编写一个程序，用递归方法求 n 阶勒让德多项式的值，递归公式为：

$$p_n(x) = \begin{cases} 1 & (n = 0) \\ x & (n = 1) \\ ((2n-1)xp_{n-1}(x) - (n-1)p_{n-2}(x))/n & (n > 1) \end{cases}$$

13．编写一个程序，输入一个十进制数，输出相应的二进制数。设计一个递归函数来实现数制转换。

14．编写两个函数，分别输出以下两个图形。

15．用矩形法求函数$\int_a^b (1+x)x\mathrm{d}x$在区间[$a$, b]内的定积分。矩形法求定积分的示意图如图 5-11 所示。矩形法的几何意义是将区间[a, b]分成若干等分，求全部小区间的矩形面积之和。

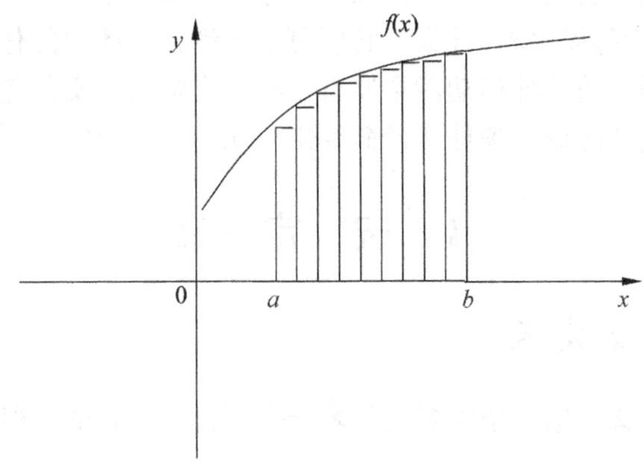

图 5-11　矩形法求定积分示意图

第 6 章　编译预处理

C 语言允许在程序中用预处理命令写一些命令行。这些预处理命令不是 C 语言本身的组成部分，不能直接对它们进行编译，必须在程序进行编译之前，先对这些特殊的命令进行“预处理”。预处理行都以“#”开头，它们可以出现在程序中的任何位置，但一般写在程序的首部。C 语言提供的预处理功能主要有三种：宏定义、文件包含和条件编译，分别用宏定义命令、文件包含命令、条件编译命令来实现。

6.1　宏　定　义

6.1.1　不带参数的宏定义

不带参数的宏定义就是用一个宏名来代表一个字符串，它的一般形式为：

```
#define 宏名 宏体
```

其中，宏体是一个字符串，宏名是合法的 C 标识符。如：

```
#define  PI  3.1415926
```

经过定义的宏名可应用在程序中。如上述语句是指定用宏名 PI 来代表“3.1415926”这个字符串，在编译预处理时，将程序中在该命令以后出现的所有的 PI 都代换成“3.1415926”。在预编译时将宏名代换成字符串的过程称为“宏代换”。

例 6-1　求球体的表面积及体积。

```
/* 不带参数的宏定义示例 */
#include<stdio.h>

#define PI 3.1415926

main()
{
    double r, s, v;

    printf("input radius :\n");
    scanf("%lf", &r);
    s=4*PI*r*r;
    v=4.0/3*PI*r*r*r;
    printf("area: %lf\nvolume: %lf\n", s, v);
}
```

说明：

（1）宏名一般用大写字母表示，以便与变量名相区别。但这并非是规定的，宏名也可以小写。

（2）用宏名代表一个字符串，可以减少程序中的重复书写。例如，如果不定义 PI 代表 3.1415926，则在程序中要多处书写 3.1415926，不仅麻烦，而且在输入程序时容易产生错误，用宏名代替，简单且不易出错，因为记住一个宏名（宏名往往用容易理解的单词表示）比记住一个字符串容易，而且读程序时能立即知道它的含义。

（3）当需要改变某一个变量的值时，可以只改变#define 命令行，易于修改程序。例如，如果已经将 PI 定义为 3.1415926，现要将 PI 全部改为 3.14，可以将#define 命令行修改如下：

```
#define  PI  3.14    /* 程序中出现 PI 的地方全部改为 3.14 */
```

（4）宏定义用宏名代替一个字符串，只进行简单的代换，不进行任何计算，也不进行正确性检查。定义中如果加了分号，则会连分号一起进行代换。如：

```
#define PI 3.1415926;
area=PI * r * r;
```

则经过宏代换后，该语句为

```
area=3.1415926; * r * r;
```

显然会出现语法错误。

（5）#define 命令的有效范围为：从定义处开始到包含它的源文件结束。例如：

```
#include<stdio.h>

 main()
{   void f1();

    #define PI 3.1415926

    f1();
}

void f1()
{
    printf("%lf\n", PI);
}
```

通常，#define 命令写在文件开头，函数之前，作为文件的一部分，在此文件内有效。

（6）可以用#undef 命令提前终止宏定义的作用域。例如：

```
#define  PI  3.1415926
main()
{
⋮
}
#undef  PI
f1()
{
⋮
}
```

PI 的有效范围

由于#undef 的作用，使 PI 的作用范围在#undef 行处终止，因此在 f1 函数中，PI 不再代表 3.1415926。这样可以灵活控制宏定义的作用范围。

（7）在进行宏定义时，可以引用已定义的宏名，进行层层代换。

例 6-2 求圆的周长和面积。

```
#include<stdio.h>

#define  R  5.0
#define  PI  3.1415926
#define  L  2*PI*R
#define  S  PI*R*R

main()
{
    printf("L=%lf\nS=%lf\n", L, S);
}
```

运行结果为：

```
L=31.415926
S=78.539815
```

经过宏代换后，L 被代换为 2*3.1415926*5.0，S 被代换为 3.1415926*5.0*5.0。

（8）对程序中用双引号引起来的字符串内的字符，即使与宏名相同，也不进行代换。如例 6-2 中双引号内的 L 和 S 不进行代换，而双引号外的 L 和 S 被代换。

6.1.2 带参数的宏定义

用宏定义还可以定义带参数的宏，它的一般形式为：

```
#define 宏名(参数表) 宏体
```

其中，宏名是一个标识符；参数表中可以有一个参数，也可以有多个参数，多个参数之间用逗号分隔；宏体是被代换用的字符序列。在代换时，首先进行参数代换，然后再将代换后的字符串进行宏代换。例如：

```
#define ADD(x, y)  x+y
```

如在程序中出现如下语句：

```
sum=ADD(2, 4);
```

则该语句被代换成：

```
sum=2+4;
```

如果程序中出现如下语句：

```
sum=ADD(a+2, b+3);
```

则被代换为：

```
sum=a+2+b+3;
```

可见，宏代换只是对字符串中出现的、与宏定义时参数表中参数名相同的字符序列进行代换。

例 6-3 带参数的宏定义。

```
#include<stdio.h>

#define  MUL(a,b)  a*b

main()
{
    int x=5, y=8, t;

    t=MUL(x+1, y-2);     /* A */
    printf("t=%d\n", t);
}
```

进行宏代换后，主函数的 A 行变为：

```
t=x+1*y-2;
```

执行该程序后，输出结果为：

```
t=11
```

使用带参数的宏定义时要注意如下几点：

（1）带参数的宏定义的字符串应写在一行上，如果需要写在多行上时，应使用续行符（“\”）。例如：

```
#define  LOVE  "I  Love  \
China"
```

上述两行等价于：

```
#define  LOVE  "I  Love  China"
```

（2）在书写带参数的宏定义时，宏名与参数列表的左括号之间不能出现空格，否则空格右边的字符都作为替代字符串的一部分。例如：

```
#define ADD  (x, y)  x+y
```

这时宏名 ADD 被认为是不带参数的宏定义，它代表字符串“(x, y)　x+y”。

（3）定义带参数的宏时，字符串中与参数名相同的字符序列适当地加上圆括号是十分重要的，这样可以避免代换后在优先级上产生问题。例如：

```
#define  SQR(x)  x*x
```

当程序中出现语句：

```
m=SQR(a+b);
```

则代换后为：

```
m=a+b*a+b;
```

如果想代换后变为：

```
m=(a+b)*(a+b);
```

则应该进行如下宏定义：

```
#define  SQR(x)  (x)*(x)
```

可见，在宏定义体中加圆括号将会改变代换后表达式的优先级。又如，对上述的宏定义，程序中的语句：

```
m=100/SQR(5);
```

代换后变为：

```
m=100/(5)*(5);
```

结果 m 的值为 100。

而对于下述宏定义：

```
#define  SQR(x)  ((x)*(x))
```

上述语句代换后为

```
m=100/((5)*(5));
```

结果 m 的值为 4。

读者可以看出，带参数的宏定义与函数之间有一定类似之处。在调用函数时是在函数名后的括号内写实参，并要求实参与形参的数目相等。但带参的宏与函数还是不同的，主要区别有以下几点。

（1）函数调用是在程序运行时处理的，分配临时的内存单元；而宏代换则是在编译前进行的，在代换时并不分配内存单元，不进行值的传递，也没有“返回值”的概念。

（2）函数调用时，先求出实参表达式的值，然后赋值给形参；而使用带参的宏只是进行简单的字符代换。例如对于上文中的 SQR(a+b)，在宏代换时并不求 a+b 的值，而只将实参“a+b”代替形参 x。

（3）对函数中的形参和实参都要定义类型，且二者类型要求一致，如不一致，系统自动进行类型转换；而宏不存在类型问题，宏名没有类型，它的参数也没有类型，只是一个符号，替换时代入指定的字符串即可。

（4）宏代换不占运行时间，只占编译时间；而函数调用则占运行时间（分配单元、保留现场、参数传递、值返回等）。

6.2 文件包含

文件包含的作用是让编译预处理器把另一个源文件嵌入（包含）到当前源文件中的该指定处。文件包含命令格式如下：

```
#include<文件名>
```

或

```
#include "文件名"
```

图 6-1 说明了文件包含的含义。图 6-1（a）为文件 file1.c，它有一个#include "file2.h"命令，然后还有其他内容（用 A 表示）。图 6-1（b）为另一文件 file2.h，文件内容用 B 表示。在编译预处理时，先对#include 命令进行文件包含处理：将 file2.h 的全部内容复制到#include "file2.h"命令处，即 file2.h 被包含到 file1.c 中，得到图 6-1（c）所示的结果。在编译中，将“包含”处理以后的 file1'.c（即 6-1（c）所示）作为一个源文件进行编译。

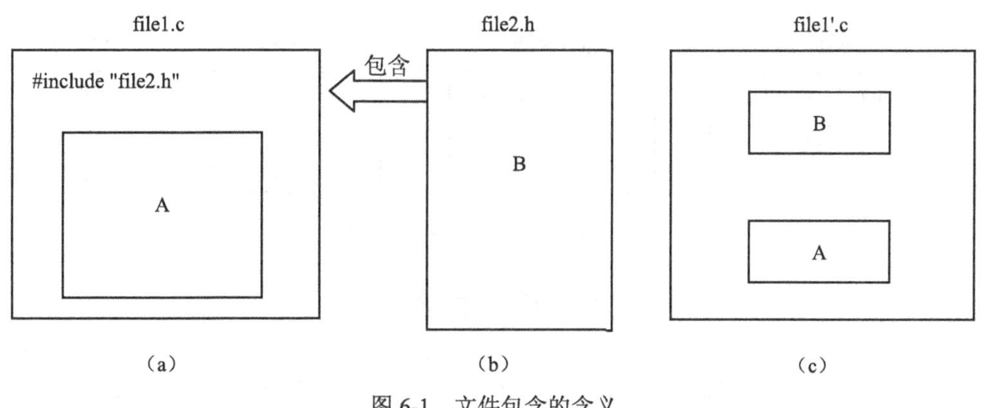

图 6-1　文件包含的含义

“#include<文件名>”格式一般用于嵌入 C 系统提供的头文件，这些头文件一般存储于

C 系统标准头文件目录中，如 Turbo C 的标准头文件包含目录为“盘符:\TC\include”。在程序中若有“#include<math.h>”，则 C 预处理器遇到这条命令后，就自动到 include 目录中搜寻 math.h，并把它嵌入到当前文件中，这种搜寻方式称为标准方式。“#include "文件名"”格式则首先在工作目录中搜寻；如果搜寻不到，再按标准方式进行搜寻。假设文件在 D 盘当前目录中，用前一种方式时，系统直接到标准目录中搜寻，而用后一种方式时，要先在 D 盘当前目录中搜寻，若搜寻不到，再到系统目录中去搜寻。

头文件是以.h 为扩展名的文件。系统头文件中的内容有：对标准库函数的原型说明、符号常量定义、类型定义等。如系统头文件 stdio.h 中包含了对 scanf 和 printf 等函数的原型说明，以及本书后面章节中将要用到的符号常数 NULL 和 EOF 的定义。用户也可以根据需要编写头文件，内容可以是开发项目中的一些公用函数、公用类型的定义等。

使用文件包含时要注意：

（1）一条文件包含命令只能包含一个文件，若要包含多个文件须用多条包含命令。例如：

```
#include<stdio.h>
#include<math.h>
```

（2）被包含文件中还可以使用文件包含命令，即文件包含命令可以嵌套使用。例如，头文件 myfile1.h 的内容如下：

```
#include "myfile2.h"
    ⋮
```

myfile2.h 文件的内容如下：

```
#include "myfile3.h"
    ⋮
```

上述嵌套包含的示意见图 6-2。对文件 myfile1.h，包含处理后得到的等价文件为 myfile1'.h。

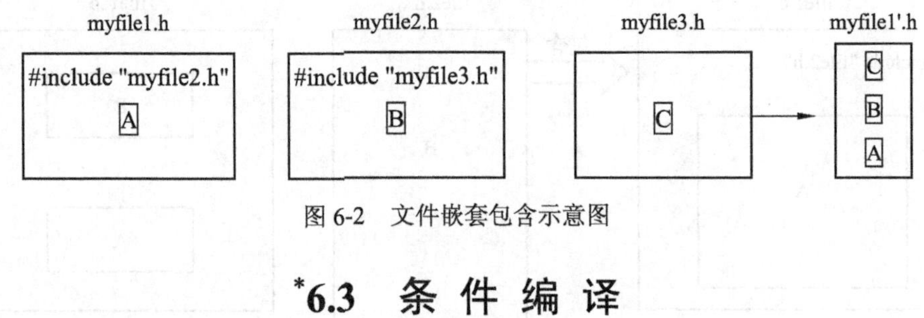

图 6-2　文件嵌套包含示意图

*6.3　条件编译

利用条件编译可以使同一个源程序在不同的条件下产生不同的目标代码，用于完成不同的功能。利用条件编译可在调试程序时增加一些调试语句，以达到跟踪的目的。常用的条件编译命令有如下三种格式。

1．格式 1

```
#ifdef  宏名
    程序段 1
[#else
    程序段 2]
#endif
```

上述格式中方括号里的内容可缺省，程序段可以由若干条预处理命令和语句组成。其功能为：如果宏名已被定义，则编译程序段 1，否则编译程序段 2。如果一个 C 源程序在不同的计算机系统上运行，而不同的计算机系统之间又有一定的差异，则可以用条件编译来编写通用程序。例如，有的计算机系统以 16 位（2 个字节）来存放一个整数，而有的则以 32 位（4 个字节）来存放一个整数。某一种系统编写的程序若要移植到另一个系统中运行，往往需要对源程序做必要的修改，这就降低了程序的通用性。可以用以下的条件编译来编写通用程序。

```
#ifdef  COMPUTER
    #define INTEGER_SIZE 16
#else
    #define INTEGER_SIZE 32
#endif
```

即如果 COMPUTER 在前面已被定义过，则编译下面的命令行：

```
#define INTEGER_SIZE 16
```

否则，编译下面的命令行：

```
#define INTEGER_SIZE 32
```

如果在这组条件编译命令之前曾出现以下命令行：

```
#define COMPUTER 0
```

或将 COMPUTER 定义为任何字符串，甚至是

```
#define COMPUTER
```

则预编译后程序中的 INTEGER_SIZE 都用 16 代替，否则都用 32 代替。

2．格式 2

```
#ifndef 宏名
    程序段 1
[#else
    程序段 2]
#endif
```

同样，方括号里的内容可缺省。其功能为：如果宏名没被定义过，则编译程序段 1，

否则编译程序段 2。这种形式与第一种形式的作用相反。

3. 格式 3

```
#if 表达式
    程序段 1
[#else
    程序段 2]
#endif
```

其中，表达式是一个常量表达式，其功能为：如果表达式的值不为零，则编译程序段 1；否则，编译程序段 2。

各种条件编译格式可以嵌套使用。例如：

```
#if X>4
  #if X>4&&X<8
    x=5;
  #else
    x=2;
  #endif
#else
  x=100;
#endif
```

例 6-4 输入一行字母字符，根据需要设置条件编译，使之能将字母全改成大写字母输出或全改成小写字母输出。

```
#include<stdio.h>
#define LETTER 0

main()
{
    char str[30]="C Programming Language ",c;
    int i=0;

    while ((c=str[i])!='\0')
    {   i++;
        #if  LETTER
            if (c>='a'&& c<='z')
                c=c-32;
        #else
            if (c>='A'&&c<='Z')
                c=c+32;
        #endif
        printf("%c", c);
    }
    printf("\n");
}
```

运行结果为：

```
c programming language
```

请读者思考：若将上例中的

```
#define LETTER 0
```

改为

```
#define LETTER 1
```

那么程序输出又是什么？

在调试程序时，常常在源程序中插入一些专门为调试程序用的语句，如输出语句，其目的是为了监测程序的执行情况。在使用插入输出语句方法时，调试完成后还需要逐一删除，这样很麻烦。这时可以用条件编译使得在调试时插入的语句不用删除。其方法是：在调试时使专用于调试的程序段参与编译，调试结束后，使调试的程序段不参与编译。例如：

```
#define  DEBUG  1
    ⋮
#if DEBUG==1
     printf("a=%d b=%d\n", a, b);
#endif
⋮
```

该例中，#if 与#endif 之间的程序段是调试时参加编译的程序段。当调试完成后，将

```
#define  DEBUG  1
```

改为

```
#define  DEBUG  0
```

则重新编译时，用于调试的程序段将不参与编译。

习 题 6

1. 编写一个程序，将求两个实数中较小值的函数放在一个头文件中，在源程序文件中包含该头文件，并实现输入 3 个实数，求出最小值。

2. 编写一个程序，输入两个整数，求它们的乘积。用带参的宏实现。

3. 编写一个程序，用带参的宏，从 3 个数中找出最大数。

4. 编写一个程序，求圆面积。用带参的宏实现。

5. 编写一个程序，求球的体积。用不带参数的宏实现。

6. 编写一个程序，用条件编译方法实现以下功能：输入一行电报文字，可以任选两种方式其一输出，一种为原文输出；一种为加密输出，即将字母变成其后第五个字母（如“a”变成“f”，…，“z”变成“e”，其他字符不变）。用#define 命令来控制是否要译成密码。

例如：

```
#define  CHANGE  1
```

则输出密码。若

```
#define  CHANGE  0
```

则不译成密码，按原码输出。

第7章 数　组

C 语言除了提供前面介绍的基本数据类型外，还提供了构造数据类型，来满足不同应用的需要。构造数据类型是由基本数据类型按一定规则组成的，因此有些书中把它们称作“导出类型”。构造数据类型包括数组、结构体、共用体等。

本章只介绍数组类型。数组是有序数据的集合，数组的每一个元素都属于同一种数据类型，用一个统一的数组名和下标来确定数组中的元素。例如，要统计 100 个城市的人口总数，每个城市的人口总数用长整型（long 型）变量存储，显然使用由 100 个 long 型单元构成的数组来替代 100 个名称各不相同的独立的 long 型变量要方便得多。下面介绍 C 语言中是如何定义和使用数组的。

7.1　数组的定义及应用

7.1.1　一维数组的定义及使用

1. 一维数组的定义

一维数组的定义格式为：

```
<类型说明符><数组名>[<常量表达式>];
```

例如：

```
int array[10];
```

表示数组名为 array，此数组中有 10 个元素。

说明：

（1）数组名命名规则和变量名相同，遵循标识符命名规则。

（2）数组名后是用方括号括起来的常量表达式，不能用圆括号，如下列定义是错误的：

```
int array(10);
```

（3）常量表达式表示元素的个数，即数组长度。例如，在 array[10]中，10 表示 array 数组中有 10 个元素，下标从 0 开始，这 10 个元素是：array[0]、array[1]、array[2]、…、array[8]、array[9]。注意不能使用数组元素 array[10]。

（4）上述定义中的 int 表示数组中的每个元素皆为整型。

（5）常量表达式中可以包括常量和符号常量，不能包含变量。即 C 语言不允许对数组的大小作动态定义。例如：

```
int n;
scanf(%d", &n);
int array[n];
```


是不允许的。

如果想方便地修改数组的大小，则可以使用符号常量或 const 型变量。例如：

```
#define N 100
const int SIZE=200;
int array[N];
float x[SIZE];
```

2．一维数组元素的引用

数组必须先定义，然后才能使用。C 语言规定只能逐个引用数组元素而不能一次引用整个数组。数组元素的表示形式为：

```
数组名[<下标>]
```

其中，<下标>可以是整型常量或整型表达式。例如，array[8]、array[2*3]、array[i]（i 为整型变量）均是合法的引用。

例 7-1　数组元素的引用。

```
/* 逆序输出 */
#include<stdio.h>

main()
{
    int i, array[10];

    for (i=0; i<=9; i++)
        array[i]=i*i;
    for (i=9; i>=0; i--)
        printf("%d\t", array[i]);
    printf("\n");
}
```

程序运行结果如下：

```
81      64      49      36      25      16      9       4       1       0
```

上述程序设置 array[0]～array [9]的值分别为 0，1，4，9，…，81，然后按逆序输出。

3．一维数组的初始化

在引用数组元素时，所引用的数组元素必须有确定的值。对数组元素的初始化可以用下列方法实现。

（1）在定义数组时对数组元素赋初值。例如：

```
int array[10]={0, 1, 2, 3, 4, 5, 6, 7, 8, 9};
```

将数组元素的初值依次放在一对花括号内，用逗号隔开。经过上面的定义和初始化之后，array[0]=0，array[1]=1，array[2]=2，array[3]=3，array[4]=4，array[5]=5，array[6]=6，array[7]=7，array[8]=8，array[9]=9。

（2）可以给一部分元素赋初值。例如：

```
int array[10]={0, 1, 2, 3};
```

定义 array 数组有 10 个元素，但花括号内只提供 4 个初值，这表示只给前面 4 个元素赋初值，后 6 个元素值为 0。

（3）如果想使一个数组中全部元素值为 0，可以写成：

```
int array[10]={0, 0, 0, 0, 0, 0, 0, 0, 0, 0};
```

或

```
int array[10]={0};
```

请读者思考：

```
int array[10]={5};
```

则数组中各个元素的值是多少？

（4）在给全部数组元素赋初值时，可以不指定数组长度。例如：

```
int array[ ]={0, 1, 2, 3, 4};
```

花括号中列举了 5 个值，因此 C 编译器认为数组 array 的元素个数为 5。注意：如果要定义的数组元素比列举的数组元素的初值个数多时，则必须说明数组的大小，见（2）。

（5）如果定义数组时将存储类别定义为全局的或局部静态的，则 C 编译器自动地将所有数组元素的初值置为 0。如果存储类别定义为局部动态的，则数组元素无确定的初值。

例 7-2 输出数组分别为全局变量、静态变量及局部变量时的初值。

```
#include<stdio.h>

int x[5];

main()
{
    static int y[5];
    int i, z[5];

    for(i=0; i<5; i++)
        printf("%d\t", x[i]);
    printf("\n");
    for(i=0;i<5;i++)
        printf("%d\t", y[i]);
    printf("\n");
```

```
    for(i=0;i<5;i++)
        printf("%d\t", z[i]);
    printf("\n");
}
```

执行该程序时，输出的第一行为 5 个 0，第二行的也是 5 个 0，第三行是不确定值，即每次执行该程序时，输出的值可能是不同的。

4. 一维数组程序举例

例 7-3 用数组求 Fibonacci 数列的前 20 项和它们的和。

```
#include<stdio.h>

main()
{
    int i, f[20]={1, 1}, sum=f[0]+f[1];

    for (i=2; i<20; i++)
    {
        f[i]=f[i-2]+f[i-1];
        sum+=f[i];
    }
    for (i=0; i<20; i++)
    {
        printf("%d\t", f[i]);
        if ((i+1)%5==0) printf("\n");
    }
    printf("sum=%d\n", sum);
}
```

运行结果如下：

```
1       1       2       3       5
8       13      21      34      55
89      144     233     377     610
987     1597    2584    4181    6765
sum=17710
```

例 7-4 将一个数分解到数组中，然后正向、反向分别输出。

```
#include<stdio.h>

main()
{
    int i, j=0, k, a[20];

    printf("Please input an integer:");
    scanf("%d", &i);
```

```
    k=i;
    while(k>0)          /* 将一个数分解到数组 a 中 */
    {
        a[j++]=k%10;
        k=k/10;
    }
    printf("order:\n");
    for(k=j-1; k>=0; k--) printf("%d\t", a[k]);
    printf("\n");
    printf("reverse:\n");
    for(k=0; k<j; k++) printf("%d\t", a[k]);
    printf("\n");
}
```

运行结果如下：

```
Please input an integer:3265<Enter>
order:
3       2       6       5
reverse:
5       6       2       3
```

程序首先采用 while 语句将整数 k 从低位到高位逐位放入数组 a 中，其中 j 是 k 的位数。然后采用两个 for 语句分别正序和反序输出 a 中的值。

7.1.2　一维数组作函数参数

在定义函数时，除可用简单变量作为函数的形参外，还可以用一维数组作为函数的形参。一维数组作函数参数可以是一维数组元素和一维数组名两种形式，在函数调用时，相应地用数组元素及数组名作为函数的实参。

1．一维数组元素作函数的实参

由于实参可以是表达式，数组元素可以是表达式的组成部分，因此数组元素也可以作函数的实参，与简单变量作实参一样，是单向值传递。

例 7-5　有两个数组 a 和 b，各有 n 个元素，将它们对应地逐个比较，即 a[0]与 b[0]比，a[1]与 b[1]比，……。如果 a 数组中的元素大于 b 数组中的对应元素的个数多于 b 数组中元素大于 a 数组中对应元素的个数（例如，a[i]大于 b[i]的情况 5 次，b[i]大于 a[i]的情况 2 次，其中 i 每次为不同的值），则认为 a 数组大于 b 数组，并分别统计出两个数组对应元素为大于、等于、小于关系的次数。

```
#include<stdio.h>

main()
{
    int large(int, int);    /* large()函数原型说明 */
    int a[10], b[10], i, j=0, k=0, m=0, n;
```

```
    /* a[i] > b[i]个数为 j,a[i]< b[i]个数为 m,a[i] == b[i]个数为 k */

    printf("Please input the number of elements:\n");
    scanf("%d", &n);
    printf("Please input array a:\n");
    for (i=0; i<n; i++)
        scanf("%d", &a[i]);
    printf("Please input array b:\n");
    for (i=0; i<n; i++) scanf("%d", &b[i]);
    for (i=0; i<n; i++)
        if (large(a[i], b[i])==1) j=j+1;
        else if ( large(a[i], b[i])==0 ) k=k+1;
        else m=m+1;
    printf("a[i]>b[i] %d\n", j);
    printf("a[i]=b[i] %d\n", k);
    printf("a[i]<b[i] %d\n", m);
    if (j>m)
        printf("array a > array b\n");
    else if (j<m)
        printf("array a< array b\n");
    else printf("array a = array b\n");
}
int large (int x, int y)  /* large()函数定义 */
{
    return  x > y ? 1 : (x< y ? -1 : 0);
}
```

运行结果如下：

```
Please input the number of elements:
10<Enter>
Please input array a:
1 5 4 8 7 6 3 2 -10 9<Enter>
Please input array b:
-5 2 10 -2 7 9 1 -1 2 6<Enter>
a[i]>b[i] 6
a[i]=b[i] 1
a[i]<b[i] 3
array a > array b
```

2. 数组名作函数的实参

可以用数组名作函数参数，此时实参与形参都应使用数组名。

例 7-6 将一个一维数组中的值按逆序重新存放。例如，原来的数组为 7，2，5，4，3，6，1，要求改为 1，6，3，4，5，2，7。

逆序重新存放的思路是：第一个元素与最后一个元素对调，这里为 7 与 1 对调；第二个元素与倒数第二个元素对调，这里为 2 与 6 对调；依此类推，……，直到中间那个元素为止。

```
#include<stdio.h>

#define N 7

void inverse(int b[ ])  /* 本行亦可写为: void inverse(int b[N]) */
{
    int i, j, t;

    for(i=0, j=N-1; i<j; i++,j--)
    {
        t=b[i];
        b[i]=b[j];
        b[j]=t;
    }
}

main()
{
    int a[N]={ 7, 2, 5, 4, 3, 6, 1}, i;

    printf("primary:\n");
    for(i=0; i<N; i++)
        printf("%d\t", a[i]);
    printf("\n");
    inverse(a);
    printf("reverse:\n");
    for(i=0; i<N; i++)
        printf("%d\t", a[i]);
    printf("\n");
}
```

程序运行结果为：

```
primary:
7       2       5       4       3       6       1
reverse:
1       6       3       4       5       2       7
```

说明：

（1）用数组名作函数参数，应该在主调函数和被调函数中分别定义数组，上例中 a 是实参数组名，在主函数中定义；b 是形参数组名，在参数列表中定义。

（2）实参数组与形参数组类型应一致，这里均为 int 型，如不一致，则编译时出错。

（3）用数组名作函数实参时，不是把数组的值传递给对应的形参，而是把实参数组的起始地址（“起始地址”也称为“首地址”）传递给形参（详见第 9 章），这样两个数组就共占同一段内存单元，见图 7-1。

	a[0]	a[1]	a[2]	a[3]	a[4]	a[5]	a[6]	a[7]	a[8]	a[9]
起始地址 2000	1	3	5	7	9	11	13	15	17	19
	b[0]	b[1]	b[2]	b[3]	b[4]	b[5]	b[6]	b[7]	b[8]	b[9]

图 7-1　数组名作参数的含义

若 a 的起始地址为 2000，则 b 数组的起始地址也是 2000，显然，a 和 b 同占一段内存单元，a[0]与 b[0]同占一个单元，……，即 a 数组和 b 数组本质上是同一数组。由此可以看到，形参数组中某元素的值如发生变化会使实参数组元素的值同时发生变化，从图 7-1 很容易理解这一点。请注意，这与变量作函数参数的情况不同。在程序设计中可以有意识地利用这一特点改变实参数组元素的值，如例 7-6 的逆序。

（4）为了编写通用程序，可另设一个参数，传递数组元素的个数。则例 7-6 可以改写为如下形式：

```
#include<stdio.h>

#define N 7

void inverse(int b[ ], int n)
{
    int i;

    for(i=0; i<n/2; i++)      /* 注意: 逆序算法有变化 */
    {
        int t=b[i];
        b[i]=b[n-1-i];
        b[n-1-i]=t;
    }
}
main()
{
    int a[N]={ 7, 2, 5, 4, 3, 6, 1}, i;

    printf("primary:\n");
    for(i=0; i<N; i++)
        printf("%d\t", a[i]);
    printf("\n");
    inverse(a, N);
    printf("reverse:\n");
    for(i=0; i<N; i++)
        printf("%d\t", a[i]);
```

```
    printf("\n");
}
```

例 7-7 用冒泡法对 6 个数排序（由小到大）。

冒泡法的思想是：相邻两个数做比较，将较小的调到前头。

本例中有 6 个数。第 1 次比较 8 和 4，对调；第 2 次比较 8 和 9，不对调；第 3 次比较 9 和 6，对调……如此共进行 5 次，得到 4-8-6-5-2-9 的顺序，见图 7-2。可以看到：最大的数 9 已经沉到底部，成为最下面的数，而小的数逐步上升，最小的数 2 已经向上浮起一个位置。经第 1 趟比较及交换后，已得到最大的数。然后进行第 2 趟比较，对余下的前 5 个数按上面的方法进行比较，见图 7-3。经过 4 次比较，得到次大的数 8。依此类推，6 个数要经过 5 趟比较及交换才能使 6 个数按大小顺序排列。在第 1 趟中要进行两个数的比较共 5 次，在第 2 趟中比 4 次，……，第 5 趟比 1 次。如果有 n 个数，则要进行 $n-1$ 趟比较。在第 1 趟比较中要进行 $n-1$ 次两两比较，在第 j 趟比较中要进行 $n-j$ 次两两比较。

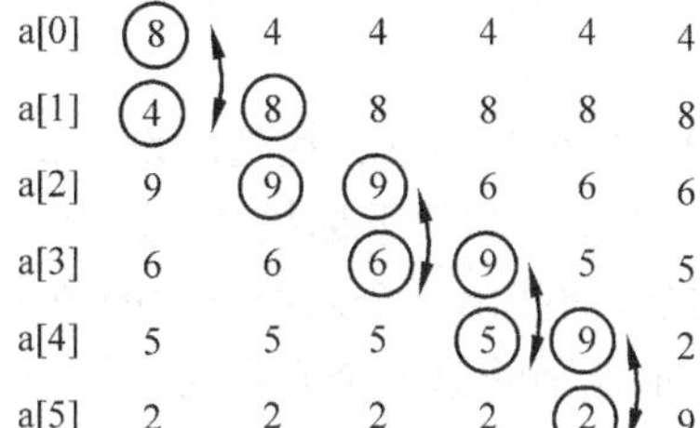

图 7-2 冒泡法第一趟比较及交换的过程

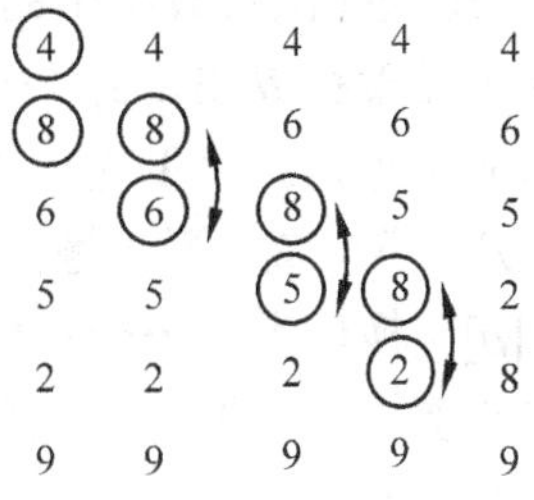

图 7-3 冒泡法第二趟比较及交换的过程

```
#include<stdio.h>

#define N 6

void bubble_sort(int a[ ], int n)
{
    int i, j, t;

    for(i=0; i<n-1; i++)
        for(j=0; j<n-1-i; j++)
            if(a[j]>a[j+1]) /* 一旦a[j]大于a[j+1],则交换二者的值,交换得比较频繁 */
            {    t=a[j];  a[j]=a[j+1];  a[j+1]=t;}
}
main()
{
    int a[N], i;

    printf("Please input %d numbers:\n", N);
    for(i=0; i<N; i++)
        scanf("%d", &a[i]);
```

```
    bubble_sort(a,N);
    printf("sorted:\n");
    for(i=0; i<N; i++) printf("%d\t", a[i]);
    printf("\n");
}
```

程序运行结果如下：

```
Please input 6 numbers:
8    4    9    6    5    2<Enter>
sorted:
2    4    5    6    8    9
```

从上面的分析中可以看出采用冒泡法排序数组元素交换太频繁，下面介绍一种较好的排序方法即选择法排序，它的交换次数要少于冒泡排序法。

例 7-8 用选择法对数组中的 6 个数排序（从小到大）。

假定 6 个元素存放在 a[0]，…，a[5]中。

选择法的思想是：第 1 趟扫描，将 a[0]～a[5]中最小数的下标找到，设为 *p*，若 *p*!=0，则 a[0]与 a[*p*]交换位置；第 2 趟扫描，将 a[1]～a[5]中最小数的下标找到，设为 *p*，若 *p*!=1，则 a[1]与 a[*p*]交换位置；……；依此类推，每扫描一次找出一个未经排序的数中最小的一个，则共需 5 次扫描，第 *i* 次扫描时（*i*=0~4），扫描范围的第 1 个元素的下标为 *i*，最后一个元素的下标为 5。

选择法的步骤如下：

```
a[0] a[1] a[2] a[3] a[4] a[5]
 8    4    9    6    5    2 未排好序的数据
 2    4    9    6    5    8 将 6 个数中最小的数 a[5]与 a[0]交换
 2    4    9    6    5    8 余下的 5 个数中最小的数即 a[1]，不交换
 2    4    5    6    9    8 将余下的 4 个数中最小的数 a[4]与 a[2]交换
 2    4    5    6    9    8 余下的 3 个数中最小的数即 a[3]，不交换
 2    4    5    6    8    9 将余下的 2 个数中最小的数 a[5]与 a[4]交换，至此完成排序
```

```
#include<stdio.h>
#define N 6
void select_sort(int a[ ], int n)
{
    int i,j,p,t;

    for(i=0; i<n-1; i++)
    {
        p=i;
        for(j=i+1; j<n; j++)
            if(a[j]<a[p]) p=j;
        if(p!=i)        /* A 行: 请读者思考为什么需要此判断 */
```

```
        {   t=a[p]; a[p]=a[i]; a[i]=t;      }
    }
}
main()
{
    int a[N], i;

    printf("Please input %d numbers:\n", N);
    for(i=0; i<N; i++)
        scanf("%d", &a[i]);
    select_sort(a,N);
    printf("sorted:\n");
    for(i=0; i<N; i++) printf("%d\t", a[i]);
    printf("\n");
}
```

程序运行结果如下：

```
Please input 6 numbers:
8       4       9       6       5       2<Enter>
sorted:
2       4       5       6       8       9
```

程序中 A 行的判断若为真，表示第 i 趟扫描找到的最小数是本次扫描范围内的第 1 个数，它应存储在该位置，不需要交换。

选择法排序的另一个实现方法为：将第 0 个元素与第 1 个元素进行比较，若第 0 个元素大于第 1 个元素，则两个数进行交换，否则不交换；再将第 0 个元素与第 2 个元素进行比较，若第 0 个元素大于第 2 个元素，则两个数进行交换；……；依次类推，直到第 0 个元素与最后一个元素进行比较，若大于最后一个元素，则两个数交换，这时，已将数组中最小的数移动到第 0 个元素的位置。再从第 1 个元素开始，用同样的方法，找出次小的数移动到第 1 个元素的位置。依次类推，直到将次大的数移动到第 4 个元素位置，这时第 5 个元素（最后一个元素）就是最大数，排序至此结束。此方法的效率低于上面采用的选择法排序的效率。此排序算法如下：

```
void select_sort(int a[ ], int n) /* 选择法排序的变种 */
{
    int i ,j,t;

    for(i=0; i<n-1; i++)            /* 按升序排序 */
        for(j=i; j<n; j++)
            if(a[i]>a[j])
            {   t=a[i];  a[i]=a[j];  a[j]=t;  }
}
```

下面再介绍一种排序方法——插入法排序。插入法排序分为前插和后插两种，下面分别予以介绍。

例 7-9 插入法排序。后插算法为：设数组有 N 个元素，第 i 次循环结束后，数组前 i 个元素排成升序，即有 a[0]≤a[1]≤…≤a[i–1]。现在要将 a[i]元素插入，使前 i+1 个元素保持升序（如图 7-4 所示）。首先将 a[i]赋给 p，然后将 p 依次与 a[i–1], a[i–2], …, a[0]进行比较，将比 p 大的元素依次右移一个位置，直到发现某个 j（0≤j≤i–1），有 a[j]≤p 成立，则将 p 赋值给 a[j+1]；如果不存在这样的 a[j]，那么在比较过程中，a[i–1], a[i–2], …, a[0]都依次右移一个位置，此时将 p 赋值给 a[0]。

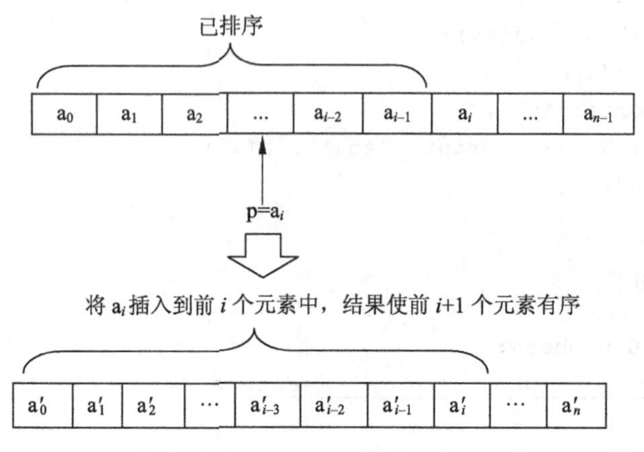

图 7-4 插入法排序示意图

```
void ba_ins_sort(int a[ ], int n)        /* 直接插入排序之后插算法 */
{
    int i, j, p;

    for(i=1; i<n; i++)
    {
        p=a[i];
        for(j=i-1; j>=0&&p<a[j]; j--)    /* 将比 p 大的元素依次右移一个位置 */
            a[j+1]=a[j];
        a[j+1]=p;
    }
}
```

插入法排序的另一实现方法为前插算法：设数组有 N 个元素，第 i 次循环结束后，数组前 i 个元素排成升序，即有 a[0]≤a[1]≤…≤a[i–1]。现在要将 a[i]元素插入，使前 i+1 个元素保持升序。首先将 a[i]送 p，然后将 p 依次与 a[0], a[1], …, a[i–1]进行比较，直到发现某个 j（0≤j≤i–1），有 a[j]>p 成立，则把 a[j], a[j+1], …, a[i–1]依次右移一个位置，使得 a[j]=p。

```
void ah_ins_sort(int a[ ], int n)        /* 直接插入排序之前插算法 */
{
    int i, j, k, p;
    for(i=1; i<n; i++)
```

```
    {
        p=a[i];
        for(j=0; j<i&&p>=a[j]; j++);     /* 找到待插位置 */
        for(k=i; k>j; k--)                /* 将比 p 大的元素依次右移一个位置 */
            a[k]=a[k-1];
        a[j]=p;
    }

}
```

例 7-10　用筛选法求 1~100 之间的素数。

公元前三世纪，希腊天文学家、数学家和地理学家 Eratosthenes 提出了一种找出 2~*N* 之间的所有素数（即质数）的算法。该算法是首先将 2～*N* 之间的所有数都列出来，如下（假设 *N* 是 20）：

2　3　4　5　6　7　8　9　10　11　12　13　14　15　16　17　18　19　20

然后开始确定第一个素数，显然 2 是素数，然后从 3 开始删除所有是 2 倍数的那些数，操作结果如下：

2　3　~~4~~　5　~~6~~　7　~~8~~　9　~~10~~　11　~~12~~　13　~~14~~　15　~~16~~　17　~~18~~　19　~~20~~

在删除以后的数列中，再确定下一个素数。除 2 以外，第一个没有被删除的数即是素数，显然是 3。然后再在余下的数列中，删除那些是 3 倍数的数，……，如此操作下去，最后保留下的数如下，显然它们都是素数。

2　3　~~4~~　5　~~6~~　7　~~8~~　~~9~~　~~10~~　11　~~12~~　13　~~14~~　~~15~~　~~16~~　17　~~18~~　19　~~20~~

采用 Eratosthenes 算法思想求 1~100 之间的素数。这里用一个一维数组 a 存放 1，2，3，4，5，…，98，99，100；从 a[1]开始，将其后是 a[1]倍数的元素值置为 0，其他依此类推。最终，数组 a 中不为 0 的元素均为素数。要求每行输出 5 个素数。

```
#include<stdio.h>

#define N 100

void prime(int a[ ],int n)
{
    int i, j;

    for(i=1; i<n-1; i++)  /* a[0]的值为 1,不是素数,因此从 a[1]开始判断 */
        for(j=i+1; j<n; j++)
            if(a[i]!=0&&a[j]!=0)
                if(a[j]%a[i]==0) a[j]=0;

}

main()
{
```

```
    int a[N], i, n;
    for(i=0; i<N; i++) a[i]=i+1;
    prime(a, N);
    printf("the prime numbers of 1~100:\n");
    for(i=1, n=0; i<N; i++)
    {
        if(a[i]!=0)
        {
            printf("%d\t", a[i]);
            n++;
            if(n%5==0) printf("\n");
        }
    }
    printf("/n");
}
```

运行结果如下：

```
the prime numbers of 1~100:
2       3       5       7       11
13      17      19      23      29
31      37      41      43      47
53      59      61      67      71
73      79      83      89      97
```

例 7-11 采用顺序查找法，在长度为 *n* 的一维数组中查找值为 *x* 的元素，即从数组的第一个元素开始，逐个与被查值 *x* 进行比较。若找到，则返回数组元素的下标；若找不到则返回-1。要求用一个函数实现对数组元素的顺序查找。

```
#include<stdio.h>

#define M 10

int search(int a[ ], int x, int n)
{
    int i;

    for(i=0; i<n; i++)
        if(x==a[i]) return i;
    return -1;
}

main()
{
    int array[ ]={6, 3, 18, 24, 9, 32, 6, 46, 1, 12}, i, p, x;

    printf("Please input the searched number:\n");
```

```
    scanf("%d", &x);
    p=search(array, x, M);
    printf("primary:\n");
    for(i=0; i<M; i++)
        printf("%d\t", array[i]);
    if(p>=0) printf("successful!  subscript:%d\n", p);
    else printf("failed!\n");
}
```

运行结果如下：

```
Please input the searched number:
9<Enter>
primary:
6       3       18      24      9       32      6       46      1       12
successful!  subscript:4
```

例 7-12 采用折半查找法，在长度为 *n* 的一维数组中查找值为 *x* 的元素。折半查找的前提是：数组中的元素已经排序（这里假定是非递减排序）。算法为：将 *x* 与数组的中间项进行比较，若被查元素 *x* 等于数组中间项的值，则查找成功，结束查找；若被查元素 *x* 小于数组中间项的值，则取中间项以前的部分以相同的方法进行查找；若被查元素 *x* 大于数组中间项的值，则取中间项以后的部分以相同的方法进行查找；如果 *x* 在数组中，则返回其下标；如果 *x* 不在数组中，则返回–1。要求用一个函数实现对数组元素的折半查找。

```
#include<stdio.h>

#define M 10

int bi_search(int a[ ], int x, int n)
{
    int low=0, mid, up=n-1;

    while  (low<=up)
    {
        mid=(low+up)/2;
        if(x==a[mid])          /* 查找成功 */
            return mid;
        else if(x<a[mid])      /* 待查找值 x 位于数组的前一半 */
            up=mid-1;
        else
            low=mid+1;         /* 待查找值 x 位于数组的后一半 */
    }
    return -1;
}

main()
```

```
{
    int array[ ]={1, 3, 6, 24, 30, 32, 36, 46, 100, 120}, i, p, x;
    printf("Please input the searched number:\n");
    scanf("%d", &x);
    p=bi_search(array, x, M);
    printf("primary:\n");
    for(i=0; i<M; i++)
        printf("%d\t", array[i]);
    if(p>=0) printf("successful!  subscript: %d\n", p);
    else printf("failed!\n");
}
```

运行结果如下：

```
Please input the searched number:
6<Enter>
primary:
1       3       6       24      30      32      36      46      100     120
successful!  subscript: 2
```

再次运行的结果如下：

```
Please input the searched number:
44<Enter>
primary:
1       3       6       24      30      32      36      46      100     120
failed!
```

例 7-13 求两个集合的交集，并求出交集的元素个数。例如，集合 A={4, 8, 2, 1, 9, 10}，集合 B={2, 5, 3, 9, 7}，则两个集合的交集为 C={2, 9}，交集的元素个数为 2。

```
#include<stdio.h>

int search(int b[ ], int x, int n)        /* 例 7-11 中的函数 */
{
    int i;

    for(i=0; i<n; i++)                    /* 顺序查找法*/
        if(x==b[i]) return i;
    return -1;
}

int intersection(int a[ ], int b[ ], int c[ ], int m, int n)
{
    int i, j, k=0;

    for(i=0; i<m; i++)
```

```
        if((j=search(b, a[i], n))!=-1) c[k++]=b[j];   /* 用数组元素作为函数的
                                                        实参 */
    return k;
}
main()
{
int a[ ]={4, 8, 2, 1, 9, 10}, b[ ]={2, 5, 3, 9, 7}, c[20], count, i;

    count=intersection(a, b, c, 6, 5);      /* 用数组名作为函数的实参 */
    printf("intersection:");
    for(i=0; i<count; i++)
        printf("%d\t", c[i]);
    printf("\n");
    printf("the number of intersection:%d\n", count);
}
```

运行结果如下：

```
intersection:2  9
the number of intersection:2
```

7.1.3　多维数组的定义及使用

具有两个或两个以上下标的数组称为多维数组。下面以二维数组为例说明多维数组的定义及使用方法。

1．二维数组的定义

二维数组定义的一般形式为：

```
<类型说明符><数组名>[<常量表达式 1>][<常量表达式 2>];
```

例如：

```
int a[3][4];
```

定义 a 数组为 3×4（3 行 4 列）的数组，a 数组中的每个元素为均为整型。

可以把二维数组看作是一种特殊的一维数组，它的元素又是一个一维数组。例如，可以把上面的 a 数组看作是一个一维数组，它有 3 个元素 a[0]、a[1]、a[2]，每个元素又是一个由 4 个元素的一维数组构成，见图 7-5。可以把 a[0]、a[1]、a[2]看作是 3 个一维数组的名字。

```
   ┌ a[0]——a[0][0] a[0][1] a[0][2] a[0][3]
a ─┤ a[1]——a[1][0] a[1][1] a[1][2] a[1][3]
   └ a[2]——a[2][0] a[2][1] a[2][2] a[2][3]
```

图 7-5　二维数组元素

此处把 a[0]、a[1]、a[2]看作一维数组名。C 语言的这种处理方式在数组初始化和用指针（详见第 9 章）表示时显得很方便，这在以后的使用中会有所体会。

C 语言中，二维数组中元素在内存中是按行存放的，即在内存中先顺序存放第一行的元素，再存放第二行的元素，……，依此类推。图 7-6 是 a[3][4]数组在内存中的存放情况。

C 语言允许使用多维数组，对数组的维数没有限制。有了二维数组的基础，再掌握多维数组是不困难的。例如，定义三维数组如下：

```
int a[2][3][4];
```

可理解为：该数组由 2 个二维数组构成，每个二维数组又由 3 个一维数组构成。

多维数组元素在内存中的存放顺序：第一维的下标变化最慢，最右边的下标变化最快。例如，上述三维数组的元素存放顺序为：

a[0][0][0]→a[0][0][1]→a[0][0][2]→a[0][0][3]→
a[0][1][0]→a[0][1][1]→a[0][1][2]→a[0][1][3]→
a[0][2][0]→a[0][2][1]→a[0][2][2]→a[0][2][3]→
a[1][0][0]→a[1][0][1]→a[1][0][2]→a[1][0][3]→
a[1][1][0]→a[1][1][1]→a[1][1][2]→a[1][1][3]→
a[1][2][0]→a[1][2][1]→a[1][2][2]→a[1][2][3]

a[0][0]
a[0][1]
a[0][2]
a[0][3]
a[1][0]
a[1][1]
a[1][2]
a[1][3]
a[2][0]
a[2][1]
a[2][2]
a[2][3]

图 7-6　二维数组元素的存储

2．二维数组的引用

引用二维数组元素的形式为：

数组名[<下标 1>][<下标 2>]

其中，下标必须是整型表达式，如 a[1][2], a[2–1][2*2–1], a[i–1][2*j]（i、j 为整型变量）均是合法的引用。

使用数组元素就像使用一个简单变量一样，包括输入/输出、计算等。它可以出现在表达式中，也可以被赋值，例如：

```
a[1][2]=a[2][3]/2
```

在使用数组元素时，下标值应该在已定义的数组大小的范围内。常出现的错误是：

```
int a[3][4];
…
a[3][4]=5;
```

上述代码定义 a 为 3×4 的数组，它可用的行下标值范围为 0~2，列下标值范围为 0~3，因此 a[3][4]超出了数组的大小范围。

请读者严格区分在定义数组时的 a[3][4]和引用元素时的 a[3][4]之别。前者中的 3 和 4 是用来定义数组各维的大小，后者中的 3 和 4 是下标值，a[3][4]代表某一个元素。

3．二维数组的初始化

可以用下面的方法对二维数组进行初始化。

（1）分行给二维数组赋初值。如：

```
int a[3][4]={{1, 2, 3, 4},{5, 6, 7, 8},{9, 10, 11, 12}};
```

这种赋初值方式比较直观，把第 1 个花括号内的数据给第 1 行的元素，第 2 个花括号内的数据给第 2 行的元素，……，即按行赋初值。

（2）可以将所有数据写在一个花括号内，按数组排列的顺序对各元素赋初值。如：

```
int a[3][4]={1, 2, 3, 4, 5, 6, 7, 8, 9, 10, 11, 12};
```

其效果与第 1 种方法相同。但以第 1 种方法为更好，按行赋初值，界限清楚。用第 2 种方法时如果数据多，写成一大片，容易遗漏，也不易检查。

（3）可以对部分元素赋初值。如：

```
int a[3][4]={{1}, {3}, {5}};
```

它的作用是对各行第 0 列的元素赋初值，其余元素值自动为 0。赋初值后数组各元素为：

$$\begin{bmatrix} 1 & 0 & 0 & 0 \\ 3 & 0 & 0 & 0 \\ 5 & 0 & 0 & 0 \end{bmatrix}$$

（4）可以根据给定的初始化数据，自动确定数组的行数。如：

```
int a[ ][4]={1, 2, 3, 4, 5, 6, 7, 8, 9, 10, 11, 12};
```

则系统会根据数据的总个数分配存储空间，一共 12 个数据，每行 4 列，可以确定为 3 行。

又如：

```
int b[ ][4]={1, 2, 3, 4, 5, 6, 7, 8, 9};
```

定义数组 b 为 3 行 4 列的数组，b 数组也可以这样来定义：

```
int b[ ][4]={{1, 2, 3, 4}, {5, 6, 7, 8}, {9}};
```

后者的定义方法比前者清晰。注意，定义数组时只能省略行数，不能省略列数。若省略列数，则行列之间的关系就不唯一了。

与一维数组类似，当定义静态的多维数组或全局变量的多维数组时，系统自动地将数组的各元素初值赋为 0。数组不能整体赋值，要将一个数组的值赋给另一个数组时，必须逐个元素赋值。如：

```
int a[3][4], b[3][4];
```

要将数组 a 中的元素依次赋给数组 b 时，不能写成 b=a，必须用循环语句逐个赋值如下：

```
for(i=0; i<3; i++)
        for(j=0; j<4; j++)
            b[i][j]=a[i][j];
```

7.1.4 二维数组作函数参数

与一维数组一样，二维数组也可以用作函数参数。二维数组的数组元素和二维数组名均可以作参数。

1. 二维数组元素作函数参数

二维数组元素作函数参数，与变量作实参一样，是单向值传递。

例 7-14 有两个二维数组 a[3][4]和 b[3][4]，统计两个数组中对应元素相等的个数。

```
/* 二维数组元素作函数参数 */
#include<stdio.h>

main()
{
    int equal(int, int);
    int a[3][4]={1, 2, 3, 4, 5, 6, 7, 8, 9, 10, 11, 12},
        b[3][4]={12, 2, 3, 4, 10, 6, 7, 11, 9, 5, 8, 1}, i, j, k=0;

    for (i=0; i<3; i++)
        for(j=0; j<4; j++)
            if (equal(a[i][j], b[i][j])==1) k++;
    printf("the number of equal:%d\n", k);
}

int equal(int x, int y)
{
    return( x = = y ? 1 : 0);
}
```

运行结果为：

```
the number of equal:6
```

2．二维数组名作函数参数

二维数组名作函数参数，在被调函数中对形参数组定义时可以指定每一维的大小，也可以省略第一维的大小说明。如：

```
int max(int a[4][5])  /* 或 int max(int a[ ][5]) */
{
 …
}
```

上述两个函数定义都合法而且等价。但是不能把第二维以及其他高维的大小说明省略。如下面定义是不合法的：int a[ ][ ]; 或 int a[4][ ];。

因为从实参传递来的是数组的首地址（见第 9 章），在内存中数组是按行存放的，并不区分行和列，如果在形参中不说明列数，则系统无法确定行列数，因此不能只指定第一维而省略第二维。

3．二维数组程序举例

例 7-15 有一个 3×4 的二维数组，要求编程求出其中值最小的那个元素，以及其所在的行号和列号。

算法思想：首先将数据输入到数组 a 中，并将数组中的任一元素值如 a[0][0]作为最小值 min，将 min 分别与数组中各个元素比较，若某个元素小于 min，则将该元素值赋给 min，并记下该元素所在的行号和列号。

```
#include<stdio.h>

int row=0, col=0;

int min_element(int a[ ][4])
{
    int i, j, min;

    min=a[0][0];    /* 将 a[0][0]送给 min */
    for (i=0; i<=2; i++)
        for (j=0; j<=3; j++)
            if (a[i][j]<min)
            {   min=a[i][j];    row=i;  col=j;  }
    return min;
}

main()
{
    int i, j, min;
    int a[3][4];

    printf("Please input array(3*4):\n");
    for (i=0; i<=2; i++)
        for (j=0; j<=3; j++)
            scanf("%d", &a[i][j]);
    min=min_element(a);        /* 将 min_element ()函数找到的最小值送给 min */
    printf("min=%d\n", min);
    printf("row=%d column=%d\n", row, col);
}
```

运行结果如下：

```
Please input array(3*4):
4 2 3 6<Enter>
-1 6 8 2<Enter>
12 4 7 9<Enter>
min=-1
row=1 column=0
```

请读者思考：

（1）为什么将 row、col 定义为全局变量？

（2）在函数 min_element 中，将 min=a[0][0]改为 min=a[1][2]是否正确？为什么？

例 7-16 将一个 3×3 二维数组的行和列的元素交换（数学上称为矩阵的转置），并存放到另一个数组中。例如，将 a 数组的行和列交换后，存入 b 数组中。

```
#include<stdio.h>
```

```
void transpose(int a[ ][3], int b[ ][3])
{
    int i, j;

    for (i=0; i<3; i++)
        for (j=0; j<3; j++) b[j][i]=a[i][j];
}

main()
{
    int a[3][3]={{1, 2, 3}, {4, 5, 6}, {7, 8, 9}};
    int b[3][3], i, j;

    printf("array a:\n");
    for (i=0; i<3; i++)         /* 输出二维数组 */
    {   for (j=0; j<3; j++) printf("%4d", a[i][j]);
        printf("\n");
    }
    transpose(a, b);            /* 调用函数 */
    printf("array b:\n");
    for (i=0; i<3; i++)
    {   for(j=0; j<3; j++) printf("%4d", b[i][j]);
        printf("\n");
    }
}
```

运行结果如下：

```
array a:
   1   2   3
   4   5   6
   7   8   9
array b:
   1   4   7
   2   5   8
   3   6   9
```

如果在 a 数组中进行转置，只要将 a 数组的左下三角形和右上三角形内的元素对调即可，如图 7-7 所示。

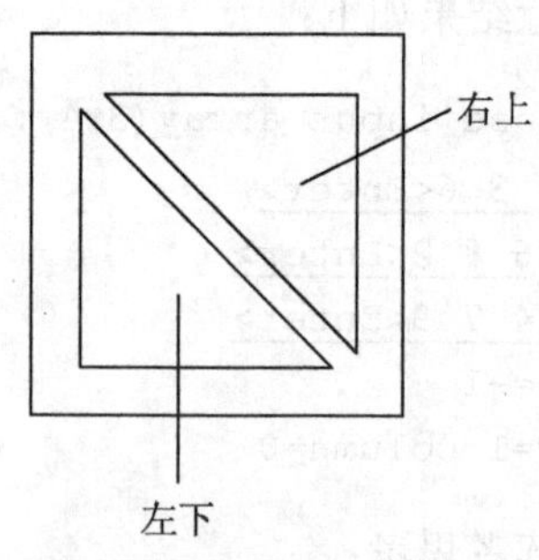

图 7-7 矩阵的“左下”和“右上”元素示意

```
/* 在一个数组中进行转置 */
#include<stdio.h>

void transpose(int a[ ][3])
```

```
{
    int i, j, t;

    for (i=0; i<3; i++)
        for (j=i+1; j<3; j++) /* 注意 j 的初值不是 0,即对右上三角形内的元素循环 */
        {   t=a[i][j];  a[i][j]=a[j][i];    a[j][i]=t;  }
}

main()
{
    int a[3][3]={{1, 2, 3}, {4, 5, 6}, {7, 8, 9}};
    int i, j;

    printf("primary a:\n");
    for (i=0; i<3; i++)
    {   for (j=0; j<3; j++)  printf("%4d", a[i][j]);
        printf("\n");
    }
    transpose(a);
    printf("transpose a:\n");
    for (i=0; i<3; i++)
    {
        for(j=0; j<3; j++) printf("%4d", a[i][j]);
        printf("\n");
    }
}
```

运行结果如下：

```
primary a:
   1   2   3
   4   5   6
   7   8   9
transpose a:
   1   4   7
   2   5   8
   3   6   9
```

请读者考虑：对左下三角形元素循环，如何实现？

例 7-17**　有 ***A、***B*** 两个矩阵，求这两个矩阵的乘积 ***C***=***AB*** $\left(c[i][j]=\sum_{k=0}^{n-1}a[i][k]*b[k][j]\right)$。要求用一个函数实现矩阵相乘。

```
#include<stdio.h>

#define M 4
#define N 3
```

```
#define P 5

main()
{
    void mul(int a[ ][N], int b[ ][P], int c[ ][P]);
    int a[M][N]={{1, 3, 5}, {2, 4, 6}, {15, 7, 4}, {-2, 8, 9}},
        b[N][P]={{3, 6, 2, 1, 7}, {9, 1, 3, -1, 5}, {2, 5, 8, 1, 9}}, c[M][P],
        i, j;

    mul(a, b, c);
    printf("array a:\n");
    for(i=0; i<M; i++)
    {
        for(j=0; j<N; j++) printf("%4d", a[i][j]);
        printf("\n");
    }
    printf("array b:\n");
    for(i=0; i<N; i++)
    {
        for(j=0; j<P; j++) printf("%4d", b[i][j]);
        printf("\n");
    }
    printf("multiplication c:\n");
    for(i=0; i<M; i++)
    {
        for(j=0; j<P; j++) printf("%4d", c[i][j]);
        printf("\n");
    }
}

void mul(int a[ ][N], int b[ ][P], int c[ ][P])    /* 将数组 a 乘以数组 b,结果
                                                      放入 c 中 */
{
    int i, j, k;

    for(i=0; i<M; i++)
        for(j=0; j<P; j++)
        {
            c[i][j]=0;
            for(k=0; k<N; k++)
                c[i][j]=c[i][j]+a[i][k]*b[k][j];
        }
}
```

运行结果如下：

```
array a:
1       3       5
```

```
2       4       6
15      7       4
-2      8       9
array b:
3       6       2       1       7
9       1       3       -1      5
2       5       8       1       9
multiplication c:
40      34      51      3       67
54      46      64      4       88
116     117     83      12      176
84      41      92      -1      107
```

例 7-18 计算二维数组 a 中每一行元素之和，将和放在一个一维数组 b 中。要求在主函数中初始化二维数组并将每个元素输出，然后调用子函数，分别计算每一行元素之和，在主函数中输出每一行元素之和。

```
#include<stdio.h>

void rsum(int a[ ][4], int row, int b[ ])
{
    int i, j;

    for(i=0; i<row; i++)
    {
        b[i]=0;
        for(j=0; j<4; j++)
            b[i]+=a[i][j];
    }
}
main()
{
    int a[ ][4]={{1, 2, 3, 4}, {5, 6, 7, 8}, {9, 10, 11, 12}}, b[3], i, j;

    for(i=0; i<3; i++)
    {
        for(j=0; j<4; j++)
            printf("%4d", a[i][j]);
        printf("\n");
    }
    rsum(a, 3, b);
    for(i=0; i<3; i++)
        printf("the sum of line %d is %d\n", i, b[i]);
}
```

程序运行结果为：

```
   1   2   3   4
```

```
   5   6   7   8
   9  10  11  12
the sum of line 0 is 10
the sum of line 1 is 26
the sum of line 2 is 42
```

此例综合了一维数组名和二维数组名作函数参数的应用。

7.2 字符数组的定义及应用

字符数组可以与前面介绍的数组一样来使用，所不同的是，数组中的每一个元素存放的均为一个字符。

7.2.1 字符数组的定义

字符数组的定义与一般数组的定义类似。例如：

```
char c[15];
```

其元素为 c[0]~c[14]，每个元素都是字符型变量。

在 C 语言中，可以将字符型数据作为整型数据来处理，整型数据也可以作为字符型数据来处理，注意整型数的值应该在 0~255 内。从这个意义上来说，字符型和整型之间是通用的，但两者又是有区别的。例如：

```
char c1[10]; int c2[10];
```

则为数组 c1 分配的存储空间是 10 个字节，而为数组 c2 分配的存储空间为 20 个字节，因为每个 int 类型的变量占 2 个字节。

7.2.2 字符数组的初始化

对字符数组初始化，最容易理解的方式是逐个将字符赋给数组中的各元素。如：

```
char c[15]={ 'I', ' ', 'a', 'm', ' ', 'a', ' ', 's', 't', 'u', 'd', 'e',
'n', 't', '.'};
```

把花括号中的 15 个字符常数分别赋给 c[0]～c[14]的 15 个元素。

如果花括号内提供的初值个数（即字符个数）大于数组长度，则按语法错误处理。如果初值个数小于数组长度，则只将这些字符赋给数组中前面那些元素，其余的元素由系统自动赋值为空字符（即'\0'，其 ASCII 码值为 0）。如：

```
char c[15]={ 'H', 'e', 'l', 'l', 'o'};
```

则 c[0]~c[4]的值依次为 H、e、l、l、o，其他的数组元素均为空字符。

如果提供的初值个数与预定的数组长度相同，在定义时可以省略数组长度，系统会自动根据初值的个数确定其长度。如：

```
char c[ ]={ 'I', ' ', 'a', 'm', ' ', 'a', ' ', 's', 't', 'u', 'd', 'e',
```

```
'n', 't', '.'};
```

则数组 c 的长度自动定为 15。用这种方法不必去数字符的个数，尤其在字符个数较多时较为方便。

也可以定义和初始化一个二维字符数组。如：

```
char star[3][5]={{' ', ' ', '*'},{' ', '*', ' ', '*'},{'*', ' ', '*',
' ', '*'}};
```

则数组所有元素的实际值为：

$$star = \begin{vmatrix} ␣ & ␣ & * & \backslash 0 & \backslash 0 \\ ␣ & * & ␣ & * & \backslash 0 \\ * & ␣ & * & ␣ & * \end{vmatrix}$$

其中，␣表示空格。

7.2.3 字符数组的使用

下面将通过例子说明字符数组的使用。

例 7-19 输出一个字符数组。

```
#include<stdio.h>

main()
{
    int i;
    char c[15]={ 'I', ' ', 'a', 'm', ' ', 'a', ' ', 's', 't', 'u', 'd',
    'e', 'n', 't', '.'};

    for(i=0; i<15; i++) printf("%c", c[i]);    /* 逐个输出字符 */
    printf("\n");
}
```

程序运行结果为：

```
I am a student.
```

例 7-20 输出一个三角形图形。

```
#include<stdio.h>
main()
{
    int i, j;
    char star[ ][5]={{' ', ' ', '*'},{' ', '*', ' ', '*'},{'*', ' ', '*',
    ' ', '*'}};

    for(i=0; i<3; i++)
    {
```

```
            for(j=0; j<i+3; j++)
                printf("%c", star[i][j]);
            printf("\n");
        }
}
```

程序运行结果为：

```
    *
  *   *
*   *   *
```

7.2.4　字符串和字符串结束标志

在C语言中，用字符数组来处理字符串。可将一个字符串存储在一个字符数组中，如：

```
char c[10]={"Good!"};
```

则数组c的前5个元素为'G'、'o'、'o'、'd'、'!'，第6个元素为'\0'，后4个元素也为空字符，如图7-8所示。

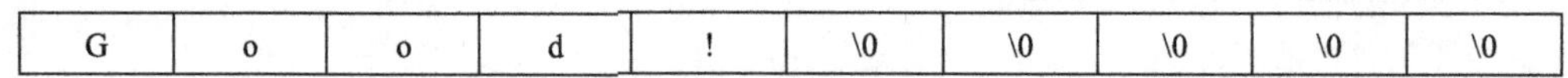

G	o	o	d	!	\0	\0	\0	\0	\0

图7-8　字符串的存储

最后的'\0'是由系统自动加上的。C 语言规定以字符 '\0'作为“字符串结束标志”。'\0'的ASCII码为0，称为“空字符”，用它作为字符串结束标志不会产生附加的操作或增加有效的字符，只起标志作用。

需要说明的是，字符数组并不要求它的最后一个字符为'\0'，甚至可以不包括'\0'。如以下语句完全是合法的：

```
char c[5]={'G', 'o', 'o', 'd', '!'};
```

但这里的c是字符数组，不能把它处理成字符串。

将字符串存储于字符数组，还有以下三种初始化方法：

```
char s[ ]={"Good!"};                               ①
```

也可以省略花括号，直接写成：

```
char s[ ]=" Good!";                                ②
```

这两种方法等价于：

```
char s[ ]={ 'G', 'o', 'o', 'd', '!', '\0' };      ③
```

①和②两种方法直观、方便，符合人们的习惯。注意数组s的长度是6，而不是5，因为在字符串常量的最后由系统加上了一个'\0'。

在程序中一般依靠检查'\0'的位置来判定字符串是否结束，而不是根据数组的长度来决定字符串长度。例如，上述数组s的长度（元素个数）为6，但存储于该数组中的字符串

"Good!"的长度是 5。一般若用字符数组存放字符串，则数组的长度应至少比字符串的长度大 1。

7.2.5 字符数组的输入输出

字符数组的输入输出可以有以下两种方式。

1. 逐个字符输入输出

例如：

```
char s[10];

printf ("Please input 10 characters:\n");
for(int i=0; i<10; i++) scanf ("%c", &s[i]);
for(i=0; i<10; i++) printf ("%c\t", s[i]);
…
```

2. 将整个字符串输入或输出

对于一维字符数组的输入，要依靠一些标准的库函数。

（1）用 scanf()和 printf()函数输入或输出字符串。例如：

```
scanf("%s%s", str1, str2);
printf("string1=%s\nstring2=%s\n", str1, str2);
```

其中“%s”是用于输入或输出字符串的格式符。

例 7-21 将两个字符串分别输入到两个字符数组中，并将这两个数组中的字符串输出。

```
#include<stdio.h>

main()
{
    char str1[20], str2[20];

    printf("Please input two strings:\n");
    scanf("%s%s", str1, str2);
    printf("string1=%s\nstring2=%s\n", str1, str2);
}
```

程序运行结果如下：

```
Please input two strings:
China Good<Enter>
string1=China
string2=Good
```

从输出结果可以看出，字符串“China”赋给 str1，“Good”赋给 str2。

注意：

① 输出字符不包括结束符'\0'。

② 用此法输出字符串时，输出项是字符数组名，而不是数组元素名。如果输出项是数组元素名，则输出的是数组元素，格式符应该使用"%c"。下面的用法是错误的：

```
printf("%s", str1[0]);
```

③ 如果数组长度大于字符串实际长度，则输出时遇到'\0'结束。例如：

```
char str1[80]={ "Hello!"};
printf("%s", str1);
```

只输出“Hello!”6 个字符，而不是输出 80 个字符。这是使用字符串结束标志的优点。

④ 如果一个字符数组中包含一个以上的'\0'，则遇到第一个'\0'时输出就结束。例如：

```
char s[ ]={ 'a', 'b', '\0', 'c', 'd', '\0'};
printf("%s", s);
```

将输出 ab。

⑤ scanf()函数中的输入项是字符数组名。字符数组名代表该数组的首地址，因此不要再加取地址符&。下面写法是错误的：

```
scanf("%s", &str1);
```

⑥ 有关字符串输入格式的控制，可参见例 3-13。

⑦ 在输入字符串时，遇到空格字符或换行符（Enter 键），则认为一个字符串结束，接着的非空格字符作为下一个新的字符串开始。当要把输入的一行作为一个字符串送到字符数组中时，要使用 gets()函数。

（2）用 gets()和 puts()函数输入或输出字符串。例如：

```
gets(str);
puts(str);
```

gets()函数和 puts()函数的参数为字符数组名。用 gets()和 puts()函数只能输入或输出一个字符串。下面用法是错误的：

```
gets(str[0]);
gets(str1, str2);
puts(str[0]);
puts(str1, str2);
```

例 7-22 用 gets()函数进行字符串的输入。

```
#include<stdio.h>
main()
{
    char str1[20];
    char str2[4]={'G', 'o', 'o', 'd'};
```

```
    printf("Please input a string:\n");
    gets(str1);    /* 输入带空格的字符串,系统自动在最后加一个'\0' */
    printf("str1=%s\nstr2=%s\n", str1, str2);
}
```

程序运行结果如下：

```
Please input a string:
I am a student.<Enter>
str1= I am a student.
str2=Good…                  /* Good后面还跟有一些异常符号 */
```

从例 7-22 中可以看出：

① 通过 gets()函数可以输入带空格的字符串，以'\0'取代换行符。

② str2 的初始化是按逐个字符的方式进行的，而不是按字符串的方式初始化的，所以 str2 中没有字符串结束标志。把 str2 中的字符作为字符串输出时，由于最后一个字符 'd' 后没有字符串结束标志，会把紧跟其后的存储空间中的值作为字符输出，直至遇到字符串结束标志为止。所以，当把字符数组中的字符作为字符串输出时，必须保证数组中包含字符串结束标志'\0'。

7.2.6 字符串处理函数

C 语言编译系统提供的字符串处理函数在 string.h 头文件中作了说明，要调用字符串处理函数时，需要包含 string.h 文件。下面介绍一些常用的字符串处理函数的功能及使用方法。

1．求字符串长度函数 strlen **（字符串）**

函数原型：

```
int strlen(char s[ ])
```

strlen 是英文 STRing LENgth（字符串长度）的缩写。该函数的实参可以是字符数组名，也可以是字符串。其功能是求字符串的长度，即字符串中包含的有效字符的个数（不包括字符'\0'）。

例 7-23 计算已知字符串的长度。

```
#include<stdio.h>
#include<string.h>

main()
{
    char s1[ ]="How do you do!";
    char s2[80];

    printf("Input a word:");
    scanf("%s", s2);
    printf("s1:%d\n", strlen(s1));
```

```
    printf("s2:%d\n", strlen(s2));
    printf("s3:%d\n", strlen("Hello!"));
}
```

程序运行结果为：

```
Input a word:good<Enter>
s1:14
s2:4
s3:6
```

2．字符串拷贝函数 strcpy（字符数组 1，字符串 2）

函数原型：

```
char * strcpy (char s1[ ], char s2[ ])
```

strcpy 是英文 STRing CoPY（字符串拷贝）的缩写，该函数的功能是将字符串 s2 拷贝到字符数组 s1 中去。例如：

```
char str1[80]={ "I am a student."};
char str2[80];
strcpy(str2, str1);
```

是将 str1 中的字符串拷贝到 str2 中，使 str2 包含字符串“I am a student.”。

说明：

（1）字符数组 1 的长度必须大于等于字符串 2 的长度。

（2）拷贝时连同字符串后面的'\0'一起拷贝到字符数组 1 中。

（3）不能用赋值语句将一个字符串常量或字符数组直接赋给一个字符数组，如下面的后两行是不合法的：

```
char str1[80], str2[80];
str1={"Good"};
str1=str2;
```

字符数组的值的设置只能用 strcpy 函数处理。用一个赋值语句只能将一个字符赋给一个字符型变量或字符型数组元素。如下面语句是合法的：

```
char c[5], c1, c2;
c1='A'; c2='B';
c[0]='G'; c[1]= 'o'; c[2]= 'o'; c[3]= 'd'; c[4]= '\0';
```

3．字符串连接函数 strcat（字符数组 1，字符数组 2）

函数原型：

```
char * strcat (char s1[ ], char s2[ ])
```

strcat 是英文 STRing CATenate（字符串连接）的缩写，该函数的功能是把字符数组 s2 中的字符串连接到字符数组 s1 中字符串的后面，对字符数组 s2 中的内容没有影响。例如：

```
char s1[20]= "one", s2[20]= "two", s3[20]= "three";
strcat(s1, s2);
strcat(s1, s3);
```

则 s1 中的字符串为"onetwothree"。

该函数中的第二个参数也可以是一个字符串。

4. 字符串比较函数 strcmp（字符串 1，字符串 2）

函数原型：

```
int strcmp (char s1[ ], char s2[ ])
```

strcmp 是英文 STRing CoMPare（字符串比较）的缩写，该函数的两个实参可以是字符数组名，也可以是字符串。其功能是用来比较两个字符串是否相等。从两个字符串的第一个字符开始自左至右逐个字符进行比较，这种比较是按字符的 ASCII 码值的大小进行的，直到出现两个不同的字符或遇到字符串的结束标志'\0'为止。如果两个字符串中的字符均相同，则两个字符串相等，函数返回值为 0；当两个字符串不同时，则以自左至右出现的第一个不同字符的比较结果作为两个字符串的比较结果。如果第一个字符串大于第二个字符串，则返回值为正数；如果第一个字符串小于第二个字符串，则返回值为负数。例如：

```
strcmp("Student", "Student");
strcmp("student", "Student");
strcmp("Student", "student");
```

上面第一个函数调用比较结果为 0，第二个函数调用比较结果是一个正数，第三个函数调用比较结果是一个负数。

5. 大写字母变成小写字母函数 strlwr（字符数组）

函数原型：

```
char * strlwr(char s[ ]);
```

strlwr 是英文 STRing LoWeRcase（字符串小写）的缩写，该函数将字符数组中存放的所有大写字母变成小写字母，其他字母不变。例如：

```
char s1[ ]="Student1";
strlwr(s1);
```

将 s1 数组中的字符串全部变成小写字母，即"student1"。

6. 小写字母变成大写字母函数 strupr（字符数组）

函数原型：

```
char * strupr(char s[ ]);
```

strupr 是英文 STRing UPpeRcase（字符串大写）的缩写，该函数将字符数组中存放的所有小写字母变成大写字母，其他字母不变。例如：

```
char s1[ ]="Student2";
strupr (s1);
```

将 s1 数组中的字符串全部变成大写字母，即"STUDENT2"。

7．函数 strncpy（字符数组 1，字符串 2，len）

函数原型：

```
char * strncpy(char s1[ ], char s2 [ ], int len)
```

该函数将字符串 s2 的前 len 个字符复制到字符数组 s1 的前 len 个字符空间中。其中第二个参数可以是数组名，也可以是字符串，第三个参数为正整数。当字符串 s2 的长度小于 len 时，把字符串 s2 全部拷贝到第 1 个参数所指定的数组中。例如：

```
char s1[80], s2[80];
strncpy(s1, "student", 4);
strncpy(s2, "teacher", 10);
```

上面第 1 个 strncpy 函数仅拷贝前 4 个字符，则 s1 中的前 4 个字符分别为 's'、't'、'u' 和 'd'。第 2 个 strncpy 函数由于字符串"teacher"的长度小于 10，则将该字符串全部拷贝到 s2 中，s2 的内容为"teacher"。

8．函数 strncmp（字符数组名 1，字符串 2，len）

函数原型：

```
int strncmp(char s1[ ], char s2 [ ], int len)
```

该函数的功能是比较两个字符串中前 len 个字符。其中前两个参数均可为数组名或字符串，第 3 个参数为正整数。若字符串 s1 或字符串 s2 的长度小于 len 时，该函数的功能与 strcmp()相同。当两个字符串的长度均大于 len 时，len 为最多要比较的字符个数。例如：

```
printf("%d\n", strcmp("English", "England", 4));
```

因为所比较的两个字符串的前 4 个字符相同，所以输出的值为 0。

9．函数 strstr（字符串 1，子串）

函数原型：

```
char * strstr(char s1[ ], char s2 [])
```

strstr 是英文 STRing in STRing 的缩写，其功能是查找子串。如果字符串包含要查找的子串，则返回该子串所在位置；否则函数返回值为空（NULL）。例如：

```
char str[ ]={"I am a student."};
printf("strstr:%s\n", strstr(str, "am"));
```

结果为：

```
strstr: am a student.
```

以上只介绍了一些比较常用的字符串处理函数，C 语言的标准库函数中包含了大量的字符串处理函数，读者可以按自己的需求选用。

7.2.7 字符数组应用举例

例 7-24 编写一个函数 my_strcpy，完成与系统标准库函数 strcpy()相同的功能。

```
#include<stdio.h>

main()
{
    void my_strcpy(char [ ], char [ ]);
    char s1[80], s2[80];

    printf("Please input a string:\n");
    gets(s2);
    my_strcpy(s1, s2);
    printf("two strings:\n");
    printf("s1:%s\ns2:%s\n", s1, s2);
}

void my_strcpy(char s1[ ], char s2[ ])
{
    int i=0;
    while(s2[i]!='\0')
        s1[i]=s2[i++];
    s1[i]='\0';
}
```

该程序比较简单，请读者自己分析。

例 7-25 输入一行字符，统计其中的单词个数，单词之间用空格隔开。

求单词数的方法是顺序扫描数组元素，若当前字符是非空格，而其前一个字符是空格，则单词数加 1。

```
#include<stdio.h>
#include<string.h>

int numwords(char string[ ])
{
    int i, j, num=0;

    j=strlen(string);
    for (i=0; i<j; )
    {
        while(string[i]==' ')i++;           /* 滤掉多个连续的空格 */
        if (i<j) num++;                     /* 单词数加 1 */
        while(string[i]!=' '&&i<j) i++;     /* 跳过一个单词 */
    }
    return num;
}

main()
{
    int num;
```

```
    char string[80];

    printf("Please input a string:\n");
    gets(string);
    num=numwords(string);
    printf("primary string:%s\n", string);
    printf("the number of words:%d\n", num);
}
```

运行结果如下：

```
Please input a string:
I am a student.<Enter>
primary string:I am a student.
the number of words:4
```

统计单词的函数还可以这样实现：

```
int numwords(char string[ ])
{
    int i, num=0;
    char c=' ';      /* 存放前一字符 */

    for (i=num=0; string[i]!='\0'; i++ )
    {
        if (c==' ' && string[i]!=' ') num++;  /* 单词数加 1 */
        c=string[i];
    }
    return num;
}
```

请读者比较这两个方法。

例 7-26　有三个字符串，要求找出其中最小者。

```
#include<stdio.h>
#include<string.h>

main()
{
    int i;
    char string[80];
    char str[3][80];

    printf("Please input three strings:\n");
    for (i=0; i<3; i++)
        gets(str[i]);
    if (strcmp(str[0], str[1])<0) strcpy(string, str[0]);
    else strcpy(string, str[1]);
```

```
    if (strcmp(str[2], string)<0) strcpy(string, str[2]);
    printf("the minimum:%s\n", string);
}
```

运行结果如下：

```
Please input three strings:
China<Enter>
American<Enter>
Japan<Enter>
the minimum:American
```

例 7-27 编写一个程序，计算一个字符串中子串出现的次数。

```
#include<stdio.h>

int count(char str[ ], char substr[ ])
{
    int i, j, k, num=0;            /* num 用于统计子串在主串中出现的次数 */

    for(i=0; str[i]!='\0'; i++)    /* 从主串开头位置开始扫描 */
    {
        for(j=i, k=0; str[j]!='\0'&&substr[k]==str[j]; j++, k++)
            ;                      /* 空循环体,比较与子串是否相同 */
        if(substr[k]=='\0') num++;
    }
    return num;
}

void main()
{
    int num;
    char string[80], substring[80];

    printf("Please input string:\n");
    gets(string);
    printf("Please input substring:");
    gets(substring);
    num=count(string, substring);
    if(num>0)
        printf("the number of substring:%d\n", num);
    else
        printf("substring is not within the string:\n");
}
```

运行结果如下：

```
Please input string:abcdddabcfff<Enter>
```

```
Please input substring:abc<Enter>
the number of substring:2
```

习　题　7

1．有两个一维数组（元素个数不超过 100 个）中的元素已按升序排列，编写一个函数，将两个数组中的元素归并成一个数组，其中的元素仍然按升序排列。

2．假定在一个整型数组中，每一个元素都是不超过三位的正整数。编程统计这些正整数中数字 0、1、…、9 各出现多少次。

3．编写一个函数，判断一个整数是否为回文数。如果一个数从正的方向读和从反的方向读的结果相同，则该数就是回文数。例如，整数 4、66、676、1 234 321 都是回文数。要求将整数分解后存放到数组中。

4．编写一个函数，判断给定的字母是否是元音。编写主函数来输入一系列字符，采用子函数统计其中元音字母的个数。

5．编写一个函数，实现数制转换。在主函数中输入一个十进制数，输出相应的十六进制数。要求用数组实现。

6．输入若干个整数到一维数组中，按升序排序后输出。假定整数的个数不超过 100 个。

7．编写一个程序，输入一个正整数，输出其相反数，如 1234 的相反数是 4321。用数组实现。

8．设有 n 个人围坐在圆桌周围，从某个位置开始编号为 1,2,3,…,n，编号为 1 位置上的人从 1 开始报数，数到 m 的人便出列；下一个人（第 m+1 个）又从 1 开始报数，数到 m 的人便是第二个出列的人；如此重复下去，直到最后一个人出列为止，于是便得到一个出列的顺序。例如，当 n=8，m=4 时，若从第一个位置数起，则出列的次序为 4、8、5、2、1、3、7、6。这个问题称为约瑟夫问题。编写求解约瑟夫问题的函数。

9．寻找二维数组中的鞍点，即该位置上的元素是所在行上最大的元素，同时是所在列上最小的元素。一个二维数组也可能没有鞍点。

10．编写一个函数，求一个 4×4 二维数组中周边元素之和。

11．编写一个函数，求二维数组的两条对角线元素之和。在主函数中调用该函数求一个二维数组的两条对角线元素之和。二维数组为：

$$\begin{matrix} 1 & 2 & 3 & 4 & 5 \\ 2 & 3 & 4 & 5 & 6 \\ 3 & 4 & 5 & 6 & 7 \\ 4 & 5 & 6 & 7 & 8 \\ 5 & 6 & 7 & 8 & 9 \end{matrix}$$

12．打印奇数阶魔方阵。所谓的 n 阶魔方阵，就是将 1～n^2 这 n^2 个连续的正整数填到一个 $n \times n$ 的方阵中，使得每一行的和、每一列的和以及两个对角线的和都相等。

13．编写一个函数 my_strlwr()，将一个字符串中的字符全部转换成小写字母。

14．编写字符串反转函数。该函数将指定字符串中的字符顺序颠倒排列，然后再编写主函数进行验证。

15．编写一个程序，判定一个字符串是否是另一个字符串的子串，若是则返回子串在主串中的位置。要求不使用 strstr 函数。

16．一篇文章有若干行，以空行作为输入结束的条件（即在一行的开头输入 Enter）。统计一篇文章中的单词 the（不管大小写）的个数。单词之间以空格隔开。

17．假设一个算术表达式中包含圆括号、方括号和花括号三种类型的括号。编写一个函数，判断表达式中括号是否匹配。算术表达式存储在字符串中，如“(a+b)*(c+d))”是一个括号不匹配的表达式。

第8章 结构体、共用体和枚举类型

迄今为止，已经介绍了基本类型的变量（如整型、实型、字符型变量等），也介绍了一种导出数据类型——数组，数组中的元素属于同一种数据类型。

但是只有这些数据类型是不够的。有时需要将描述一个对象的相关属性组成一个整体，以便引用。这些组合在一个整体中的数据是互相关联的。例如，一个学生的学号、姓名、性别、年龄、成绩等这些项都与某一学生相联系，如图 8-1 所示。

num	Name	sex	age	score
23901	"LiMing"	'M'	19	85

图 8-1　学生信息

可以看到性别（sex）、年龄（age）、成绩（score）是属于学号为 23901、姓名为“LiMing”的学生。如果将 num、name、sex、age、score 分别定义为互相独立的简单变量，难以反映它们之间的内在联系。应当把它们组织成一个组合项，在一个组合项中包含若干个类型不同（也可以相同）的数据成员。C 语言允许用户自己构造这样一种新的数据类型，称之为结构体（structure）。

除了结构体外 C 语言还提供了共用体、枚举类型等导出类型。本章介绍结构体、共用体和枚举类型的定义方法和应用。

8.1　结构体的定义及应用

8.1.1　结构体类型的定义

假设程序中要用图 8-1 所表示的数据结构，但是 C 语言中没有提供这种现成的数据类型，因此用户必须在程序中建立所需的结构体类型。

定义一个结构体类型的一般形式为：

```
struct <结构体名>
{
    <成员列表>
};
```

其中，结构体名由标识符组成，大括号内是该结构体中的各个成员，如上例中的 num、name、sex 等都是成员。对各个成员都应进行类型说明，即：

```
<类型名><成员名>;
```

成员名的命名规则与变量名相同。

例如：

```
struct student
{
    int num;
    char name[20];
    char sex;
    int age;
    float score;
};
```

注意不要忽略最后的分号。上面定义了一个结构体类型 struct student（struct 是声明结构体类型时所必须使用的关键字，不能省略，它向编译系统声明这是一个“结构体类型”），它包含 num、name、sex、age、score 几个不同类型的数据成员。struct student 是一个用户定义的新的数据类型名，它和系统提供的标准数据类型具有同样的地位和作用。

8.1.2 结构体类型变量的定义

结构体类型是抽象的，其中并没有具体的数据，系统对它也不分配实际内存单元。为了能在程序中使用结构体类型的数据，应当定义结构体类型的变量，并在其中存放具体的数据。定义结构体类型变量的格式为：

```
<类型名><变量名列表>
```

类型名可以是标准的或导出的。对结构体类型变量，可以采用以下三种方法定义。

1．先定义结构体类型再定义变量

对已定义的结构体类型 struct student，可以用它来定义变量。如：

```
struct student stu1, stu2;
```

定义了 stu1 和 stu2 为 struct student 类型的变量，即它们具有 struct student 类型的结构，如图 8-2 所示。

stu1	23902	"Zhang li"	'F'	19	85
stu2	23924	"Li lie"	'M'	20	88

图 8-2　struct student 类型变量的存储示意

在定义了结构体变量后，系统会为它分配内存单元，以存放数据成员的值。

2．在定义类型的同时定义变量

其一般形式为：

```
struct <结构体名>
{
```

```
    <成员列表>
}<变量名列表>;
```

例如：

```
struct student
{
    int num;
    char name[20];
    char sex;
    int age;
    float score;
} stu1, stu2;
```

它的作用与第 1 种方法相同，即定义了两个 struct student 类型的变量 stu1、stu2。

3．直接定义结构体类型变量

其一般形式为：

```
struct
{
    <成员列表>
}<变量名列表>;
```

即不出现结构体名。

例如：

```
struct
{
    int num;
    char name[20];
    char sex;
    int age;
    float score;
}stu1, stu2;
```

由于前两种方法都定义了结构体的类型名，在程序中可以用该类型名来定义同类型的其他变量；而第三种方法没有定义类型名，则无法再定义这种类型的变量。建议使用第 1 种方法来定义结构体类型的变量。如果程序规模较大，往往将对结构体类型的定义集中放到一个头文件中。如果源程序需要用到此结构体类型，则可用#include 命令将该头文件包含到本文件中。这样便于装配、修改及使用。

另外，在定义结构体类型变量的同时，可以指定其存储类别。例如：

```
static struct student stud3;
auto struct student stud4;
```

在定义结构体类型变量的同时，可以对其值进行初始化，方法是用花括号将每一个成员的值括起来。例如：

```
struct student stud1={23901, " LiLi ", 'M', 19,86.5};
```

表示 stud1 的成员 num 初始化为 23901，成员 name 初始化为" LiLi "，成员 sex 初始化为'M'，成员 age 初始化为 19，成员 score 初始化为 86.5。注意，初始化时，在花括号中列出的值的类型及顺序必须与该结构体类型定义中所说明的结构体成员一一对应。例如：

```
student stud1={"23901", "LiLi", 'M', 19, 86};
```

则编译出错，因 stud1 的成员 num 是整型，而给出的初值是字符串。

8.1.3 结构体类型变量及其成员的引用

在定义了结构体变量后，可以引用这个变量，有两种引用方式：

1．引用成员

引用结构体变量中成员的方法为：

<结构体变量名>.<成员名>

例如，stud1.num 表示 stud1 变量中的 num 成员，可以对结构体变量的成员赋值，例如：

```
stud1.num=23901;
```

“.”是成员运算符，把 stud1.num 作为一个整体来看待。上面的赋值语句的作用是将整数 23901 赋给 stud1 变量中的成员 num。

结构体变量的成员可以像普通变量一样进行各种运算（其类型规定的运算）。例如：

```
stud1.num++;
stud1.sex=stud2.sex;
```

2．引用整体

同类型的结构体变量之间可以直接赋值。这种赋值等同于各个成员的依次赋值。如定义以下的结构体类型：

```
struct temptype
{
    int i, j;
    char name[10];
};
temptype t1={12, 48, "LiLi"}, t2;
t2=t1;
```

其中，“t2=t1;”等价于：

```
t2.i=t1.i;
t2.j=t1.j;
```

```
strcpy(t2.name, t1.name);
```

在引用结构体变量及其成员时，应注意以下几点。

（1）不能将结构体变量作为一个整体进行输入输出。例如，已定义 stud1 为结构体变量并且已有值，不能如下引用：

```
printf("%d %s %c %d %f\n", stud1);
```

而只能对结构体变量中的各个成员分别进行输入输出，例如：

```
printf("%d", stud1.num);
```

（2）结构体变量可以作函数的参数，也可以作函数的返回值。当函数的形参与实参为结构体变量时，这种结合方式属于值调用方式，即属于值传递，形参的变化不影响实参。

例 8-1 有一个结构体变量 stu，内含学生学号、姓名和四门课的成绩。要求在 main 函数中赋值，在另一函数 print 中将它们输出。这里用结构体变量作函数参数。

```
#include<stdio.h>
#include<string.h>

struct student
{
    int num;
    char name[20];
    float score[4];
};

main()
{
    void print(struct student);
    struct student stud;

    stud.num=2468;
    strcpy(stud.name,"Li Wen");
    stud.score[0]=68.5;
    stud.score[1]=90;
    stud.score[2]=78.5;
    stud.score[3]=85.5;
    print(stud);
}

void print(struct student stud)
{
    printf("num\t\t%d\nname\t\t%s\n", stud.num, stud.name);
    printf("Maths\t\t%f\nEnglish\t\t%f\n", stud.score[0], stud.score[1]);
    printf("programming\t%f\nphysics\t\t%f\n", stud.score[2], stud.score[3]);
```

```
}
```

运行结果为：

```
num            2468
name           Li Wen
Maths           68.500000
English          90.000000
programming       78.500000
physics          85.500000
```

struct student 被定义为外部类型，同一源文件中的各个函数都可以用它来定义变量。main 函数中的 stud 是 struct student 类型变量，print 函数中的形参 stud 也是 struct student 类型变量。在 main 函数中对 stud 的各成员赋值。在调用 print 函数时，以 stud 为实参向形参 stud 实行“值传递”。在 print 函数中输出结构体变量 stud 各成员的值。使用结构体变量作函数参数效率比较低，等学习完第 9 章指针后，可以用指向结构体变量的指针作函数参数，那样可以提高程序的运行效率。

关于结构体类型，有以下几点说明。

（1）类型与变量是不同的概念。类型是抽象的，而变量是具体的。在编译时，对类型是不分配空间的，只对变量分配空间。使用时只能对变量赋值、存取或运算，而不能对一个类型赋值、存取或运算。

（2）对结构体中的成员可以单独使用。

（3）成员也可以是一个结构体变量。如：

```
struct date
{
    int year;
    int month;
    int day;
};
struct student
{
    int num;
    char name[20];
    char sex;
    struct date birthday;          /* birthday是struct date类型 */
    char addr[40];
} stu1, stu2;
```

先定义一个 struct date 类型，它代表“日期”，包括 3 个成员：year（年）、month（月）、day（日）。然后在定义 struct student 类型时将成员 birthday 指定为 struct date 类型。struct student 的结构如图 8-3 所示。已定义的类型 struct date 可以被用来定义其他类型的成员。

num	name	sex	birthday			addr
			year	month	day	

图 8-3　struct student 的结构

欲访问上述结构体变量 stu1 的成员，则要使用成员运算符逐级找到欲访问的成员，如下：

```
stu1.num
stu1.birthday
stu1.birthday.day
```

（4）结构体类型及其变量的使用与标准数据类型及其变量的使用方式是一样的，包括：变量的作用域和存储类别；可以作为函数的参数及返回值；可以定义结构体数组等。

8.1.4 结构体数组

一个结构体变量中可以存放一组数据（如一个学生的学号、姓名、成绩等）。如果有 10 个学生的数据需要参加运算，则应该用数组。结构体数组与前面介绍过的标准数据类型数组不同之处在于每个数组元素都是一个结构体类型的变量，它们都分别包括各个成员项。

定义结构体数组的方法与定义结构体变量的方法类似，也可以有三种方法，只要在每一种方法的基础上，增加数组维数的说明即可。如：

```
struct student
{
    int num;
    char name[20];
    char sex;
    int age;
    float score;
    char addr[30];
};
struct student stud[4];
```

以上定义了一个数组 stud，其元素为 struct student 类型数据，数组有 4 个元素。也可以直接定义一个结构体数组，如：

```
struct student
{
  …
} stud[4];
```

或

```
struct
{
  …
} stud[4];
```

在定义结构体数组时可以对结构体数组进行初始化，方法与数组的初始化方法类似：第 1 种方法是将每个元素的成员值用花括号括起来，再将数组的全部元素值用一对花括号括起来，第 2 种方法是在一个花括号内依次列出各个元素的成员值。如：

```
struct student
{
    int num;
    char name[20];
    char sex;
    int age;
    float score;
    char addr[30];
} stud[4] = {      /* 第一种方法 */
{23901, "Zang Li", 'F', 19, 78.5, "35 Shanghai Road"},
{23902, "Wang Fang", 'F', 19, 92, "101 Taiping Road"},
{23905, "Zhao Qiang", 'M', 20, 87, "56 Ninghai Road"},
{23908, "Li Hai", 'M', 19, 95, "48 Jiankang Road"}
};
```

或

```
struct student
{
    int num;
    char name[20];
    char sex;
    int age;
    float score;
    char addr[30];
} stud[4]={       /* 第二种方法 */
23901, "Zang Li", 'F', 19, 78.5, "35 Shanghai
Road",
23902, "Wang Fang", 'F', 19, 92, "101 Taiping
Road",
23905, "Zhao Qiang", 'M', 20, 87, "56 Ninghai
Road",
23908, "Li Hai", 'M', 19, 95, "48 Jiankang
Road"
};
```

	存储单元
	⋮
stud[0]	23901
	"Zang Li"
	'F'
	19
	78.5
	"35 Shanghai Road"
stud[1]	23902
	"Wang Fang"
	'F'
	19
	92
	"101 Taiping Road"
	⋮

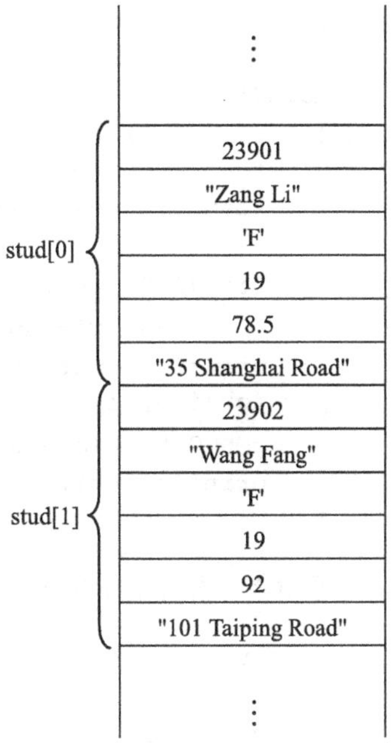

图 8-4　结构体数组内存中存放情况

结构体数组初始化后，在内存中存放的逻辑示意图如图 8-4 所示。

下面举例说明结构体数组的定义和使用。

例 8-2　建立一个学生档案的结构体数组，描述一个学生的信息：学号、姓名、成绩，并输出已建立的学生档案。

```
#include<stdio.h>
```

```c
struct student                    / *定义一个结构体类型 struct student */
{
    int num;
    char name[20];
    float score;
};

struct student Input()            /* 输入一个学生信息,结构体变量作函数的返回值 */
{
    struct student stud;

    printf("Please input num,name and score:\n");
    scanf("%d%s%f", &stud.num, stud.name, &stud.score);
    return stud;
}

void Output(struct student stud)    /* 输出一个学生信息,结构体变量作函数参数*/
{
    printf("%d\t\t%s\t\t%f\n", stud.num, stud.name, stud.score);
}

main()
{
    int i;
    struct student studs[3];          /* 定义一个由三个结构体变量构成的数组 */

    for (i=0; i<3; i++)               /* 调用 Input 函数,输入三个学生信息 */
        studs[i]=Input();
    printf("num\t\tname\t\tscore\n");
    for(i=0; i<3; i++)                /* 调用 Output 函数,输出三个学生信息 */
        Output(studs[i]);
    printf("\n");
}
```

例 8-3 求若干学生的平均成绩。

```c
#include<stdio.h>

struct  stud
{
  int   num;
  char  name[20];
  int   age;
  char  sex;
  int   score;
};

float average(struct stud studs[ ], int n)   /* 求平均分 */
{
```

```
    int i;
    float aver=0;

    for(i=0; i<n; i++)
       aver += studs[i].score;
    aver /= n;
    return aver;
  }

  main(void)
  {
     struct stud studs[4]={ {020110101, "Wu", 19, 'M', 80},
                            {020110102, "Li", 18, 'F', 95},
                            {020110103, "Zhang", 18, 'F', 78},
                            {020110104, "Zhao", 20, 'M', 88}
                          };
     float  aver ;

     aver=average(studs, 4);   /* 调用求平均分函数,求四个学生的平均分 */
     printf( "average:%f\n", aver);
  }
```

由以上例子可知，结构体数组作函数参数与简单变量数组作函数参数类似，请读者体会它的用法。

8.2 共用体的定义及应用

8.2.1 共用体类型及其变量的定义

有时需要使几个不同类型的变量共用同一段存储单元。例如，可把一个整型变量 i、一个字符型变量 c、一个实型变量 f 放在同一个地址开始的内存单元中（见图 8-5）。以上 3 个变量在内存中占的字节数不同，但都从同一地址开始（图中假设地址为 2000）存放。在某一时刻，只有一个变量有效。这种使几个不同的变量共占同一段内存的结构称为“共用体”类型的结构，“共用体”有时也被称为“共同体”。定义共用体类型变量的一般形式为：

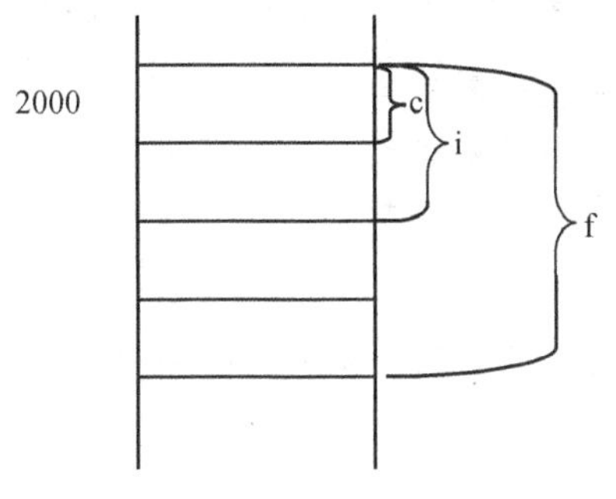

图 8-5　共用体存放内存示意图

```
union <共用体名>
{
  <成员列表>
}<变量列表>;
```

例如：

```
union data
{
  int i;
  char c;
  float f;
} a, b, c;
```

也可以先定义一个 union data 类型，再将 a、b、c 定义为 union data 类型的变量。当然也可以直接定义共用体变量，如：

```
union
{
  int i;
  char c;
  float f;
} a, b, c;
```

可以看到，“共用体”与“结构体”的定义形式类似，但它们的含义不同。结构体变量的每个成员分别占有其自己的内存单元。共用体变量所占的内存长度是所有成员中最长的成员的长度。例如，上面定义的“共用体”变量 a、b、c 共同占有 4 个字节的存储空间。(因为在 i，c，f 三个变量中，float 类型的变量 f 占 4 个字节，为三个变量中的最大者)。

8.2.2 共用体类型变量的引用

共用体类型也是一种新的数据类型，在作函数参数、定义共用体变量数组等情况下，与基本数据类型的使用方式相同。首先应定义共用体变量然后才能引用它，共用体类型变量的引用也有以下两种方式。

1. 引用成员

例如，前面定义了共用体变量 a、b、c，下面的引用方式是正确的：

```
a.i    /* 引用共用体变量中的整型变量 i */
a.c    /* 引用共用体变量中的字符变量 c */
a.f    /* 引用共用体变量中的实型变量 f */
```

2. 引用整体

同类型的共用体变量之间可以直接赋值。例如：前面已定义了共用体变量 a、b。

```
a.i=2;
b=a;    /* 引用整体 */
```

但输入输出时不能只引用共用体变量，例如：

```
printf("%d\n", a);
```

是错误的。a 的存储区有好几种类型，分别占不同的长度，仅仅用共用体变量名 a，难以使系统确定究竟输出的是哪个成员的值。应该写成 printf("%d\n", a.i);或 printf("%d\n", a.c);等。

8.2.3 共用体数据类型的特点

共用体类型变量与结构体类型变量有相似之处，都不能直接进行输入输出；用作函数的参数时，都是作为值传递，同类型的变量之间可以相互赋值等。但在使用共用体数据时应注意以下一些特点。

（1）同一个内存段可以用来存放几种不同类型的成员，但在某一时刻只能存放其中一种，而不是同时存放几种。也就是说，在一个时刻只有一个成员起作用，其他的成员不起作用。

（2）共用体变量中起作用的成员是最后一次存放的成员，在存入一个新的成员后原有的成员就失去作用。如有以下赋值语句：

```
a.i=10;
a.c='A';
a.f=1.8;
```

在完成以上 3 个赋值运算以后，只有 a.f 是有效的。a.i 和 a.c 失去意义。注意："printf ("%d\n", a.i);" 可以运行，但是将 a.f 最低的两个字节解释为整数输出，因此在引用共用体变量时应十分注意当前存放在共用体变量中的究竟是哪个成员。

（3）共用体变量的起始地址和其各成员的起始地址是同一地址。

（4）如果在定义共用体变量时对它初始化，则只允许有一个数赋给第 1 个成员。例如：

```
union
{
    int i;
    char c;
    float f;
} a = {10, 'A', 1.8};    /* 不能这样初始化 */

union
{
    int i;
    char c;
    float f;
} a={10};                /* 能这样初始化 */
```

（5）共用体类型可以出现在结构体类型定义中，也可以定义共用体数组。反之，结构体也可以出现在共用体类型定义中，数组也可以作为共用体的成员。

定义共用体的目的有两个：① 节省空间；② 特殊应用，比如分别取出一个整数的四个字节。

例 8-4 分别取出一个长整型数的四个字节。

```
#include<stdio.h>

main()
{
    int k;
    union
    {
        long i;
        char c[4];
    }a;

    printf("Please input an integer:\n");
    scanf("%ld", &a.i);
    printf("four bytes:");
    for(k=3; k>=0; k--)
        printf("%d\t", (int)a.c[k]);    /* 一个长整型数的四个字节分别对应字符数
                                            组的每个元素 */

    printf("\n");
}
```

运行结果如下：

```
Please input an integer:
511<Enter>
four bytes:0    0   1   -1
```

请读者自己分析结果。

8.3 枚举类型

为了对变量的取值范围做限制引入枚举类型，枚举类型也是一种构造数据类型。“枚举”就是将变量允许取值的范围一一列举出来，枚举变量的取值限于列举出来的值的范围内。

8.3.1 枚举类型的定义

定义枚举类型的一般形式为：

```
enum <枚举类型名> {<枚举常量列表>};
```

其中，enum 是一个关键字，枚举类型名的命名规则与一般标识符相同，枚举常量列表由若

干个枚举常量组成，多个枚举常量之间用逗号隔开。每个枚举常量是一个用标识符表示的整型常量。例如：

```
enum day {Sun, Mon, Tue, Wed, Thu, Fri, Sat };
```

其中，day 是一个枚举类型名，该枚举常量列表中有 7 个枚举常量。每个枚举常量所表示的整型数值在默认的情况下，第 1 个为 0，第 2 个为 1，后一个总是前一个的值加 1。枚举常量的值可以在定义时被显式指定，被显式指定的枚举常量将获得该值，没有被指定的枚举常量按照后一个总是前一个的值加 1 的规则分别获得值。例如：

```
enum day {Sun=7, Mon=1, Tue, Wed, Thu, Fri, Sat};
```

这里 Sun 的值为 7，Mon 的值为 1，Tue 的值为 2，Wed 的值为 3，……，Sat 的值为 6。

8.3.2　枚举类型变量的定义

定义一个枚举变量前，必须先定义一个枚举类型，枚举变量的定义形式如下：

```
enum <枚举类型名> <枚举变量名列表>;
```

在枚举变量名列表中，如有多个枚举变量名，则用逗号分隔。例如：

```
enum day day1, day2, day3;
```

这里，day 是前面定义的枚举类型名，day1、day2 和 day3 是三个枚举变量名，它们的值应是枚举常量列表中规定的 7 个枚举常量之一。

枚举变量的定义也可以与枚举类型的定义连在一起来写。如上例可以写成：

```
enum day {Sun, Mon, Tue, Wed, Thu, Fri, Sat} day1, day2, day3;
```

8.3.3　枚举类型变量的使用

下面通过例子来说明枚举类型变量的使用。

例 8-5　定义一个枚举类型 triangle，其中的枚举常量有 scalene（不等边三角形），isosceles（等腰三角形），equilateral（等边三角形），notriangle（非三角形），编写程序根据输入三角形各边的长度，输出三角形的形状。

```
#include<stdio.h>

main()
{
    enum triangle{scalene, isosceles, equilateral, notriangle};
    enum triangle tri;
    int a, b, c;

    printf("Please input a, b, c:\n");
    scanf("%d%d%d", &a, &b, &c);
```

```
    if(a+b<=c||a+c<=b||b+c<=a) tri=notriangle;
    else if(a==b&&b==c) tri=equilateral;
    else if(a==b||b==c||a==c) tri=isosceles;
    else tri=scalene;
    switch(tri)
    {
        case scalene:
            printf("scalene triangle\n");
            break;
        case isosceles:
            printf("isoceles triangle\n");
            break;
        case equilateral:
            printf("equilateral triangle\n");
            break;
        case notriangle:
            printf("notriangle\n");
            break;
    }
}
```

运行结果如下：

```
Please input a,b,c:
3 4 5<Enter>
scalene triangle
```

例 8-6 口袋中有红、黄、蓝、白、黑、紫 6 种颜色的球若干个。每次从口袋中取出 3 个球，问得到 3 种不同颜色的球的可能取法，打印出每种组合的 3 种颜色。

解题思路：因为球只能是 6 种颜色之一，而且要判断各球是否同色，所以用枚举类型变量来处理。

设取出的球为 i、j、k。根据题意，i、j、k 分别为 6 种颜色球之一，并要求 $i \neq j \neq k$。可以用穷举法，逐个检查每一种可能的组合，从中找出符合要求的组合并输出。

```
#include<stdio.h>

enum color {red, yellow, blue, white, black, purple};

void print(enum color c)
{
    switch(c)
    {
      case red:    printf("red\t\t");     break;
      case yellow: printf("yellow\t\t");  break;
      case blue:   printf("blue\t\t");    break;
```

```
        case  white:  printf("white\t\t");  break;
        case  black:  printf("black\t\t");  break;
        case  purple: printf("purple\t\t"); break;
    }
}

main()
{
    enum color i,j,k;
    int count=0;
    for(i=red; i<=purple; i=(enum color)((int)i+1))
        for(j=red; j<=purple; j=(enum color)((int)j+1))
            for (k=red; k<=purple; k=(enum color)((int)k+1))
                if((i!=j)&&(k!=i)&&(k!=j))
                {
                    printf("%d\t", ++count);
                    print(i);
                    print(j);
                    print(k);
                    printf("\n");
                }
    printf("combination: %d\n", count);
}
```

运行结果为：

```
1       red       yellow      blue
2       red       yellow      white
3       red       yellow      black
4       red       yellow      purple
5       red       blue        yellow
6       red       blue        white
7       red       blue        black
8       red       blue        purple
9       red       white       yellow
10      red       white       blue
⋮
111     purple    blue        white
112     purple    blue        black
113     purple    white       red
114     purple    white       yellow
115     purple    white       blue
116     purple    white       black
117     purple    black       red
118     purple    black       yellow
119     purple    black       blue
```

```
    120     purple      black          white
combination:120
```


如果要充分利用第 7 章中二维数组的特点，可以将上述程序修改如下：

```
enum color {red, yellow, blue, white, black, purple};

void print(int n, int i, int j, int k)
{
    char p[ ][7]={"red", "yellow", "blue", "white", "black", "purple"};

    printf("%5d %10s %10s %10s\n", n, p[i], p[j], p[k]);
}

void main()
{
    int i, j, k, n;

    n=0;
    for(i=red; i<=purple; i++)
        for(j=red; j<=purple; j++)
            if(i!=j)
                for (k=red; k<=purple; k++)
                    if((k!=i) && (k!=j))
                    {
                        n=n+1;
                        print(n, i, j, k);
                    }
    printf("combination:%d\n", n);
}
```

在上述程序中，下面的枚举常量实际上是 0，1，2，3，4，5。

```
enum color {red, yellow, blue, white, black, purple};
```

下面二维数组元素的下标也是 0，1，2，3，4，5。

```
char p[ ][7]={"red", "yellow", "blue", "white", "black", "purple"};
```

在此程序中比较巧妙地利用了这种对应关系。

在实际使用中可以用整型常量代替枚举常量，但是显然没有枚举常量直观，因为枚举常量都选用了“见名思意”的标识符，而且枚举变量的值限制在定义时规定的几个枚举常量范围内。

目前 C 语言编译器对枚举类型数据的处理还存在如下不足。

（1）对枚举变量取一个越界值，并不做出错处理。

例如：

```
enum day {Sun, Mon, Tue, Wed, Thu, Fri, Sat};
enum day d1=1000;  /* d1 的正常取值应为 Sun 到 Sat,即 0~6 */
```

系统仍认为是正确的。

（2）对枚举元素的重复不做检查。

例如：

```
enum day {Sun=3, Mon=1, Tue, Wed, Thu, Fri, Sat};
```

系统显示 Sun 和 Wed 是一样的，都为 3。即系统不做检查。

实际上，C 语言系统将一个枚举型变量看作 int 型变量。

8.4　用 typedef 定义类型

C 语言提供的 typedef 允许用户为系统定义的数据类型或者用户自定义的数据类型提供替代名。例如：

```
typedef int DAY
```

DAY 就成了 int 的替代名，后面就可以使用 DAY 定义 int 变量，例如：

```
DAY day;
```

typedef 的一般形式为：

```
typedef <数据类型> <用户定义的新的类型名称>;
```

利用 typedef 只是给某种数据类型创建一个替代名。在 typedef 中，不能定义任何变量，也没有分配任何存储空间。例如：

```
typedef int DAY day;
```

试图创建一个替代名 DAY，并且定义一个 int 变量 day，这样的用法是错误的。

利用 typedef 可以为各种数据类型定义替代名。例如，为数组类型定义替代名：

```
typedef  int  ARRAY[100];    /* ARRAY 为整型数组类型 */
ARRAY   stud;                /* stud 是整型数组变量 */
```

typedef 和#define 命令在使用方面有相似之处，但两者不同。typedef 给某种数据类型起一个新的名字，而#define 命令只作简单的字符串替换，没有其他含义。例如：

```
typedef struct
{
  int month;
  int day;
  int year;
} DATE;
```

或

```
typedef struct date
{
  int month;
  int day;
  int year;
} DATE;
```

为结构体类型 struct date 起了一个新的名字 DATE。因此，可以使用语句

```
DATE birthday;
```

定义结构体类型 DATE 的变量 birthday。但是，如下程序段使得出现 DATE 的地方全部用 struct date 替换。

```
#define DATE struct date
DATE
{
  int month;
  int day;
  int year;
};
DATE birthday;
```

使用 typedef 还可以提高程序的可移植性。假定有一个应用程序，其中整型采用 16 位（bit）表示。在计算机系统 1 中，int 型采用 32 位表示，而 short int 型用 16 位表示；在计算机系统 2 中 int 型和 short int 型都采用 16 位表示。如果在计算机系统 1 上编写应用程序，使用如下 typedef 语句：

```
typedef short int INTEGER;        /* 在计算机系统 1 中 short int 占 16 位 */
```

在整个应用程序中，定义变量时用 INTEGER 代替 short int。现在要将该应用程序移植到计算机系统 2 上，只需修改有关的 typedef 语句：

```
typedef int INTEGER;              /* 在计算机系统 2 中,INTEGER 仍占 16 位 */
```

可以将该 typedef 语句安排在用户自己定义的头文件中，这样在需要定义整型变量的文件中包含该头文件即可。可见，利用 typedef 定义类型名有利于程序的移植。

习惯上把用 typedef 定义的类型名用大写字母表示，以便与系统提供的标准类型标识符相区别。

总结上面的操作，可以采用如下几步定义新类型。

（1）按定义变量的方法写出变量的定义。例如：

```
int  a[100];
```

（2）将变量名换成新类型名。

```
int ARRAY[100];
```

（3）在左边加上 typedef。

```
typedef int ARRAY[100];
```

如果在程序中出现：

```
typedef int ARRAY[100];
ARRAY  a;    /* 完全等价于 int a[100]; */
```

则上述 a 实际上是一个具有 100 个整型元素的一维数组。

习　题　8

1．编写程序，读取学生的学号、姓名和考试分数，该程序能输出每个学生的学号、姓名和相应的考试成绩，同时能查找并输出最高分的学生的学号、姓名和考试分数。

2．定义一个结构体变量（包括年、月、日）。编写一个程序，该程序读入年-月-日格式的日期，并计算该日期是该年中的第几天。注意闰年问题。

3．编写一个函数 output，输出一个学生各门课的成绩。设计一个程序，输出本班同学的成绩，假定学生信息包括学号、姓名及 5 门课的成绩。

4．为全班同学建立一个通讯录（用结构体数组实现），包括学号、姓名、家庭住址、电话号码、手机号码及 E-mail 地址，并完成数据的输入和输出。

5．定义描述三维坐标点（x, y, z）的结构体类型变量，完成坐标点的输入和输出，并求出两点之间的距离。

6．定义描述复数的结构体类型变量，并实现复数之间的加减法运算和输入、输出。

7．编写一个程序，将一个长整型数分离成两个整数，例如 0x12345678 分离成 0x1234 和 0x5678 两个数。

8．已知今天是星期几，计算并输出 100 天后是星期几。用枚举类型实现。

9．定义一个描述 3 种颜色的枚举类型（Red, Blue, Green），编程输出这 3 种颜色的全排列结果。

第 9 章　指　　针

9.1　指针和指针变量

9.1.1　指针的概念

内存中的一个字节（Byte）为一个存储单元，每个存储单元都有一个唯一的编号称为地址。变量的地址是指该变量所在存储区域的第一个字节的地址。在 C 语言中，地址也被称为指针。例如定义如下三个变量：

```
int a;
float b;
char c;
```

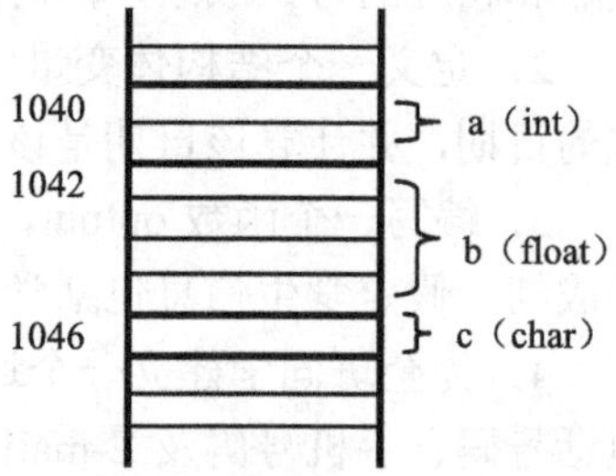

图 9-1　变量的存储空间分配示意

编译器为这三个变量在内存中分配存储空间，如图 9-1 所示。假定变量 a、b、c 占用的内存空间的第一个单元地址分别是 1040、1042、1046，这三个地址就称为变量 a、b、c 的指针。

9.1.2　指针变量的定义

指针也是一个数值，C 语言中提供了一种类型的变量用于存放地址值，即存放指针，这种变量就是指针变量。指针变量中存放的是一个内存地址，即另一个变量在内存中的存储位置。指针变量的定义格式如下：

```
<类型说明符> * <指针变量名>;
```

例如：

```
int *pi;     /* 定义 pi 为指向 int 类型变量的指针变量 */
float *pf;   /* 定义 pf 为指向 float 类型变量的指针变量 */
char *pc;    /* 定义 pc 为指向 char 类型变量的指针变量 */
```

指针类型是一种数据类型，上述三个指针变量的类型分别是 int * 、float * 、char *。int * 为 int 型指针类型标识符， float * 为 float 型指针类型标识符，char * 为 char 型指针类型标识符。注意：若 pi 指向 int 型量，则称 int 是 pi 的基类型。

说明：

① 一个指针变量只能指向同一数据类型的变量，该数据类型是在定义指针变量时明确给定的，例如整型指针变量只能指向整型变量，不能指向其他类型变量。

② C 语言规定有效数据的指针不指向 0 单元。如果指针变量值为 0（即 NULL，在头文件 stdio.h 中已定义），则表示空指针，即不指向任何变量。

③ 不要把地址值与整数类型值相混淆。例如，地址 2000 与整型量 2000 是两个不同的概念。

9.1.3 与指针有关的运算符 & 和 *

1. & —— 取地址运算

功能：取得变量的内存地址。

例 9-1 取地址运算符的使用。

```
int *p, m;          /* 定义 p 为指向 int 类型变量的指针,同时定义变量 m */
m=200;              /* 将数值 200 赋给变量 m */
p=&m;               /* 将变量 m 的地址值赋给指针变量 p */
```

此时，变量在内存中的存储状况如图 9-2 所示。假定变量 m 的地址是 1040，它的存储空间中存放的是数值 200；假定变量 p 的地址是 2000，它的存储空间中存放的是变量 m 的地址值 1040。

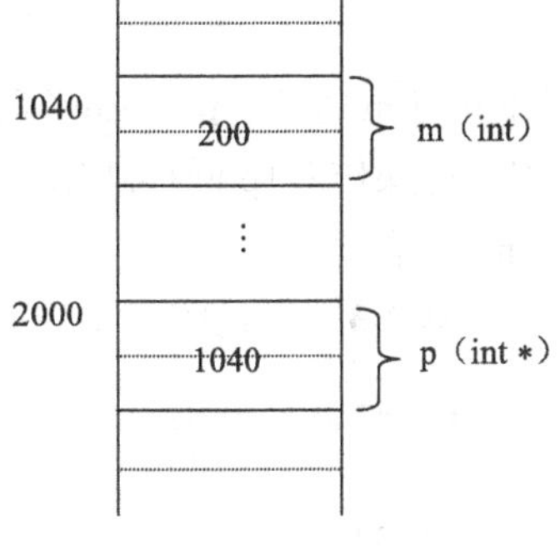

图 9-2 指针变量的意义

2. * ——间接访问运算

功能：访问指针所指向的变量。

例 9-2 间接访问运算符的使用。

```
int *p, m=200, n;
p=&m;          /* p 指向整型变量 m  */
n=*p;          /* 将 p 指向的变量 m 的值取出,
                  并赋给变量 n */
*p=100;        /* 将 100 赋给指针变量 p 所指向的变量 m */
```

此处，在已知 p 指向 m 的前提下，*p 就是访问变量 m，即通过 p 间接访问 m。

9.1.4 指针变量的初始化

欲使指针指向一个变量，其初始化方法有两种，一是在定义指针变量的同时给它赋值；二是定义指针变量后，用赋值语句给它赋值。如：

```
int a, b;
int *p1=&a, *p2;      /* 在定义 p1 的同时给它赋值,令其指向 a */
p2 = &b;              /* 在 p2 定义完成后,用赋值语句给 p2 赋值,令其指向 b */
```

9.1.5 直接访问和间接访问

C 语言中定义的所有变量，编译器都会记录它们的属性，便于以后对它们访问。如例 9-1 中定义的两个变量 m 和 p，编译器记录的属性如表 9-1 所示。

表 9-1 变量及其属性

变量名	变量类型	变量的地址
m	int	1040
P	int *	2000

1．直接访问

在程序中直接使用变量名来存取变量的值称为直接访问方式（也称为直接存取），如m=200。对于 m 的直接访问，C 语言的内部处理为：从变量属性表中取得变量 m 的地址1040，通过该地址直接存取该内存空间中的值。

2．间接访问

在程序中通过变量的指针来存取它所指向的变量的值称为间接访问方式（也称为间接存取），如已知 p 指向 m，欲访问 m 但不直接写出变量名 m，而写成*p，即通过 p 间接访问 m；若有*p = 200，此时实际上是将 200 赋给变量 m。对于间接访问*p，C 语言内部处理为：先从变量属性表中取得变量 p 的地址 2000，从地址 2000 的存储单元中取得 1040，它是变量 m 的地址，再访问地址 1040 中的内容，即变量 m。

记住如下法则：

已知

```
int *p, m;
p = &m;
```

则*p 与 m 等价，p 与&m 等价。在程序的后面，使用 *p 就像使用 m 一样，对 m 可以进行的一切操作对*p 同样适用，如 m = m +1 ，亦可写成 *p = *p + 1；同样，使用 p 就像使用&m 一样。

例 9-3 变量的直接访问和间接访问实例一。

```
#include<stdio.h>

main()
{
    char c='A';
    char *cp=&c;          /* A */

    printf("%c%c,", c, *cp);
    c='B';
    printf("%c%c,", c, *cp);
    *cp='a';
    printf("%c%c\n", c, *cp);
}
```

在程序的 A 行定义指针 cp，并给它赋初值，令其指向 c。在程序中通过变量名 c 直接访问变量 c，也可以通过 *cp 间接访问变量 c（c 与* cp 等价）。该程序输出：

```
AA, BB, aa
```

例 9-4 变量的直接访问和间接访问实例二。

```
#include<stdio.h>

main()
```

```
{
    int a=1, *p1;
    float b=5.2, *p2;
    char c='A', *p3;

    p1 = &a;
    p2 = &b;
    p3 = &c;
    printf("%d,%.2f,%c\n", a, b, c);
    printf("%d,%.2f,%c\n", *p1, *p2, *p3);
    *p1 = *p1+1;  /*  *p1 等价于 a  */
    *p2 = *p2+2;  /*  *p2 等价于 b  */
    *p3 = *p3+3;  /*  *p3 等价于 c  */
    printf("%d,%.2f,%c\n", a, b, c);
}
```

程序运行结果为：

```
1, 5.20, A
1, 5.20, A
2, 7.20, D
```

说明：

① 指针变量必须在通过初始化或赋值获得值后（即必须明确指向某一变量），才可以通过它进行间接访问。

② 若有 int m; <u>int *p = &m;</u> 划线语句的意义是将 m 的地址赋给 p，而不是将 m 的地址赋给 p 指向的空间。上述语句等价于 int m, *p; p = &m;。

③ 注意指针变量的类型，只有相同类型变量的地址才能赋给该指针变量。即整型变量的地址只能赋给整型指针变量。如在例 9-4 中，若出现 p1 = &b; 是无意义的。

④ 同类型指针变量之间可以相互赋值，不同类型的指针变量一般不能相互赋值。如在例 9-4 中，若出现 p1 = p2; 也是无意义的。

⑤ 允许将一个整型常数经强制类型转换后赋给指针变量。如：

```
float *fp;
fp = (float *)5000;
```

其意义是将 5000 作为一个地址值赋给指针变量 fp。

例 9-5 交换两个指针的指向。

```
#include<stdio.h>

main()
{
    int x = 10, y = 20;
    int *p1=&x, *p2 = &y, *t;

    printf("%d\t%d\n", *p1, *p2);
    t = p1;  p1 = p2;  p2 = t;        /* A */
```

```
    printf("%d\t%d\n", *p1, *p2);
}
```

此程序的输出结果是：

```
10      20
20      10
```

初始时，指针p1、p2分别指向x、y，在A行交换它们的指向后， p1、p2分别指向y、x，如图9-3所示。

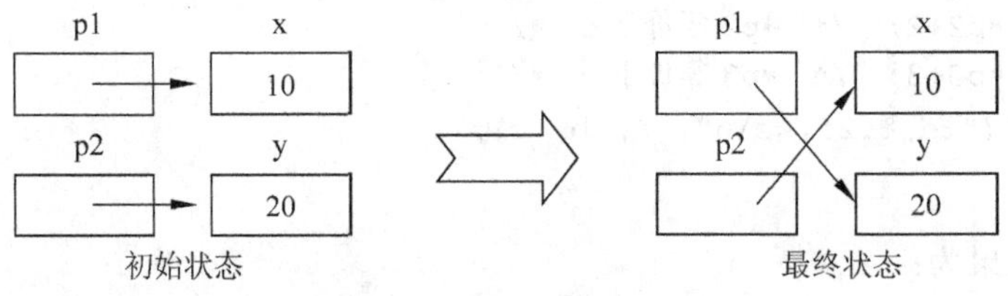

图9-3 交换指针变量的指向

例9-6 通过指针交换两个指针所指向的变量的值。

```
#include<stdio.h>

main()
{
    int x = 10, y = 20;
    int *p1=&x, *p2 = &y, t;

    printf("%d\t%d\n", x, y);
    t = *p1;  *p1 = *p2;  *p2 = t;      /* A */
    printf("%d\t%d\n", x, y);
}
```

此程序的输出结果是：

```
10      20
20      10
```

初始时，指针p1、p2分别指向x、y，在A行通过间接访问交换它们指向的内容后，p1、p2仍然指向x、y，但x、y的内容发生了变化，如图9-4所示。

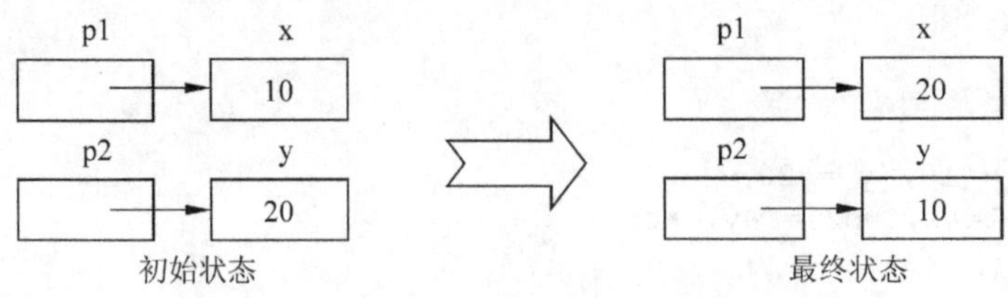

图9-4 通过指针交换它们指向的变量的值

9.1.6 地址值的输出

指针的值（即地址值）是可以被输出的。

例 9-7 输出指针的值。

```
#include<stdio.h>

main()
{
    int a, *p1;
    float b, *p2;
    double d, *p3;

    p1=&a;
    p2=&b;
    p3=&d;
    printf("p1=%p\np2=%p\np3=%p\n", p1, p2, p3);    /* A */
}
```

格式字符 p 用于输出十六进制地址值，此程序的输出形如：

```
p1=FFD0
p2=FFD2
p3=FFD6
```

如果希望输出十进制地址值，则将程序的 A 行改写为：

```
printf("p1=%u\np2=%u\np3=%u\n", p1, p2, p3);
```

此时，程序的输出结果形如：

```
p1=65488
p2=65490
p3=65494
```

9.2 指针作函数参数

在 C 语言中，函数参数的传递方式是传值调用，参数值的传递是单向的，即函数调用时，将实参的值单向赋值给相应的形参，然后形参和实参就无关了。基本类型量、指针类型量以及构造类型量都可以使用传值调用方式进行参数传递。

9.2.1 基本类型量作函数参数

例 9-8 基本类型量作函数参数。

```
#include<stdio.h>
```

```
void swap(int x, int y)
{
    int t;

    t = x;  x = y;  y = t;
}

main()
{
    int  x=3, y=9;

    swap(x, y);
    printf("%d,%d\n", x, y);
}
```

程序运行后，输出：3, 9。

此例中，主函数中 x 和 y 是 main()函数的局部变量；函数 swap()的形参 x 和 y 是 swap()的局部变量，它们与主函数中的 x 和 y 虽然同名，却是不同的变量，占据不同的存储空间。当执行函数调用时，依次将实参 x 和 y 的值赋给形参 x 和 y（相当于有 int x=x, int y=y; 赋值号右边为实参 x 和 y，赋值号左边为形参 x 和 y），刚进入函数 swap()内部时的内存状况如图 9-5（a）所示，图中虚线箭头表示参数传递的方向。

在 swap()函数内部，语句依次执行，返回之前，swap()函数中局部变量 x、y 的值分别是 9、3，函数返回时，系统自动撤销 swap()函数中的局部变量 x、y、t 的存储空间，即被调函数的局部变量不存在了。流程返回主函数后，主函数中局部变量 x、y 仍然保持其原值，如图 9-5（b）所示。

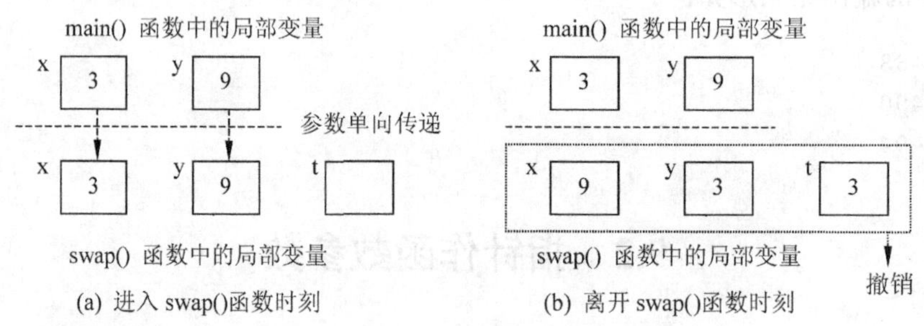

图 9-5　函数调用时基本类型参数的传递

9.2.2　指针变量作函数参数

例 9-9　指针作函数参数。

```
#include<stdio.h>

void swap(int *px, int *py)
```

```
{
    int t;

    t=*px; *px=*py; *py=t;
}

main()
{
    int  x=3, y=9, *p1, *p2;

    p1=&x; p2=&y;
    swap (p1, p2);
    printf("%d,%d\n", x, y);
}
```

程序运行后，输出：9, 3。

此例中，主函数中 p1 和 p2 是主函数内部的局部指针变量；函数 swap()的形参 px 和 py 是在函数 swap()内部的局部指针变量。当执行函数调用时，依次将实参 p1 和 p2 的值赋给形参 px 和 py，相当于做赋值操作“ int *px = p1; int *py = p2;”，假定主函数中 x、y 变量的地址分别是 1000、1002，则刚进入函数 swap()时的内存状况如图 9-6（a）所示，此时 p1 和 px 指向变量 x，p2 和 py 指向 y。

在被调函数中通过指针 px、py 间接访问主函数中的 x、y 变量，交换 x、y 的值。当 swap()函数执行结束时，撤销指针变量 px、py 以及变量 t，但主函数中的 x、y 变量依然存在，且它们的值已经被改变。返回主函数后，输出的 x、y 的值分别是 9 和 3。

通过图 9-6 可以看出，C 语言中指针作为函数参数，参数值的传递是单向的。注意：C 语言中所有类型量作为函数参数传递时都是值传递，有些书将指针传递归纳为双向传递，是错误的。

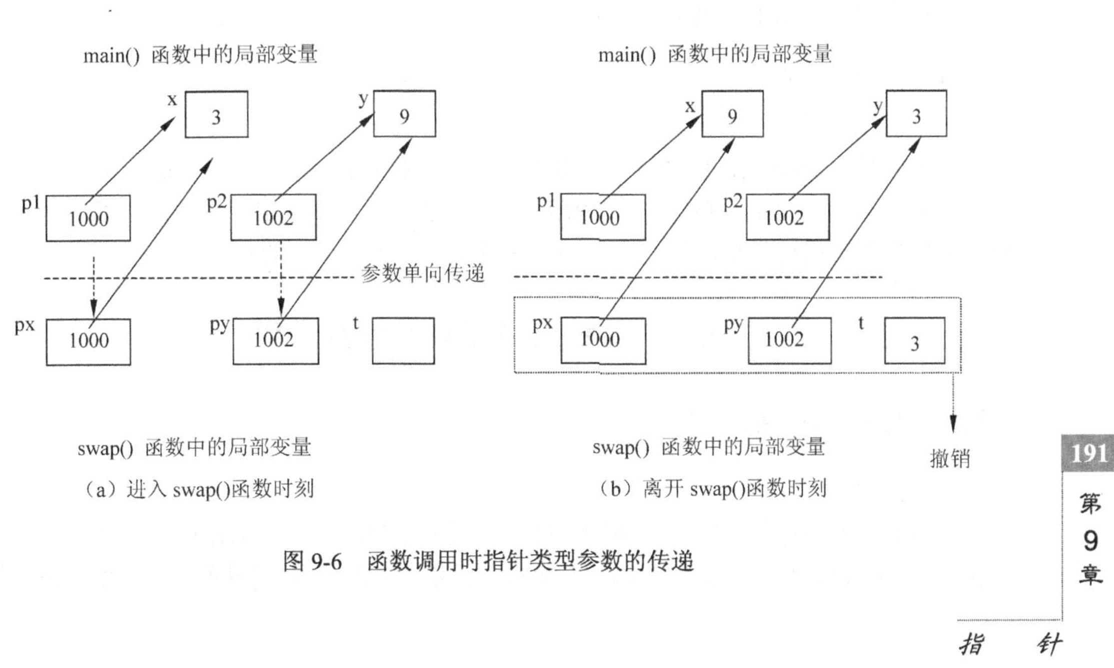

图 9-6　函数调用时指针类型参数的传递

例 9-10 约简分数，即用分子分母的最大公约数去除分子、分母。

```
#include<stdio.h>

void lowterm(int *num, int *den)
{
    int n, d, r;

    n = *num;                  /*  *num 间接访问 a  */
    d = *den;                  /*  *den 间接访问 b */
    while(d != 0)              /* 用辗转相除法,求分子、分母的最大公约数 */
    { r = n%d; n = d; d = r; }
    if(n>1)                    /* 当最大公约数 n 大于 1 时,用 n 除分子、分母 */
    {
        *num = *num/n;
        *den = *den/n;
    }
}

main()
{
    int a=14,b=21;             /* a 是分子,b 是分母 */

    printf("Fraction: %d/%d\n", a, b);          /* 输出分数 */
    lowterm(&a,&b);
    printf("After Reduction: %d/%d\n", a, b);   /* 输出约简后的分数 */
}
```

运行此程序，输出结果为：

```
Fraction: 14/21
After Reduction: 2/3
```

调用函数 lowterm()，参数的传递相当于做赋值操作：int *num = &a; int * den = &b;

需要特别强调的是，利用指针做函数参数，依然是传值调用，只不过传的是地址值，所传值的类型是指针类型，如在本例中，传递的是 int * 类型的值。

9.3 指针和指向数组的指针

9.3.1 指针和一维数组

1. 数组名

数组名是数组存储区的起始地址。如有定义 int a[10];，则 a 数组的元素在内存中是连续存放的。C 语言规定，数组名的值是该存储区的首地址，即 a[0]元素的地址，是地址常量，而且其地址类型是 int * 型。上述 a 数组的内存分配如图 9-7 所示， a 是 a[0]元素的起始地址，即 a 与&a[0]等价。假定 a 的值即 a[0]元素的起始地址是 1000，则 a[1]的地址值是 1002，其他元素的地址依此类推。

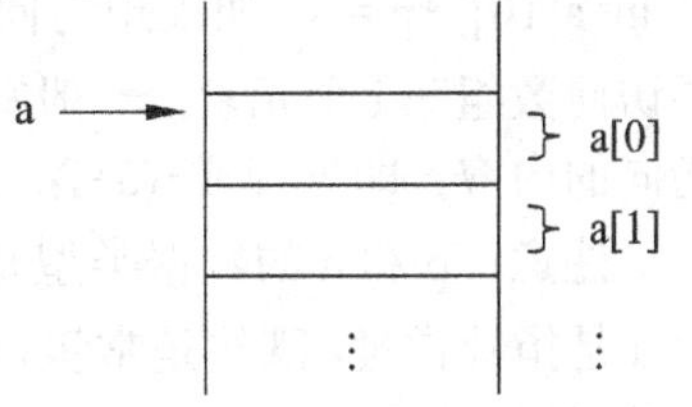

图 9-7　一维数组的存储

2．指向一维数组元素的指针变量

如有定义 int a[10]; int *p; 我们知道数组的每个元素 a[i]都是一个 int 型变量，而 p 是指向 int 型变量的指针，那么p可以指向a数组中的任意一个元素，如果 p = &a[6]; 表示将 a[6]元素的地址赋给了 p，p 指向 a[6]，*p 间接访问 a[6]。当然，也可以将 a[0]元素的地址赋给 p，即 p=&a[0] 或 p = a（&a[0]与 a 等价），这时*p 间接访问 a[0]。那么，能否通过 p 间接访问数组 a 的任意一个元素呢？答案是肯定的。下面首先介绍指针可进行的运算，然后介绍如何通过指针来访问数组中的任意一个元素。

3．指针可进行的运算

指针一般可进行加、减、比较运算。

（1）“指针 + 数值”，“指针 − 数值”的意义

如果 p 是指针，指向数组中的一个元素 a[i]，n 是正整数，则“p±n”的意义是：p+n 指向 a[i]后面的第 n 个元素；p−n 指向 a[i]前面的第 n 个元素。“p±n”的实际值是“p 的值±n*size”，其中 size 是 p 的基类型量占用的存储字节数。即：若 p 是 int 型指针，则 size 等于 2；若 p 是 char 型指针，则 size 等于 1；若 p 是 double 型指针，则 size 等于 8；依此类推。

例：

```
float a[5], *p1 = &a[0], *p2;    /* p1 和 p2 是 float *类型的指针*/
p2 = p1+3;
```

从图 9-8 中可以看出，指针变量加上正整数即 p+n 表示指针向高地址方向移动 n 个数据存储单元，指向的新地址为：原地址+sizeof(类型说明符)*n。如上例，假定 a 的值（即 a[0]的地址）为 1000，则 p1 的值为 1000，p2 的值为 1012。

又如：

```
float a[5], *p1 = &a[3], *p2;    /* p1 和 p2 是 float *类型的指针 */
p2 = p1-2;
```

从图 9-9 中可以看出，指针变量减去正整数即 p−n 表示指针向低地址方向移动 n 个数据存储单元，指向的新地址为：原地址−sizeof(类型说明符)*n。如上例，若 a 的值（即 a[0]的地址）为 1000，则 p1 的值为 1012，p2 的值为 1004。

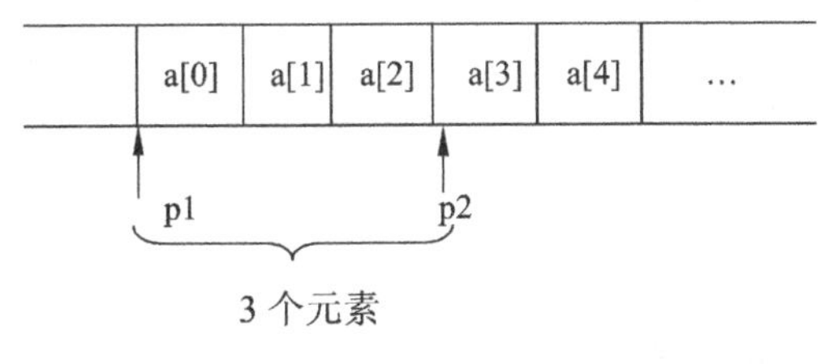

图 9-8 “指针 + 正数”的意义

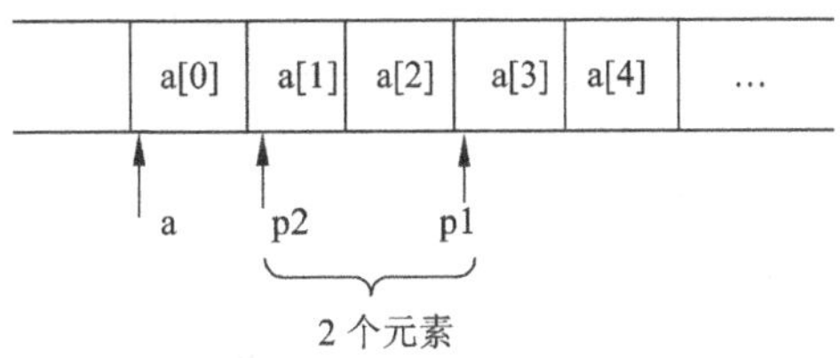

图 9-9 “指针 − 正数”的意义

可以使用指针加减整数的运算来实现通过一个指针访问数组中的任一元素。假设有定义 int a[10], *p = a; 如果想访问数组中的第 i 个元素，可写成*(p+i)或 p[i]。在学习指针之前，要访问数组第 i 个元素，一般写成 a[i]，此时 C 语言的内部处理是：将 a 的值加 i 后，取其指向的内容，即处理成*(a+i)，所以，如果在程序中书写 p[i]，则 C 也会将其处理成*(p+i)。

注意：p 和 a 的数据类型是一样的，都是 int * 型。它们的不同点是，p 是指针变量，而 a 是指针常量，既然是常量，就不能改变其值，所以 a++非法，而 p++合法。如有 p=&a[2]; 则此时 p[2]访问 a[4]。

例 9-11 以下程序用指针间接访问数组元素，求出数组元素之和。先输出数组全体元素，再输出求和结果。

```
#include<stdio.h>

main()
{
    int a[10]={1, 2, 3, 4, 5, 6, 7, 8, 9, 10 }, *p = a, sum=0, i;

    for(i=0; i<10; i++) sum = sum + *(p+i);
    for(i=0; i<10; i++, p++)    /* 指针变量可进行自加、自减运算 */
        printf("%d\t", *p);
    printf("sum=%d\n", sum);
}
```

（2）“指针 － 指针”的意义

指向相同数据类型的指针变量可以相减，其结果为两指针所指向地址之间数据的个数。

例：

```
int *px,*py, n, a[5];
px=&a[1];
py=&a[4];
n = py - px;  /* 结果：n 的值为 3*/
n = px - py;  /* 结果：n 的值为 - 3*/
```

如图 9-10 所示，假定 a 数组的起始地址是 1000，则 py 的值是 1008，px 的值是 1002，py－px 的值不是 1008－1002，而是(1008－1002)/2，即 3。指针相减所得值的具体计算如下：

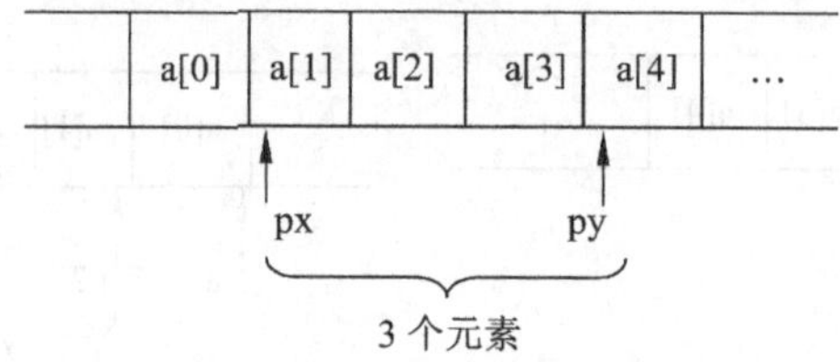

图 9-10 “指针 － 指针”的意义

数据个数 =(py 地址值 － px 地址值) / sizeof(类型说明符)

（3）指针的比较运算

两个指针之间的比较运算有六种，它们是==（恒等）、!= （不等）、<（小于）、<=（小于等于）、>（大于）、>=（大于等于）。比较运算就是直接比较两个地址值的大小，如果相等，表示两个指针指向同一变量，否则指向不同变量。比较产生的结果为 1 或 0。当比较条件成立时，结果为 1；比较条件不成立时，结果为 0。

例，若 px 和 py 的指向如图 9-10 所示，指针比较运算如下：

① px==py　判断 px 和 py 是否指向同一变量，比较结果为 0。

② px < py　px 指向前面元素，py 指向后面元素，比较结果为 1。

③ px==NULL　判断 px 是否为空指针，比较结果为 0。

例 9-12　改写例 9-11，注意本例使用了指针的比较运算。

```
#include <stdio.h>

main()
{
    int a[10]={1, 2, 3, 4, 5, 6, 7, 8, 9, 10 }, *p, sum=0;

    for(p = a; p < a+10; p++) /* 此循环结束后,p 指向 a[9]之后的存储空间 */
        sum = sum + *p;
    for(p = a; p < a+10; p++) /* 此循环初始时,需重新给 p 赋初值 */
        printf("%d\t", *p);
    printf("sum=%d\n", sum);
}
```

4．如何获取数组任一元素的地址、任一元素的值

前面已经学习了指针的各种运算，通过指针的运算，可以在程序中用不同的方式获取数组任一元素的地址、任一元素的值，以增加编程的灵活性。

若有定义“int a[10], *p; p=&a[0];”，则各指针的指向如图 9-11 所示。

第 *i* 个元素的地址可以表示为以下几种方式：

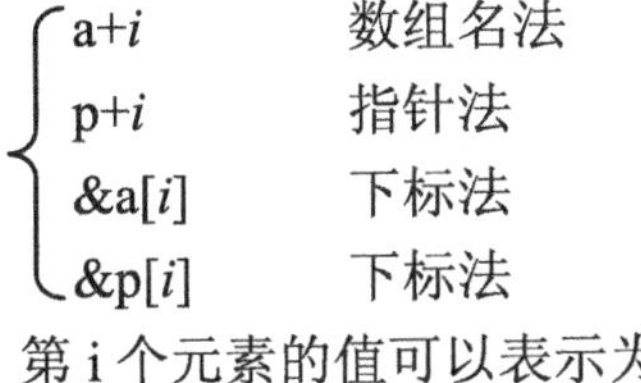

a+*i*　　数组名法
p+*i*　　指针法
&a[*i*]　　下标法
&p[*i*]　　下标法

第 i 个元素的值可以表示为以下几种方式：

*(a+*i*)　　数组名法
*(p+*i*)　　指针法
a[*i*]　　下标法
p[*i*]　　下标法

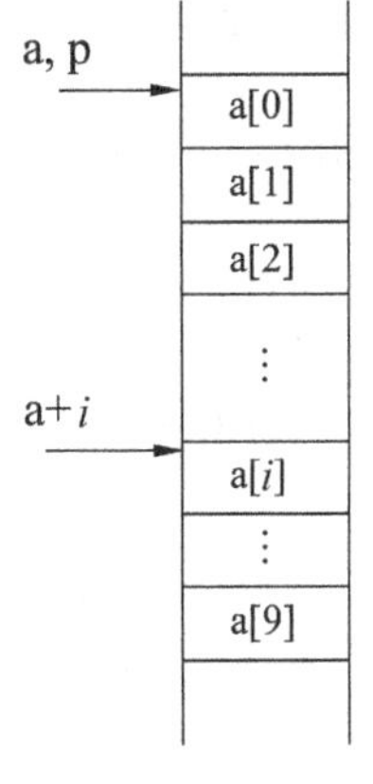

图 9-11　一维数组元素指针

通过指针和数组名访问内存方式的区别是：

① 指针变量是地址变量，其指向由所赋值确定。

② 数组名是地址常量（指针常量），恒定指向数组的第 0 个元素，不允许 a=a+2 或 a++ 这样的操作。

有了数组的指针表示，则前面学过的有关数组的算法，一般都可以改写成通过指针间接访问数组元素的方式。

例 9-13 将数组元素逆向存放。

```
#include<stdio.h>

main()
{
    int a[10]={1, 2, 3, 4, 5, 6, 7, 8, 9, 10}, t;
    int *p1=a, *p2=a+9;

    while(p1<p2)
    {
        t = *p1; *p1 = *p2; *p2=t;
        p1++; p2 --;
    }
    for(p1 = a; p1 < a+10; p1++)  printf("%d\t", *p1);
    printf("\n");
}
```

9.3.2 一维数组元素指针作函数参数

回忆以前的例子，用函数实现将数组元素逆向存放。

例 9-14 用函数实现将数组元素逆向存放，在被调函数中用下标法访问数组元素。

```
#include<stdio.h>

void  reverse( int b[ ], int n )
{
    int i=0, j=n-1, t;

    while(i<j)
     {
        t=b[i]; b[i]=b[j]; b[j]=t;
        i++; j--;
     }
}

main()
{
```

```
    int a[10]={1, 2, 3, 4, 5, 6, 7, 8, 9, 10}, i;

    reverse(a, 10);
    for(i=0; i<10; i++) printf("%d\t", a[i]);
    printf("\n");
}
```

在被调函数 reverse()中数组 b 的元素值被改变后，主函数中对应实参数组 a 的元素值也发生了变化，不需要 return 语句返回数组的值。我们知道函数参数的传递是单向的，即将实参值赋给形参，对形参的值的改变不影响实参值，但用数组作参数却可以带回数组元素值，这不是违反了参数单向传递的原则了吗？初学 C 语言的人最容易感到困惑，学习了指针概念以后，这个问题就可迎刃而解了。

让我们看看用数组名作函数参数的本质。上述函数调用 reverse(a, 10)中的第一个实参 a 是一维数组名，它是数组的起始地址，对应形参的定义形式是 int b[ ]。C 语言规定，形参的这种定义方式就是定义了一个指针变量（形参的定义也可以写成 int *b，其意义与 int b[ ]一样），指向整型数。在函数调用参数传递时，实际上做了一个赋值操作即 b = a，在被调函数 reverse 中写出的 b[i]形式，C 语言自动处理成 *(b+i)，即通过指针 b 间接访问 a 数组元素。

因此，数组名作参数的本质是传递了一个 int * 类型的指针值给形参指针 b，而不是将实参数组元素的值赋给形参数组元素，就是说，参数是数组的首指针而不是全体数组元素，在被调函数中，通过数组首指针间接访问主函数中的数组元素。若在被调函数修改形参 b 的值，不影响实参 a 的值，若在被调函数中有 b++，改变了 b 的值，但主函数中 a 的值不受影响。

另外，形参定义形式 int b[ ]，在方括号中可以写任意整型常量，如 int b[1000]，不影响 b 的性质，此处方括号中的量只不过是一个形式罢了。

从图 9-12 中可以更加清楚地认识指针作函数参数的本质。

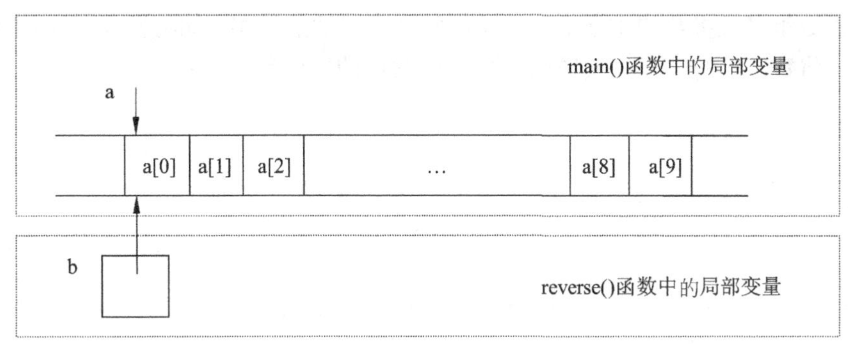

图 9-12 指针作函数参数的意义

既然 b 在 reverse()函数中是一个指针变量，可以将 reverse()函数改写成：

```
void  reverse( int b[ ], int n )
{
    int  t;
```

```
    int *p2 = b+n-1;

    while(b < p2)
    {
        t = *b; *b = *p2; *p2=t;
        b++; p2--;
    }
}
```

就本例而言，reverse ()函数结束时，指针 b 指向 a[n]，即形参 b 的值已经发生了变化，因为 b 是一个局部指针，函数返回时并不影响实参 a 的值，a 仍然指向 a[0]。

将数组的起始地址传递给被调函数的指针形参，相应实参和形参的写法有多种，在被调函数中访问实参数组元素的方式也有多种，如下：

```
void fun(int b[ ], int n)   /* 或 void fun(int b[10], int n)
                               或 void fun(int *b, int n)  */
{
    …
    b[i]                       /* 或 *(b+i) 或 *b++ 等 */
    …
}
main()
{
    int  a[10];
    int *p = a;
    …
    fun(a, 10);  /* 或 fun(p, 10) 或 fun(&a[0], 10) */
    …
}
```

知道了数组名做参数的本质后，可以得到许多灵活的运用，如将例 9-14 的主函数改写后，可实现将数组 a 的部分元素逆向存放，改写后的主函数如下：

```
main()
{
    int  a[10]={1, 2, 3, 4, 5, 6, 7, 8, 9, 10}, i;

    reverse(a+3, 6);
    for(i=0; i<10; i++) printf("%d\t", a[i]);
    printf("\n");
}
```

实参指针 a+3 指向 a[3]，函数调用时，将 a+3 赋给 b，在被调函数中实现将从 a[3]开始的 6 个元素逆向存放，改写后的程序运行后输出：

```
1   2   3   9   8   7   6   5   4   10
```

例 9-15　分别求数组前十个元素和后十个元素之和。

```
#include<stdio.h>

int fsum(int *array, int n)          /* 通用的求和函数 */
{
    int i, s=0;

    for(i=0; i<n; i++)
        s+=array[i];
    return(s);
}

main()
{
    int a[15]={ 1, 2, 3, 4, 5, 6, 7, 8, 9, 10, 11, 12, 13, 14, 15 };
    int shead, stail;

    shead = fsum(a, 10);             /* 第 1 次调用 */
    stail = fsum(&a[5], 10);         /* 第 2 次调用 */
    printf("%d,%d\n", shead, stail);
}
```

参数的传递如图 9-13 所示。主函数第 1 次调用 fsum()函数时，第 1 个参数传递的是 a[0]的地址，那么 array 指向 a[0]，在 fsum()函数中求出的是从 a[0]（含 a[0]元素）开始的 10 个元素的和。主函数第 2 次调用 fsum()函数时，第 1 个参数传递的是 a[5]的地址，那么 array 指向 a[5]，在 fsum()函数中求出的是从 a[5]（含 a[5]元素）开始的 10 个元素的和。

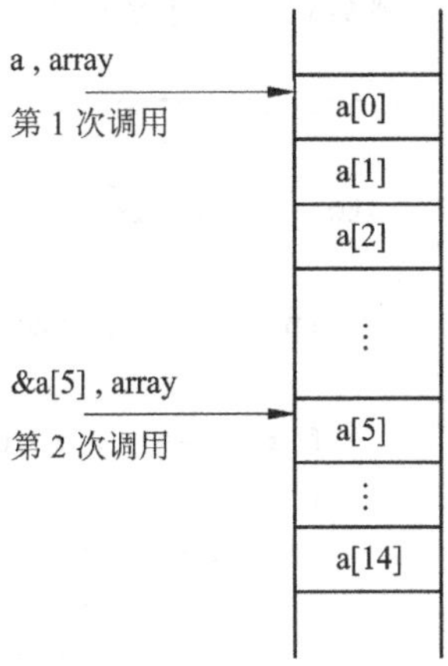

a , array
第 1 次调用
&a[5] , array
第 2 次调用

a[0]
a[1]
a[2]
⋮
a[5]
⋮
a[14]

图 9-13　元素指针作参数

例 9-16　求出数组元素中的最大值和最小值。

```
#include<stdio.h>

void max_min_value (int *array, int n, int *maxp,
int *minp)
/* maxp 指向 main 函数中的 max 变量,minp 指向 min 变量*/
{
    int *p, *array_end;

    array_end = array + n;
    *maxp = *minp = *array;  /* 将第 0 个元素赋给 max 和 min,是数组最大值和最小值的
                                初值 */

    for(p=array+1; p < array_end; p++)
    {
        if( *p>*maxp ) *maxp=*p;
        else if( *p<*minp ) *minp=*p;
```

```
    }
}
```



```
main()
{
    int i, number[10], *p = number, max, min;

    for(i=0; i<10; i++)
        scanf("%d", p+i);           /* 输入数组元素值 */
    max_min_value( p, 10, &max, &min );
    for(i=0; i<10; i++)
        printf("%d\t", *(p+i));     /* 输出数组元素值 */
    printf("max value = %d, min value = %d\n", max, min);
}
```

在介绍函数概念时，我们知道可以通过函数的返回值（return）带回一个运算结果。学习了指针作参数后，可将多个变量的指针传递给被调函数，在被调函数中通过指针间接访问主函数变量，改变它们的值，从而得到多个结果。本例中数组名作参数和普通变量指针作参数的本质是一样的，数组名作参数传递的是数组第一个元素的地址，第一个元素实际上也是一个普通变量。在函数 max_min_value 中，指针 array 指向主函数中的数组元素 number[0]，而指针 maxp 和 minp 分别指向主函数中的普通整型变量 max 和 min。

例 9-17 在函数中通过指针访问数组元素，实现选择法排降序。

```
#include <stdio.h>

void sortd (int *a, int n)
{
    int *p, *q, *maxp, t;

    for( p=a; p<a+n-1; p++)
    {
        maxp = p;
        for( q=p+1; q<a+n; q++)
            if( *q>*maxp )  maxp = q;     /* 排降序 */
        if( maxp!=p )
        { t=*p; *p=*maxp; *maxp=t; }
    }
}

main()
{
    int i, a[10];

    for(i=0; i<10; i++)
        scanf("%d", a+i);                 /* 输入数组元素值 */
```

```
    sortd(a, 10);                        /* 调用 sortd 排降序 */
    for(i=0; i<10; i++)
        printf("%d\t", *(a+i));          /* 输出排序后的数组元素值 */
    printf("\n");
}
```

9.3.3 指针和字符串

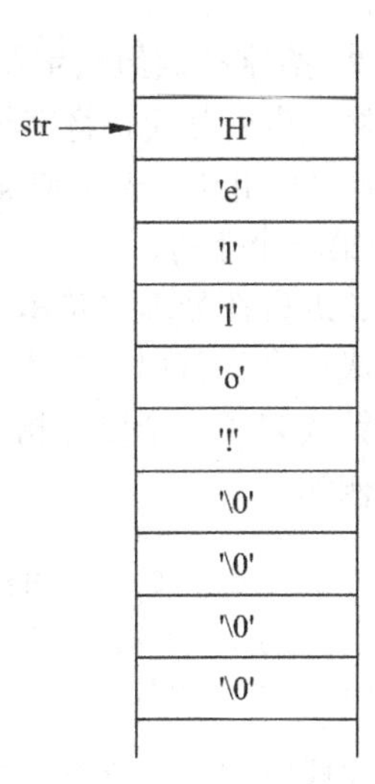

图 9-14 字符串存储在字符数组中

1. 字符数组和字符指针

在 C 语言中，可以用字符数组存放字符串，也可以定义一个指针指向一个字符串常数。

（1）定义一个字符数组，存放字符串

```
char str[10]= "Hello!";
```

str 是一维字符数组名，即数组的起始地址。内存空间的分配及初始化如图 9-14 所示。编译器给数组分配 10 个字节的存储空间，将字符串的值放入该存储空间。实际上只使用了数组前 7 个字节的空间，其中最后一个字节是字符串的结尾标志'\0'。str 数组的最后 3 个字节被自动置为'\0'，注意 '\0' 的值为整数 0。字符数组与整型数组类似，其数组名是数组第一个字符的地址。关于字符数组，回顾前面章节讲解的几个问题。

① 字符数组输入输出：

```
scanf("%s", str);    /* 不可输入中间带空格的字符串 */
gets(str);           /* 可输入带空格的字符串,即将回车前的全部内容作为字符串输入 */
printf("%s", str);   /* 输出字符串 */
puts(str);           /* 输出字符串,自动增加输出换行 */
```

② 字符数组赋值：strcpy(str, "ABCD");

③ 访问字符数组第 i 个字符：str[i] 或 *(str+i)

④ 获取字符数组第 i 个字符的地址：&str[i] 或 str+i

字符串存放在一维数组中，str 是起始地址。在字符串的输入、输出及字符串处理函数中，使用的都是数组名，参见第 3 章对输入输出函数 scanf、printf 以及第 7 章中对 gets、puts 函数的描述。使用字符数组名与使用一般的一维整型数组名类似。

（2）定义一个字符指针并令其指向一个字符串

```
char *strp= "Hello!";
```

"Hello!"是一个字符串常数，在内存中占据一片连续的存储区，C 语言将"Hello!"的值处理成该字符串的存储区的首地址。所以，上述语句的含义是将字符串"Hello!"的首地址赋给指针变量 strp。等价于：

```
char *strp; strp= "Hello!";
```

注意，字符数组名（str）与字符指针（strp）有以下区别：

① str 是指针常量，不论是否对字符串赋值，数组空间已分配，str 指向明确。不允许给 str 重新赋值，如 str= "Hello!" 是错误的。而 strp 是指针变量，若不赋初值，其指向不确定。

② 给字符数组赋字符串值如 strcpy(str, "ABC"); str 的指向不变，改变的是存储单元的内容。也就是说，将字符串常数"ABC"复制到 str 指向的数组空间中。而给字符指针赋值如 strp="Hello!"; 表示使 strp 指向字符串常量"Hello!"。strp=str 表示将 strp 指向字符数组 str 的第一个字符。

C 语言在处理字符串时，将从起始地址开始到字符串结尾标志 '\0' 之间的内容作为整体看成一个字符串。C 语言提供的所有字符串处理函数的参数都是字符指针，也可以说字符指针代表了一个以该指针为起始地址、直到'\0'为止的一个字符串。

例如：

```
char str[10] = "Hello!";
strcpy(str+2, "ABCD");
printf("%s", str);
```

此程序段输出 HeABCD。本例中 strcpy 的第二个参数是字符串常数，其值是该字符串的起始地址。strcpy 的第一个参数是字符指针，即 str+2 是"Hello!"中第一个字母 l 的地址，代表字符串 "llo!"。strcpy 的功能是将第二个参数为起始地址的字符串复制到第一个参数 为起始地址的内存空间中，第二个字符串的结尾标志也被复制，结果第一个参数指定的内容被覆盖。

例 9-18 要求自行编写代码，将字符串 b 的内容追加到字符串 a 的尾部，即实现 strcat()函数的功能，但不能调用系统提供的字符串处理函数 strcat()。

```
#include<stdio.h>
#include<string.h>

main()  /* 解 1: 用数组元素访问方式实现  */
{
    char  a[20]="ABCD", b[10]="EFG";
    int  i, j;

    i = strlen(a);  /*  i 是字符串 a 的长度，也是 '\0' 字符的下标  */
    for(j=0; b[j]!='\0'; i++, j++)
        a[i]=b[j];
    a[i]='\0';
    printf("%s\n", a);
}
#include <stdio.h>
main()  /* 解 2: 用字符指针访问方式实现 */
{
    char a[20]="ABCD", b[10]="EFG";
```

```
    char *pa=a, *pb=b;          /* pa 指向 a[0],pb 指向 b[0] */

    while(*pa!='\0')  pa++;     /* 循环结束后,pa 指向 a 尾部的'\0' */
    while(*pb!='\0')
    { *pa=*pb;  pa++; pb++; }
    *pa='\0';
    pa=a;
    puts(pa);                   /* 请注意用函数 puts 输出字符指针的意义 */
}
```

2. 字符串指针作函数参数

与一维整型数组元素的指针类似，字符串指针也是一维数组元素的指针。字符串指针指向的是 char 类型的变量（元素），可以作函数参数。字符串指针作实参，传递的是字符串的首地址。

例 9-19 字符串指针作函数参数，求字符串的长度。

```
#include<stdio.h>

int my_strlen(char *s)      /* 自定义函数,实现求字符串的长度 */
{
    int n;

    for(n=0; *s!='\0'; s++) /* 循环结束后,s 指向'\0' */
        n++;
    return(n);
}

main()
{
    char str[ ]="Hello!";

    printf("%c\t", *str);               /* A */
    printf("%d\t", my_strlen(str));     /* B */
    printf("%c\n", *str);               /* C */
}
```

程序的运行结果是：

```
H    6    H
```

在 A 行，由于 str 是字符串的首地址，而且它是一个 char＊ 类型的地址，指向的是一个字符，因此*str 是 str 指向的字符，即数组第 0 个元素 str[0]的值，所以输出的是 H。读者经常会误认为*str 的值是"Hello!"。现在与整型数组进行比较。如有 int a[10]; 此时*a 是整型元素 a[0]的值，而不是整型数组整体。在 B 行，调用函数 my_strlen()时的实参 str 是一个地址，赋给形参指针变量 s，相当于 char *s = str; 而形参 s 是函数 my_strlen()内部的局部指针，所以，即使在被调函数中 s 的值发生了变化，也不影响实参 str 的值，所以在 C 行仍然输出 H。

例 9-20 比较两个字符串的大小。

```
#include<stdio.h>

int my_strcmp(char *s, char *t) /* 自定义函数 */
{
    for(; *s==*t; s++, t++)
        if(*s=='\0')
            return(0);
    return(*s-*t);
}

main()
{
    char s1[ ]="Hello!";
    char *s2="Hello!";

    printf("%d\t", my_strcmp(s1, s2));
    printf("%d\n", my_strcmp("Hi", s2));
}
```

上述函数 my_strcmp()的返回值的意义与字符串处理标准库函数 strcmp()的意义相同。程序的输出结果为：0 4。请读者自行分析输出结果。

例 9-21 阅读并理解下述若干函数，它们的功能都是实现字符串复制，将 form 指向的字符串复制到 to 指向的空间中。

```
#include<stdio.h>

void copy_string(char from[ ], char to[ ])
{
    int i=0;

    while(from[i]!='\0')
    {  to[i]=from[i];  i++; }
    to[i]='\0';
}

void copy_string(char from[ ], char to[ ])
{
    int i=0;

    while((to[i]=from[i])!='\0') i++;
}

void copy_string(char *from, char *to)
{
```

```
    while((*to=*from)!='\0')
    {  to++; from++; }
}

void copy_string(char *from, char *to)
{
    while((*to++ = *from++)!='\0');
}

void copy_string(char *from, char *to)
{
    while(*to++ = *from++);
}
```

以上五个函数的功能是一样的，可以用下述主函数调用。

```
main()
{
    char s1[20], s2[20];

    gets(s1);
    copy_string(s1, s2);
    puts(s2);
}
```

例 9-22 编写一个函数 atoi，实现将一个整型数字字符串转换成一个整数，参数是字符串，返回值是整数。例如，若参数是字符串“539”，则函数返回值是整数 539。

```
#include<stdio.h>

int atoi(char *s)                    /* 只能转换正整数 */
{
    int num=0;

    while(*s)
    {
        num = num*10 + (*s -'0');    /*如 s 指向 '9',那么 '9'-'0'的值是数值 9 */
        s++;
    }
    return num;
}

main()
{
    char s[20];

    gets(s);
```

```
    printf("num=%d\n", atoi(s));
}
```


9.3.4 二维数组与指针

1. 二维数组的地址

有定义 int a[3][4]; 数组中的全体元素如图 9-15 所示。

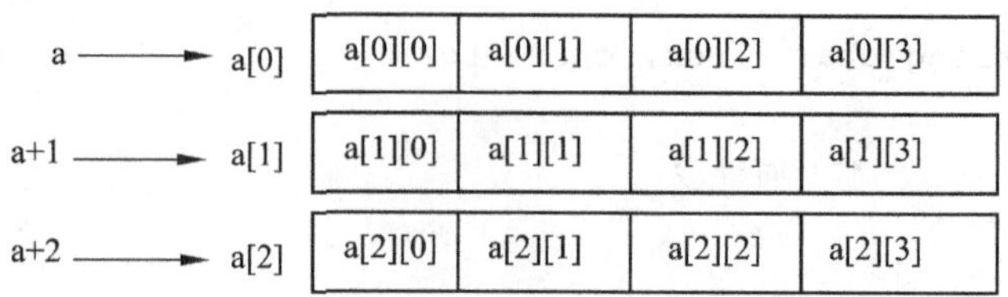

图 9-15 二维数组的构成

在 C 语言中，可以这样来理解二维数组，每一行是一个含有 4 个整型元素的一维数组，可将该一维数组看成是一个“大元素”，分别是 a[0]、a[1]和 a[2]，二维数组是由这些“大元素”构成的一维数组，也可以说二维数组是一维数组的数组。二维数组名 a 是指向这些“大元素”的指针。a 指向 a[0]，a+1 指向 a[1]，a+2 指向 a[2]。

以第 0 行为例，a[0]是第 0 行一维数组的数组名，a[0]指向元素 a[0][0]，a[0]+1 指向元素 a[0][1]，依此类推，如图 9-16 所示。

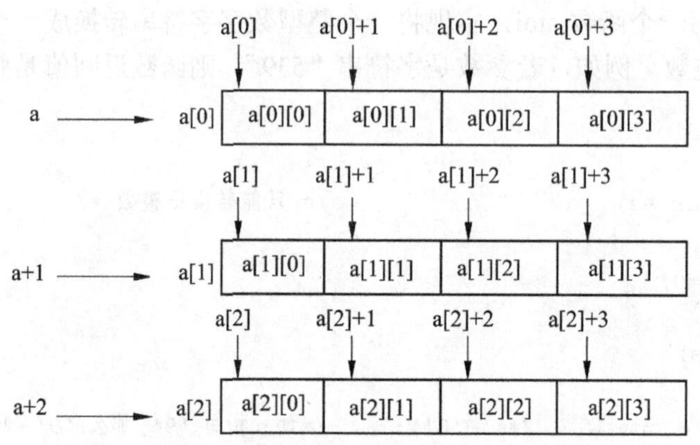

图 9-16 二维数组行指针和元素指针示意

(1) 行指针和元素指针

a 和 a[i]是两种类型不同的指针。a 是行指针，指向 a[0]，即指向由 a[0][0],…,a[0][3]四个元素构成的第 0 行。a+1 指向下一个“大元素”(即指向下一行元素)。a+i 是指向第 i 行的行指针。a[i]是元素指针，指向第 i 行一维数组起始元素，即指向 a[i][0]，其类型是 int *。通过指针 a[i]可以存取一个具体的元素。在 C 语言编译器的处理中，*(a+i) 等价于 a[i]，而 a+i 是行指针，所以，可以在行指针之前加“*”得到元素指针。元素指针 a[i]的类型是 int *，那么行指针 a+i 的类型是什么呢？稍后会介绍。

（2）二维数组元素 a[i][j]地址的表示

有了上述行指针和元素指针的概念，可以用下述方法表示元素 a[i][j]的地址：

```
&a[i][j]、a[i]+j 和 *(a+i)+j
```

（3）二维数组元素 a[i][j]的表示方法

```
a[i][j]、*(a[i]+j)、*(*(a+i)+j) 和 (*(a+i))[j]
```

例 9-23 以下程序输入二维数组元素的值，输出全部元素之和。

```
#include <stdio.h>

main()
{
    int a[3][4];

    int sum=0, i, j;
    for(i=0; i<3; i++)
        for(j=0; j<4; j++)
            scanf("%d", a[i]+j);          /* A */
    for(i=0; i<3; i++)
        for(j=0; j<4; j++)
                sum += *(*(a+i)+j);       /* B */
    printf("sum=%d\n", sum);
}
```

在 A 行输入元素 a[i][j]的值。scanf 函数的第二个参数应该是元素 a[i][j]的地址，其表示方法为 a[i]+j，还可以用其他的方法表示 a[i][j]的地址。在 B 行用了一种通过指针访问二维数组元素的方法，当然也可以用其他方法访问元素 a[i][j]。

2．指向一维数组的指针变量（即行指针变量）的类型

前面已经提到，a 和 a[i]是两种类型不同的指针，并且指出 a[i]的类型是 int * 。而 a 是指向“大元素”的指针，这个“大元素”是一维数组，那么 a 的类型是什么？

若二维数组的每一行有 4 个元素，定义一个指向具有 4 个元素的一维数组的指针变量（即行指针变量）的方法是 int (*p)[4]；这样定义后，p 的特性与 a 的特性一样（int a[3][4];），它们的类型都是 int (*)[4]，于是可以进行赋值 p=a；同样可以这样赋值 p=a+2；此时 p 指向 a 数组的第 2 行（a 数组从第 0 行开始）。需要指出的是，a 是指针常量，而 p 是指针变量。

若有 p=a，则通过 p 可以用四种方法访问 a 数组元素 a[i][j]，分别是 p[i][j]、*(p[i]+j)、*(*(p+i)+j)和(*(p+i))[j]。同理，通过 p 可以有三种方法得到 a[i][j]的地址，它们是&p[i][j]、p[i]+j 和 *(p+i)+j。

例 9-24 改写例 9-23，通过行指针变量访问数组 a 的元素。

```
#include <stdio.h>

main()
{
    int a[3][4], (*p)[4];
    int sum=0, i, j;

    p=a;
```

```
    for(i=0; i<3; i++)
        for(j=0; j<4; j++)
            scanf("%d", p[i]+j);  /* A */
    for(i=0; i<3; i++)
        for(j=0; j<4; j++)
          sum += *(*(p+i)+j);   /* B */
    printf("sum=%d\n", sum);
}
```

同样，在程序中 A 行 scanf 函数的第二个参数是 a[i][j]的地址，也可用其他方式写出 a[i][j]的地址。在 B 行是对二维数组元素 a[i][j]的访问，同样可以写成其他形式，如 p[i][j]或(*(p+i))[j]等。

3．二维数组名作函数参数

例 9-25 改写例 9-24，用二维数组名作函数参数，在被调函数中求二维数组元素之和。

```
#include <stdio.h>

int total( int(*p)[4], int n )  /* A */
{
    int i, j, sum=0;

    for( i=0; i<n; i++)
       for( j=0; j<4; j++)
            sum += *(*(p+i)+j);
    return sum;
}
main()
{
    int a[3][4], sum, i, j;
    for(i=0; i<3; i++)
        for(j=0; j<4; j++)
            scanf("%d", a[i]+j);
    sum = total(a, 3);
    printf("sum=%d\n", sum);
}
```

注意：在 A 行二维数组作参数时，形参 p 的定义形式表示 p 是一个行指针变量。第 2 个参数 n 代表二维数组的行数。在被调函数中，p 仅仅是“一个”行指针变量，它的初值为 a 的值，即相当于在参数传递时有 int (*p)[4]=a；为了体会 p 是一个指针变量，还可将例 9-25 的 total()函数做如下改写：

```
int total(int(*p)[4], int n)
{
    int i, j, sum=0 ;

    for( i=0; i<n; i++, p++ )    /* A */
        for( j=0; j<4; j++)
            sum += *( *p + j );  /* B */
```

```
    return sum;
}
```

注意 A 行和 B 行。在 A 行，指针变量 p 加 1，指向下一行。在 B 行，指针变量 p 前加*，变成元素指针 *p。*p 是一行元素的起始地址，通过 *p+j，得到一行中第 j 个元素的地址，于是可以依次访问一行中所有的元素。形参 p 是局部指针，它的改变不影响对应的实参 a 的值。

注意：二维数组名作参数时，形参有如下三种写法，无论使用何种写法，其意义都是一样的，传递的都是二维数组的行指针。

```
void fun( int  b[3][4] )     /* 形参亦可写成 int b[ ][4] 或 int (*b)[4]  */
{
   …
   *(*(b+i)+j)               /* 通过指针形式访问数组元素 */
   b[i][j]                   /* 也可以通过下标形式访问数组元素 */
   b++                       /* b 是指针变量,其值可变 */
  …
}
void main()
{
   int  a[3][4], (*p)[4]=a;

   …
   fun(a);                   /* 实参可以是数组名 */
   fun(p);                   /* 也可以是行指针变量 */
   …
}
```

4. 将二维数组看成一维数组访问

（1）通过元素指针访问二维数组元素

二维数组从逻辑上看是二维的，实际在内存中的物理存放是一维的（按行存放），即线性的。因此，可以通过元素指针扫描物理的一维数组，来访问二维数组全体元素。

例 9-26 输出二维数组全体元素的值。

```
#include<stdio.h>

main()
{
    int a[3][4]={1, 2, 3, 4, 5, 6, 7, 8, 9, 10, 11, 12}, *p;

    for(p=a[0]; p<a[0]+12; p++)                    /* A */
    {
        if((p-a[0])%4==0) printf("\n");            /* B */
        printf("%4d", *p);
    }
    printf("\n");
}
```

注意：程序中 p 是整型指针，在 A 行，将元素指针 a[0]赋给 p，p 指向物理一维数组的第 0 个元素，二维数组共有 12 个元素，最后一个元素的地址是 a[0]+11。通过 p 扫描该一维数组，达到访问二维数组全体元素的目的。注意 B 行指针相减的含义。

例 9-27 改写例 9-26。print 是通用二维数组输出函数。

```
#include <stdio.h>
void print(int *p, int row, int col)      /* A: 通用二维数组输出.row、col 分别
                                             是二维数组的行数和列数 */
{
    int i;
    for(i=0; i<row*col; i++, p++)
    {
        if(i%col==0)
              printf("\n");
        printf("%4d", *p);
    }
    printf("\n");
}

main()
{
    int a[3][4]={1, 2, 3, 4, 5, 6, 7, 8, 9, 10, 11, 12};
    print(a[0], 3, 4);       /* B */
}
```

注意：程序中 B 行通过参数传递将元素指针 a[0]赋给 A 行的指针变量 p，即 p 指向物理一维数组的第 0 个元素。print 函数第 2 个和第 3 个参数表示二维数组的行数和列数。

（2）已知一个二维数组为 N 行×M 列，即 a[N][M]，将二维数组存放成一维数组后，欲知 a[i][j] 存放在物理一维数组的第几个位置，则如图 9-17 所示，二维数组按行存放成物理的一维数组后，图中阴影部分元素放在二维数组元素 a[i][j]之前。阴影部分共有 i*M+j 个元素。若序号从 0 开始，则 a[i][j]在物理一维数组中的序号是 i*M+j。所以，若有 int *p=a[0]；即 p 指向物理一维数组的第 0 个元素，则 p+i*M+j 是 a[i][j]的地址，可以通过该地址访问 a[i][j]的值，即 *(p+i*M+j)是 a[i][j]的值。

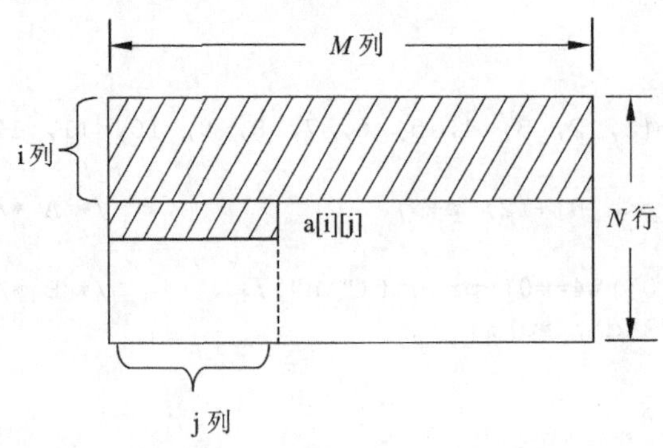

图 9-17 元素 a[i][j]存放位置示意

访问数组元素 a[i][j]时，C 语言编译器内部处理成：将二维数组看成一维数组，按公式 p+i*M+j 计算出 a[i][j]在一维数组中的地址，然后存取 a[i][j]。a[i][j]的地址计算公式 p+i*M+j 只与二维数组的首地址 p、i、j 以及列数 M 有关，而与行数 N 无关，所以当使用二维数组名作函数参数时，形参的书写形式为 int b[ ][M]（或 int (*b)[M]），即行数是可以缺省的，但列数 M 不可以缺省。

例 9-28 输入二维数组任一元素 a[i][j]的行号 i、列号 j，输出 a[i][j]的值。

```
#include <stdio.h>

main()
{
    int a[3][4]={1, 2, 3, 4, 5, 6, 7, 8, 9, 10, 11, 12};
    int *p, i, j;

    p=a[0];
    printf("Please input i & j: ");
    scanf("%d%d", &i, &j);
    printf("a[%d][%d]=%d\n", i, j, *(p+i*4+j));
}
```

此程序运行时，如输入“1 3<Enter>”，则输出“a[1][3]=8”。

5. 元素指针类型和行指针类型小结

前面学习了一维数组元素指针及二维数组行指针，下面以整型类型为例将两种指针的意义以及指针本身的类型做一个小结。

（1）int *p;

p 为一般指针，指向一个整型变量；若数组元素为整型，p 亦可指向数组元素；若数组是一维整型数组，则 p 可与一维数组名等价。如有：int a[10]; p=a; 则可用 p[i]访问数组元素。

（2）int (*p)[M];

p 是指向含有 M 个元素的一维数组的指针，可与每行含有 M 个元素的二维数组名等价，这时 p 是一个行指针。如有：int a[4][M]; p=a; 则可用 p[i][j]访问数组元素。

表 9-2 中列出不同的含有指针的表达式及表达式的数据类型，帮助读者理解指针类型。

表 9-2 含有指针的表达式及其数据类型

表达式	表达式的数据类型	表达式	表达式的数据类型
a	int (*)[M]	&a[i]	int (*)[M]
*a	int *	*(&a[i]+j)	int *
**a	int	*a[i]	int

9.3.5 获得函数处理结果的几种方法

将被调函数的处理结果返回给主调函数，一般有三种方法。

1. 利用 return 语句返回值

例如：

```
int min(int a, int b)
{  return((a<b)?a:b);  }
```


此方法的局限是只能返回一个计算结果。如果函数只有一个返回结果，使用本方法较好。

2．利用全局变量得到函数调用结果

例如：

```
int max, min;
void fun(int a, int b)
{
    max=(a>b)?a:b;
    min=(a<b)?a:b;
}
main()
{
    fun(5, 8);
    printf("max=%d\nmin=%d\n", max, min);
}
```

此方法的好处是可以得到多个计算结果，但安全性欠佳，因为使用了全局变量。

3．利用指针变量作为函数参数来取得函数处理的结果

（1）普通变量指针作参数

例如：

```
void fun(int a, int b, int *pmax, int *pmin)
{ *pmax=(a>b)?a:b; *pmin=(a<b)?a:b; }
main()
{
    int a, b, max, min;

    scanf("%d%d", &a, &b);
    fun(a, b, &max, &min);
    printf("max=%d\nmin=%d\n", max, min);
}
```

此方法较好，可安全地得到多个结果值。另外可参见例 9-16，在该例中将主函数中变量 max 和 min 的指针传递给被调函数，带回两个结果。

（2）数组名作参数

数组名作参数时，传递的是数组首地址，在被调函数中可以通过首指针访问数组元素，本质上与普通变量指针作参数是一样的。在被调函数中把数组元素的值重新赋值，其本质就是间接改变主函数中数组元素值。参见例 9-14 和例 9-17。在例 9-14 中，被调函数将数组元素的值逆向存放，即改变了数组元素值，返回主函数后，主函数中实参数组的元素值就是改变后的值。例 9-17 中在改变数组元素值的意义上与例 9-14 一样。

二维数组名作函数参数，也可以在被调函数中通过数组名间接将主函数中数组元素值改变。

9.4 指针数组

9.4.1 指针数组的定义和使用

1．基本概念

若数组元素为整型量，我们称之为整型数组；若数组元素为字符型量，我们称之为字符数组。那么，若数组元素为指针，我们称之为指针数组。指针也是有类型的，如果指针数组中每个元素为整型指针，则为整型指针数组。同理，有 float 型指针数组、double 型指针数组、char 型指针数组等。

2．指针数组的定义

定义形式为：

```
<类型名> *<指针数组名>[<元素个数>]
```

如 int *p[10]; 表示定义了一个整型指针数组 p[10]，它有 10 个元素 p[0]、p[1]、p[2]、…、p[9]，每个元素均为整型指针变量，其类型为 int *型。

例如，有程序片段如下：

```
int a=6, b=8, c=2;
int *p[10];
p[0]=&a;  p[1]=&b;  p[2]=&c;   /* A */
printf("%d\t%d\t%d\n", *p[0], *p[1], *p[2]);   /* B */
```

该程序输出：

```
6   8   2
```

说明：A 行表示给 p 数组的前三个元素赋值，即将三个地址值赋给数组的前三个元素。B 行中，*p[0]表示间接访问 p[0]指向的值，即变量 a 的值，同理可知*p[1]、*p[2]的意义。

同理有：

```
float *pf[10];   /* 定义了一个 float 型指针数组,数组共有 10 个 float 型指针变量 */
double *pd[5];   /* 定义了一个 double 型指针数组,数组共有 5 个 double 型指针变量 */
char *pc[20];    /* 定义了一个 char 型指针数组,数组共有 20 个 char 型指针变量 */
```

例 9-29　利用指针数组输出另一个一维数组中各元素的值

```
#include<stdio.h>

main()
{
    int i;
```

```
    float a[5]={2, 4, 6, 8, 10};
    float *p[5];
    for(i=0; i<5; i++) p[i]=a+i;  /* A */
    for(i=0; i<5; i++) printf("%.0f\t", *p[i]);
    printf("\n");
}
```

此例中有两个数组，一个 float 型数组 a[5]，另一个是 float * 型数组 p[5]。注意，A 行表示给指针数组元素赋值，让 p[i]指向 a[i]。指针数组 p[5]各元素的指向如图 9-18 所示。

程序运行输出结果为：

```
2   4   6   8   10
```

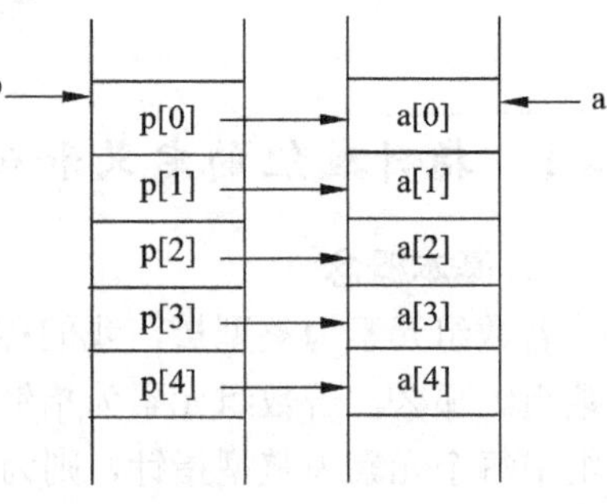

图 9-18　指针数组元素的意义（1）

9.4.2　使用指针数组处理二维数组

例：

```
int a[3][3], *p[3];
for(int i=0; i<3; i++)
    p[i]=a[i];          /* A */
```

说明：a[3][3]是二维数组，a[0]、a[1]、a[2]分别是每一行元素的首地址，指针类型是 int *。p[3]是指针数组，它的元素 p[i]是指向整型变量的指针（元素指针），类型是 int *。上述 A 行表示将 a 数组每行元素的首地址赋给指针数组相应元素。指针的指向关系图 9-19 所示。

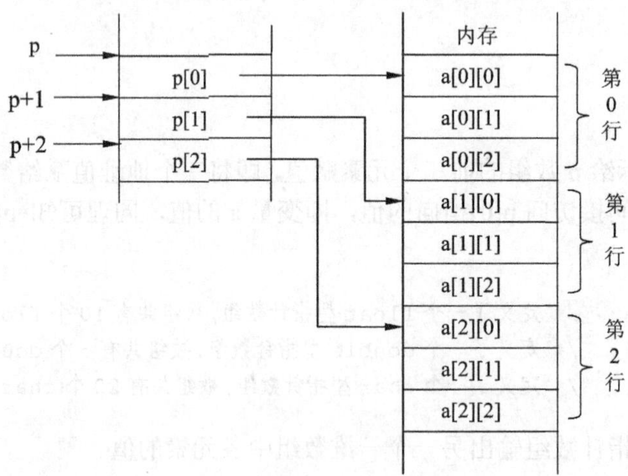

图 9-19　指针数组元素的意义（2）

于是，通过指针 p 引用 a 数组元素的方式有以下四种：

```
p[i][j],  *(p[i]+j),  *(*(p+i)+j),  (*(p+i))[j]
```

例 9-30 输出二维数组全体元素的值。

```
#include<stdio.h>

main()
{
    int a[2][3]={{1, 2, 3}, {4, 5, 6}};
    int *pa[2];
    int i , j;

    pa[0]=a[0]; pa[1]=a[1];  /* 给指针数组赋初值 */
    for(i=0; i<2; i++)
    {
        for(j=0; j<3; j++)
            printf("%d\t", *(pa[i]+j));
        printf("\n");
    }
}
```

此程序的输出结果是：

```
1  2  3
4  5  6
```

9.4.3 利用字符指针数组处理字符串

通过前面的学习我们知道，C 语言把字符串常量的值处理成其内存起始地址，现有定义：

```
char *name[ ]={"George", "Mary", "Susan", "Tom", "Davis"};
```

name 是一个指针数组，根据括号中的字符串初值个数可知，共有 5 个指针，分别指向 5 个字符串常量，其内存指向的逻辑关系如图 9-20 所示。

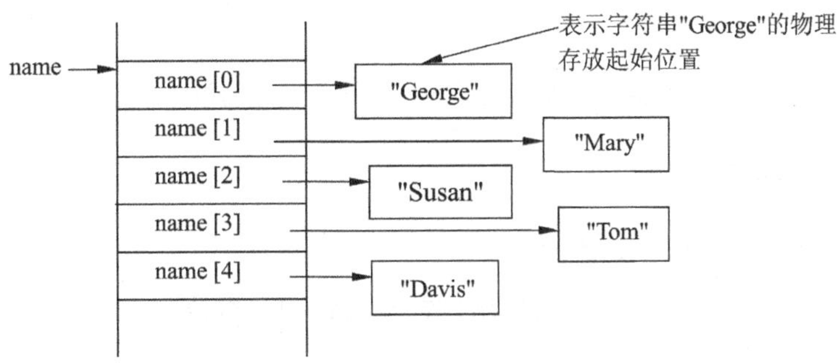

图 9-20 字符型指针数组元素的意义

例 9-31 按字典序将上述 5 个字符串排成升序，并输出排序后的结果。此程序采用选择法排序，通过交换指针的指向达到排序的目的。

```
#include<stdio.h>
#include<string.h>

main()
{
    char *name[ ]={"George", "Mary", "Susan", "Tom", "Davis"};
    char *ptr;
    int i, j, k, n=5;

    for(i=0; i<n-1; i++)
    {
        k=i;
        for(j=i+1; j<n; j++)
            if( strcmp(name[k], name[j])>0 )  /* 字符串比较 */
                k=j;                          /* 记住最小字符串指针的下标 */
        if(k!=i)
        { ptr=name[i]; name[i]=name[k]; name[k]=ptr;}/* 交换指针数组元素值 */
    }
    for(i=0; i<n; i++)                        /* 输出结果 */
        printf("%s\t", name[i]);
    printf("\n");
}
```

排序后，内存各指针的指向关系如图 9-21 所示。

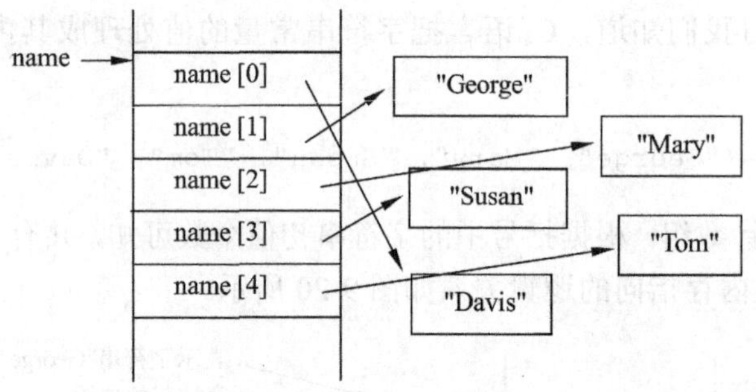

图 9-21　排序后字符型指针数组元素的指向

程序的输出结果是：

```
Davis   George  Mary   Susan   Tom
```

例 9-32　改写例 9-31，学习如何使用指针数组作函数参数。

```
#include<stdio.h>
#include<string.h>

main()
```

```
{
    void sort(char *[ ], int), print(char *[ ], int);   /* 函数原型说明,因为
                                                          函数定义在后 */
    char *name[ ]={"George", "Mary", "Susan", "Tom", "Davis"};

    int n=5;
    sort( name, n);                              /* 调用函数 sort */
    print( name, n);                             /* 调用函数 print */
}

void sort(char *name[ ], int n) /* 函数定义,注意参数的写法 */
{
    char *ptr;
    int i, j, k;

    for(i=0; i<n-1; i++)
    {
        k=i;
        for(j=i+1; j<n; j++)
            if( strcmp(name[k], name[j])>0 ) k=j;
        if(k!=i)
        {ptr=name[i];name[i]=name[k];name[k]=ptr;}
    }
}

void  print(char *name[ ], int n) /* 函数定义,注意参数的写法 */
{
    int i;

    for(i=0; i<n; i++)
        printf("%s\t", name[i]);
    printf("\n");
}
```

9.4.4 main 函数的参数

到目前为止，main 函数的定义形式如下，为无参函数。

```
main()
{   ...   }
```

实际上，main 函数是可以带参数的。带参数的 main 函数的定义形式为：

```
main( int argc, char *argv[ ] )
{   ...   }
```

main 函数的参数的意义是什么呢？可以通过例 9-33 来学习 main 函数参数的意义。

例 9-33 了解 main 函数参数的意义。

```
#include<stdio.h>

main(int argc, char *argv[ ])
{
    int i;

    printf("argc=%d\n", argc);
    printf("Command name=%s\n", argv[0]);
    for(i=1; i<argc; i++)
        printf("%s\n", argv[i]);
}
```

上述源程序文件名是 Li0933.c，假定它被存放在 D:\EX 文件夹下，编译连接后产生可执行程序，文件名为 Li0933.exe，它仍然在 D:\EX 下。执行该程序，实际上就是操作系统调用这个程序。操作系统在调用 Li0933.exe 时，可以给它的主函数传递必要的参数，以使主函数根据不同参数做不同的工作。操作系统通过 DOS 命令行传递参数给主函数。

在 Turbo C 2.0 中通过 File 菜单的 OS shell 命令启动 DOS 方式，在 DOS 提示符下键入命令行，形式如下：

```
D:\EX>Li0933  par1  par2  /p  /w<Enter>
```

其中，带下划线部分为输入，<Enter>键前面的部分称为 DOS 命令行。操作系统分析该命令行，实际上就是分析字符串"Li0933 par1 par2 /p /w"，将其分解成若干子串，这些子串是由空白字符分隔开的，它们是"D:\EX\Li0933.exe"、"par1"、"par2"、"/p"和"/w"。第一个子串比较特别，因为它是命令（可执行程序），操作系统自动地加上它所在的路径及其扩展名。这些信息被传递给 main 函数。main 函数参数的意义是：argc 是子串的个数（如上例为 5），参数 argv 是指针数组，其各元素的指向如图 9-22 所示。

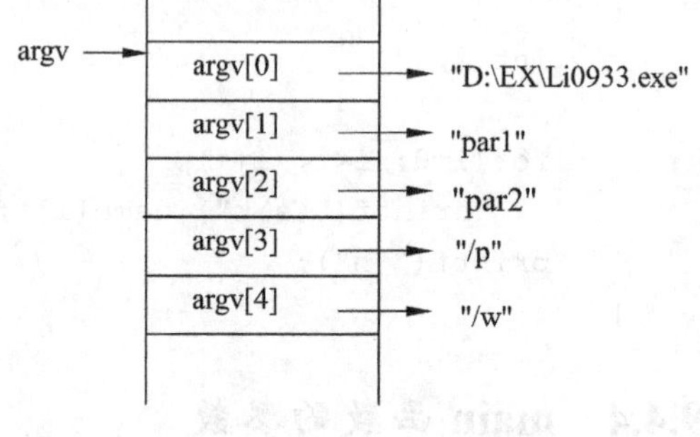

图 9-22 main 函数 argv 参数的意义

因此，该程序运行后的结果如下：

```
argc=5
Command name=D:\EX\LI0933.EXE
par1
par2
/p
/w
```

用户在编写主函数时，就可以根据不同的参数完成不同的功能。

针对图 9-22，请读者思考如下程序的输出结果：

```
printf("%c\n", ++ * ++ * ++ argv);
printf("%c\n", ++ * ++ * argv);
```

关于 main()函数的参数，读者在第 11 章中还会看到它的使用实例。

9.5 指向指针的指针

在 C 语言中定义一个基本类型变量时，该变量占用若干存储单元，第一个存储单元的地址为该变量的起始地址，可以用一个指针变量存放该起始地址。同样地，当定义一个指针变量时，该指针变量也占用若干存储单元，也有起始地址，同样可以定义一个变量存放它的起始地址。存放指针变量起始地址的变量，称为指向指针的指针变量，其定义格式为：

```
<类型说明符> ** <指针变量名>;
```

例如：

```
int x=3, *p1, **p2;
p1 = &x;
p2 = &p1;
```

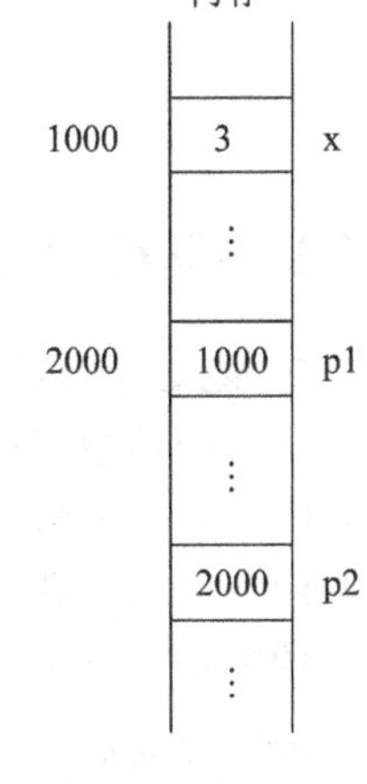

图 9-23　指向指针的指针的意义

假定变量 x 的地址是 1000，变量 p1 的地址是 2000，则内存中的存储状况如图 9-23 所示。

这时，可以通过 p1 一级间接访问 x，即*p1 等价于 x。也可以通过 p2 二级间接访问 x，即**p2 等价于 x。

例 9-34　定义一个指向指针的指针，用它指向指针数组。

```
#include<stdio.h>

main()
{
    char **p;
    char *s[ ]={ "up", "down", "left", "right" };
    int  i;

    p=s;
    for( i=0; i<4; i++ )
        printf("%s\t", *p++);  /* A */
    printf("\n");
}
```

如图 9-24 所示，指针数组 s 有四个元素，分别存放四个字符串常量的起始地址，每个元素都是 char * 类型的指针。指针数组名 s 是指针常量，它指向 s[0]，它的类型是 char *[ ]，本质上就是 char **。变量 p 是指向指针的指针，它的类型是 char **，可将同类型的指针常量 s 的值赋给 p，就是将 s 的值存入 p 的存储空间中，此时可以说 p 指向 s 数组。

A 行的 *p++ 等价于 *(p++)。A 行等价于“printf("%s\t", *p); p++;”。初始时 p 指向 s[0]，*p 就是 s[0]，于是输出字符串"up"，然后 p 加 1，指向下一个字符串"down"。运行程序，输出：

```
up      down    left    right
```

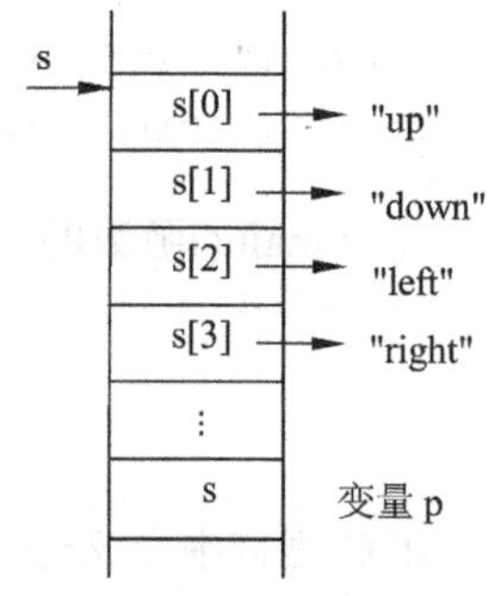

图 9-24　指向指针的指针变量

实际上，指针数组名都是指向指针的指针，和例 9-34 中的 s 一样，图 9-20 中的 name 和图 9-22 中的 argv 都是指向指针的指针，name 和 argv 的类型都是 char *[ ]（即 char **）。只不过 s 和 name 是指针常量，而例 9-34 中的 p 和例 9-33 中的 argv 是指针变量。再如例 9-29 中，有定义 float *p[5]; 此时 p 也是指向指针的指针常量，其类型是 float **，p 指向的元素 p[0]是 float *类型的指针。

9.6　指针和函数

9.6.1　函数指针

1．函数指针的定义和说明

一个函数被编译连接后生成一段二进制代码，该段代码的首地址，称为函数的入口地址。C 语言将函数名的值处理成函数的入口地址。我们可以定义一种指针变量，专门用于存放函数的入口地址，这种变量被称为函数指针变量，简称函数指针。

函数指针变量的定义格式为：

```
<类型说明符> (*<函数指针变量>)(<参数类型表>);
```

例如：

int (*fp)(int, int);　定义函数指针变量 fp，它指向具有两个整型参数且返回值为整型数据的函数。

int max(int, int);　说明函数 max。

fp=max ;　将函数 max 的入口地址赋给指针变量 fp，fp 和 max 都指向函数的入口。注意 fp 和 max 的类型是一样的。

说明：

（1）函数指针指向程序代码区，一般数据变量指针指向数据区。

（2）在定义 int (*fp)(int, int)中，注意运算符()优先级高于*，*fp 两侧括号不能省略。若省略就是另外的含义，参见 9.6.2 节。

（3）函数指针不能进行++、--、+、–等运算，因为在程序的一次执行阶段，函数代码区的起始地址不会变动。

2．函数指针的使用

（1）用函数指针调用函数

函数可以通过函数名调用，也可通过函数指针调用。如上面的语句 fp=max; 则对函数 max 的调用方式可以是：

```
max(实参表);        /* 通过函数名调用,建议使用 */
(*max)(实参表);  /* 通过函数名调用 */
fp(实参表);         /* 通过函数指针调用,建议使用 */
(*fp)(实参表);    /* 通过函数指针调用 */
```

例 9-35 通过函数指针变量调用函数。

```
#include <stdio.h>

main()
{
    int max(int, int), min(int, int);   /* 函数原型说明 */
    int (*fp)(int, int);                /* 定义函数指针 fp */
    int a, b, c, d;

    scanf("%d%d", &a, &b);
    fp=max;                /* fp 指向 max() 函数 */
    c=fp(a, b);            /* 通过 fp 调用 max() 函数 */
    fp=min;                /* fp 指向 min() 函数 */
    d=(*fp)(a, b);         /* 通过 fp 调用 min()函数 */
    printf("max=%d\tmin=%d\n", c, d);
}

int max(int x, int y)
{  return(x>y?x:y);  }

int min(int x, int y)
{  return(x<y?x:y);  }
```

通过本例可以看出，fp 是函数指针变量，其值可以被改变，它可以指向 max 函数也可以指向 min 函数。而 max 和 min 是函数指针常量，它们只能固定地指向定义函数时对应的函数。

（2）函数指针作为函数参数，实现两个或多个函数之间的调用控制。

例 9-36 函数名作参数，通过一个公用接口调用三个函数。

```
#include <stdio.h>

main()
{
    int max(int, int), min(int, int), sum(int, int);    /* 函数原型说明 */
    int process(int, int, int (*)(int, int));           /* 函数原型说明 */
    int a, b;

    printf("Enter a and b:");
    scanf("%d%d", &a, &b);
```

```
    printf("max=%d\t", process(a, b, max));          /* A */
    printf("min=%d\t", process(a, b, min));          /* B */
    printf("sum=%d\n", process(a, b, sum));          /* C */
}

int process(int x, int y, int (*fun)(int, int))     /* 函数定义 */
{
    return fun(x, y);                                /* D */
}

int max(int x, int y)
{ return( x>y ? x :y ); }

int min(int x, int y)
{ return( x<y ? x :y ); }

int sum(int x, int y)
{ return( x + y ); }
```

程序运行时输入：

```
3  8<Enter>
```

输出：

```
max=8   min=3   sum=11
```

注意程序的 A、B、C 三行，三次调用分别传递了三个不同的函数入口地址。在 D 行，利用函数指针 fun 调用函数，虽然调用格式上是一样的，但由于 main 函数三次调用 process 函数传递给 fun 的函数指针不同，因此实际上在 D 行三次调用了三个不同的函数。可见，函数指针增加了函数调用的灵活性。函数指针在编写通用函数方面是很出色的，见例 9-37。

例 9-37　编写一个通用的积分函数求下列三个定积分的近似值。

$$\int_0^1 (\sin(x)+1)\mathrm{d}x \quad \int_0^2 (1+x+x^2+x^3)\mathrm{d}x \quad \int_1^{2.5} \frac{x}{1+x^2}\mathrm{d}x$$

用梯形法求定积分的通用公式为：

$$s = h\left(\frac{f(a)+f(b)}{2} + \sum_{i=1}^{n-1} f(a+i\times h)\right), \quad h = \left|\frac{a-b}{n}\right|$$

其中，a 和 b 是积分区间的下限和上限，n 为积分的分隔数，h 为积分的步长，$f(x)$为被积函数。通用的积分函数 integral()需要四个参数，它们是 a、b、n 和 f 函数的指针。

```
#include <stdio.h>
#include <math.h>

double f1(double x)
{
```

```
    return(sin(x)+1);
}

double f2(double x)
{
    return(1 + x + x*x + x*x*x);
}

double f3(double x)
{
    return x/(1+x*x);
}

double integral(double(*f)(double), double a, double b, int n)/* 通用的求
                                                                积分函数 */
{
    double s, h;
    int i;

    h=(b-a)/n;
    s=(f(a)+f(b))/2;
    for(i=1; i<n; i++) s+=f(a+i*h);
    return(s*h);
}

main()
{
    printf("integral of f1 = %f\n", integral(f1, 0, 1, 3000));
    printf("integral of f2 = %f\n", integral(f2, 0, 2, 1000));
    printf("integral of f3 = %f\n", integral(f3, 1, 2.5, 2000));
}
```

程序运行结果如下：

```
integral of f1 = 1.459698
integral of f2 = 10.666672
integral of f3 = 0.643927
```

从本例可以体会到，使用函数指针编写通用的处理函数，可以使源程序代码简化。

9.6.2 返回指针的函数（指针函数）

函数的返回值可以是基本类型量如整型、实型、字符型，学习了指针以后，我们知道指针也是一种数据类型，那么函数的返回值也可以是指针。定义返回指针的函数格式如下：

```
<类型说明符> * <函数名>( [<参数表>] ) { <函数体> }
```

例如，定义一个返回值为整型指针的函数，格式如下：

```
int *func(…)
{…}
```

函数名前面的部分为返回值类型，本例返回值类型是 int *。可以依此类推，定义出返回 float *、char * 类型的函数。注意，如果写成如下形式：

```
int (*func)(…);
```

则表示定义了一个函数指针变量 func，它是一个指向返回整型值函数的指针变量，参见 9.6.1 节。

例 9-38 函数 char *find(char *str, char ch)在一个字符串 str 中找出字符 ch 第一次出现时的地址，并返回该地址值。

```
#include <stdio.h>

char *find(char *str, char ch)  /* 返回值类型为 char *  */
{
    while(*str!='\0')
    {
        if(*str==ch) return(str);
        str++;
    }
    return(NULL);  /* 若找不到,返回空指针 */
}

main()
{
    char  s[ ]="warrior";
    char  *p;

    p=find(s, 'r');
    if(p) printf("%s\n", p);  /* 输出 rrior */
    p=find(s, 'b');
    if(p) printf("%s\n", p);  /* 不输出 */
}
```

在函数 find 中，初始时 str 是字符串的首地址，通过 str 扫描字符串，如果它指向的字符是待查找字符，则返回该指针；否则指针加 1，指向下一字符。如果字符串中没有出现字符 ch，则返回空指针 NULL，其值为 0。注意主函数中的输出语句 printf("%s\n", p);，前面讲过，一个字符串的本质是从起始地址开始到 '\0' 结束，如果输出一个字符指针，就是将该指针看成字符串的首地址，然后输出它指向的字符串。

9.7 指 针 小 结

学习指针首先必须理解指针的意义，另外对指针的各种定义形式也要熟记。下面以整型量为例，将前面学过的各种指针的定义形式和意义做一个简单的小结。其他类型的指针在概念上可以类推。

1．int *p;

p 是一般指针，用于指向整型量。被指向的整型量可以是简单的整型变量，也可以是一维整型数组或二维整型数组中的一个元素，因为数组的每一个元素都是整型量。int *类型的指针与一维整型数组名在数据类型上等价，即一维整型数组名是指针，其类型是 int *。

例：

```
int  i, a[10], b[3][4], *p;
p=&i;            /* p 指向简单整型变量 */
p=&a[3];         /* p 指向一维整型数组中的一个元素 */
p=&b[2][3];      /* p 指向二维整型数组中的一个元素   */
p=a;
p++;             /* 正确 */
a++;             /* 错误 */
++ *p            /* 将 p 指向的变量值加 1 */
```

2．int (*p)[M];

p 指向含有 M 个元素的一维数组。可指向每行含有 M 个元素的二维数组的一行，也可以说它是二维数组的行指针，可与二维数组名在数据类型上等价。若有定义 int a[N][M];，则 p 和 a 的类型都是 int (*)[M]。

例：

```
int  a[3][4], (*p)[4];
p=a;
p++; /* p 指向 a 数组的下一行元素，即指向 a[1]。a[1]是一个"虚"的地址表示 */
```

3．int * p[M];

指针数组，共有 M 个元素，每个元素都是整型指针。该种指针的类型名是：int *[ ]。

4．int **p;

指向整型指针的指针。该种指针的类型是 int **，与整型指针数组名的类型 int *[ ]等价。参见例 9-34 后的说明。

例：

```
int  *a[10], **p;
p=a;
p++; /* p 指向 a 数组的下一个元素，即指向 a[1]。a[1]是具有存储空间的一个指针 */
```

5．int (*p)(int, int);

p 是一个函数指针，可指向参数是两个整型值、并且返回整型值的函数。从语法上看，本节中前面 2、3 部分定义二维数组行指针和指针数组时，使用的均是方括号，只有在定义指向函数的指针时使用的是圆括号。

6．int *f(){…};

这是函数定义，f 为返回整型指针的函数，即返回值类型为 int *。与前 5 个定义不同，前5个定义用于定义不同类型的指针变量，而本函数定义只是说明函数的返回值类型是指针类型。可以类推，如果有函数定义 int **f(){…}，则表示函数的返回值类型为指向整型指针的指针。

7. void 类型的指针

此类指针比较特殊，在用法上要注意如下两点。

（1）任何类型的指针都可以直接赋值给它，无须进行强制类型转换。如：

```
void *p1;
int *p2;
p1 = p2;
```

在C语言中，void 类型指针也可以直接赋给其他类型的指针，但最好进行强制类型转换。

（2）按照 ANSI C 的标准，不能对 void 指针进行算术操作，即下列操作都是非法的：

```
void * p;
p++;
p += 1;
```

因为 ANSI C 认为，进行算术操作的指针必须是确定类型的。

8. NULL 指针

NULL 指针是另外一个容易混淆的地方。C 语言将 NULL 定义为 0，通常用来初始化一个指针变量。例如：

```
int  m=0;        /* 采用一个整数初始化一个整形变量 */
int  *p=NULL;   /* 采用 NULL 初始化一个指针变量 */
```

指针变量的零值是“空”，尽管 NULL 的值与 0 相同，但是两者意义不同。假设指针变量的名字为 p，它与零值比较的标准 if 语句如下：

```
if (p == NULL)  /* p与NULL显式比较,强调p是指针变量 */
if (p != NULL)
```

但不要写成如下两种形式，它们都影响程序的可读性：

```
if (p == 0)
if (p != 0)
```

或者

```
if (p)
if (!p)
```

9. 野指针

“野指针”不是 NULL 指针，是指向“垃圾”内存的指针。“野指针”的产生的原因主要有两种。

（1）指针变量没有被初始化。任何局部、动态的指针变量刚被创建时不会自动成为 NULL 指针，它的默认值是随机的，胡乱指向一个内存空间。所以，指针变量在创建的同时应当初始化，要么将指针设置为 NULL，要么让它指向一个合法的内存。例如下面都是正确的初始化方法：

```
char *p = NULL;
char *str = (char *) malloc(100);
```

（2）指针 p 被 free，没有置为 NULL，让人误以为 p 是个合法的指针。例如：

```
char *str = (char *) malloc(100);
free(str);
printf("%x", str);  /* 输出 str 的地址,仍然是刚才空间的首地址 */
```

此时 str 就是一个野指针，有些书上称为"悬空的指针"。人们一般不会错用 NULL 指针，因为用 if 语句很容易判断。但是"野指针"是很危险的，if 语句对它不起作用，即 if 语句无法判断指针是否指向"合法"空间。

习 题 9

本章习题要求用指针的方法处理，如通过指针访问数组元素、将数组或变量的起始地址传递到被调函数；并且要求，一般在主函数中输入输出数据，在被调函数中完成处理工作。

1．在主函数中输入任意三个整数，存入变量 a、b、c 中，调用函数 swap(int *, int *, int *)实现将三个变量值进行交换（要求函数的参数为三个变量 a、b、c 的地址），目标是将三个变量从小到大排序，即变量 a 中的值是初始三个值中的最小者，变量 c 中的值是初始三个值中的最大者，变量 b 是中间值，最后输出 a、b、c 三个变量的值。

2．在主函数中输入一个字符串到字符数组 str 中，调用函数统计字符串中出现的字母（含大小写）、数字、空格以及其他字符出现的次数，在主函数中输出统计结果。要求用指针作参数带回四个统计结果。

3．在主函数中首先输入一个整数到变量 n 中，然后输入 n 个整数到数组中，调用函数 exchange()，完成将数组中的最小值与第 0 个元素对调，将数组中的最大值与最后一个元素对调，在主函数中调用函数 print()输出调换前和调换后的数组。要求被调函数 exchange 和 print 的参数均为数组名和数组元素的个数。

4．在主函数中输入 10 个整数到数组中，调用函数 move()完成将数组元素循环移动 k 位（要求函数参数为数组名、数组元素个数和循环移动的位数 k）。当 k>0 时，实现循环右移；当 k<0 时，实现循环左移。循环右移一位的意义是：将数组全体元素向右移动一个元素的位置，原数组最后一个元素移动到数组最前面，即第 0 个元素位置。提示：当 k<0 时，转换成等价的循环右移。参见第 3 题，调用函数 print()输出移动前和移动后的全体数组元素。

5．在主函数中输入一个字符串到字符数组 str1 中，调用函数将 str1 中的下标为奇数的字符取出，构成一个新的字符串放入字符数组 str2 中（要求被调函数参数为 str1 和 str2），在主函数中输出结果字符串 str2。

6．在主函数中输入一个字符串 main_str，调用函数将 main_str 中最长的单词取出放入字符串 sub_str 中（要求被调函数参数为 main_str 和 sub_str），在主函数中输出结果字符串 sub_str。假定字符串 main_str 中的单词以一个或多个空格隔开。例如，若输入字符串“She is a nice girl.”，则结果输出字符串“girl.”。要求：若有多个长度相同的最长单词，则取第一个。

7. 在主函数中定义并初始化一个 4×5 的二维数组，调用函数 find_saddle_point()求出该二维数组的鞍点，并通过行列下标变量的指针返回鞍点的行列下标值。所谓鞍点是指二维数组中的某个元素，该元素在它所在的行中值最大，在它所在的列中值最小。要求被调函数参数为二维数组名、鞍点的行下标变量指针和列下标变量指针。在主函数中定义行、列下标变量，用于存放鞍点的行、列下标值。

8. 编写一个函数 palin()，用来检查一个字符串是否是正向拼写与反向拼写都一样的“回文”(palindromia)，如“MADAM”是一个回文。若放宽要求，即忽略大小写字母的区别、忽略空格及标点符号等，则如“Madam, I'm Adam”之类的短语也可视为回文。编程要求：① 在主函数中输入字符串。② 将字符串首指针作为函数参数传递到函数 palin()中。当字符串是回文时，要求函数 palin()返回“真”值，否则返回“假”值。③ 若是回文，在主函数中输出 yes。若不是回文，在主函数中输出 no。

提示：算法之一是在函数 palin()中定义两个指针变量，分别指向字符串首部及尾部，判断它们指向的字符相等后，首指针 head 向后移动一个字符位置，尾指针 tail 向前移动一个字符位置，遇空格或标点符号等则跳过，直到能判定出结果。

9. 编写一个函数，实现两个字符串 s1、s2 的比较，即自己编写一个函数 my_strcmp(s1, s2)。如果 s1=s2，则函数返回值为 0；如果 s1≠s2，返回第一个不同字符的 ASCII 码差值。例如，对于“BOY”与“BOSS”，返回 6（因为‘Y’－‘S’等于 6）。编程要求：在主函数中输入两个字符串 s1、s2，调用 my_strcmp()函数，并且要求在主函数中输出 my_strcmp (s1, s2)的返回值。

10. 任意输入三个字符串，按从小到大的顺序输出。编程要求：① 在主函数中定义三个字符数组 str1[ ]、str2[ ]、str3[ ]，输入的三个字符串分别存入这三个字符数组中。② 将 str1、str2、str3 三个字符数组的指针传递给被调函数。③ 在被调函数 swap(char *, char *, char *)中做字符串变量值的交换，结果变量 str1 中是初始三个字符串中的最小者，变量 str3 中是初始三个字符串中的最大者，变量 str2 中是中间值。④ 返回主函数后，输出 str1、str2、str3 三个字符串的值。

11. 在主函数中定义一个含有 12 个指针的指针数组，令它的数组元素分别指向 12 个由月份组成的字符串常量，如第 0 个元素指向“January”。循环输入月份值，按月份值与指针数组下标的对应关系找到对应的月份字符串输出。如输入 8，则输出“August”。当输入一个非法月份时，程序停止执行。

12. 输入一个字符串存入字符数组 s，串内有数字字符和非数字字符。例如：

```
abc2345  345rrf678  jfkld945
```

编程将其中连续的数字作为一个整数，依次存放到另一个整型数组 b 中，如对于上面的输入，将 2345 存放到 b[0]、345 放入 b[1]、678 放入 b[2]、945 放入 b[3]；同时统计出字符串中的整数个数，本例为 4；最后输出得到的结果。要求：

（1）在主函数中完成输入输出工作。

（2）定义一个函数 selectnum，完成从字符串中提取整数的工作，并将提取的整数个数作为返回值。要求其参数是：① 字符指针，指向上述字符数组 s；② 整型指针，指向上述整型数组 b，该整型数组用于存放从字符串中提取出的多个整数。将一个数字字符串转换为整数的算法参见例 9-22。

13．有 *n* 个人围成一圈，顺序排号，顺序号是 1、2、3、…、*n*。序号存入一维数组 a 中，即 a[0]、a[1]、a[2]、…、a[*n*–1]的值分别是 1、2、3、…、*n*。从第 1 个人开始报号，凡报到 *m* 的人退出圈子，问最后留下的人是第几号。要求在主函数输入 *n* 和 *m* 的值，将数组 a 以及 *n*、*m* 作为参数传递给函数 count()，在该函数中依次输出退出圈子的人的序号，最后输出的就是留下的人的序号。要求用数组及指针实现。

算法提示：将数组中的元素看成循环队列，指针从当前位置向右移动 *m*–1 次（即移动到报数为 *m* 的人），即找到本次应退出的人的序号。在移动过程中，若移动到数组最后一个元素之后，应反绕到数组首元素。当找到应退出的人的序号后，输出该序号，同时将后面的元素依次左移，这样剩下的元素仍然构成循环队列。若当前退出的人是数组的最右侧元素，则应把当前指针反绕到数组首元素。然后将总人数减 1。上述过程循环至队列中人数为 0。

第 10 章 链表及其算法

10.1 存储空间的动态分配和释放

在本节内容之前，变量存储空间的分配及释放是由系统自动完成的，不需要用户干预。对于静态变量，编译时确定其空间，在程序开始运行时分配其空间，程序结束时释放空间。对于动态变量，程序在运行时由系统动态分配、撤销其空间。如对于函数内部的局部动态变量，进入函数时，系统自动分配空间，函数执行结束时，系统释放其空间，不需要编程者干预。

在程序中可以通过变量名来访问变量，称为变量的直接访问；也可以通过指针来访问变量，称为变量的间接访问。

本章介绍一种在程序运行过程中动态申请、释放变量存储空间的方法，申请多少空间由编程者根据具体问题而定。对于动态申请的空间中的值，只能通过指针间接访问。动态申请的存储空间在程序结束前的适当时刻，必须由编程者安排释放其空间。

读者经常想根据问题的实际规模来定义数组的大小，例如语句：

```
int n;
scanf("%d", &n);
int a[n];
```

是不允许的，因为 C 语言编译器在编译时必须确定数组空间的大小，但此段程序在运行时，才能输入变量 n 的值，也就是说在编译时是不知道 n 大小的，因此在编译时无法确定数组空间的大小。另外，在 C 语言中，变量的定义语句必须放在可执行语句之前。上例中，int a[n]; 是变量定义语句，而 scanf("%d", &n); 是可执行语句，即变量定义语句放在可执行语句之后，因此是非法的。

那么，能否根据问题的实际规模来确定需要使用的存储空间的大小呢？回答是肯定的，学习了变量空间的动态分配和释放，就可以解决这个问题了。

内存空间是由操作系统管理的。程序中如果安排申请存储空间，就是向操作系统申请存储空间，程序使用完毕应该把这些空间“还给”操作系统，这就是存储空间的释放。下述 malloc 和 calloc 函数向操作系统“要”空间，free 函数将使用完毕的空间“还给”操作系统。

下面介绍几个动态存储空间的分配和释放函数，与这些函数有关的头文件有 malloc.h、stdlib.h、alloc.h，使用时具体包含哪一个头文件请参照附录中的常用库函数说明。

1．malloc 函数

函数原型：

```
void * malloc(unsigned int size);
```

函数功能：申请 size 个字节空间，并返回该空间起始地址，起始地址为 void * 类型。若 malloc 执行成功，则返回所分配存储空间的起始地址；反之，返回空指针 NULL。

例如：

```
int *p1, *p2, *p3;
p1 = (int *) malloc(2);                  /* A */
p2 = (int *) malloc( sizeof(int) );      /* B */
p3 = (int *) malloc( n * sizeof(int) ); /* C */
```

A 行的 malloc(2)申请 2 个字节的存储空间，并返回该空间起始地址，该地址为 void * 类型。在赋值之前，通过类型强制转换将该指针转换成 int * 类型，赋值给指针 p1。B 行的意义在于它是一个可移植性强的语句。因为在不同的 C 语言开发环境中，int 型量的长度不一定相同。如在 Turbo C 环境中，int 型数据占 2 个字节，而在 Visual C++（与 C 语言兼容）中 int 型数据占 4 个字节。C 行的意义是申请 n 个 int 型数据的空间，实际上就是申请具有 n 个 int 型元素的一维数组的空间。

2．calloc 函数

函数原型：

```
void * calloc(unsigned n, unsigned size);
```

函数功能：申请 n 个长度为 size 字节的空间，即总空间为 n×size 个字节，返回该空间起始地址，地址为 void * 类型。若 calloc 执行成功，则返回所分配存储空间的起始地址；反之，返回空指针 NULL。

例如：

```
int *p;
p = (int *) calloc( n , sizeof(int) );
```

它与 p = (int *) malloc(n * sizeof(int));的实际执行效果是一样的，但从程序的可读性角度来看，calloc 更加强调分配的是“n 个”元素，即强调一维数组的空间的概念。

3．free 函数

函数原型：

```
void free(void *p);
```

函数功能：释放 p 指向的存储空间。

例如，函数可以调用 free(p) 释放前面例子中已申请的空间。

例 10-1　使用动态数组空间。

```
#include <stdio.h>
#include <malloc.h>

main()
{
```

```
    int n, *p, i;

    printf("Please input the number of elements: ");
    scanf("%d", &n);                  /* 动态输入数组元素个数 */
    p = (int *) malloc( n * sizeof(int) );       /* 申请数组空间 */
    printf("Please input the value of %d elements: ", n);
    for(i=0; i<n; i++)                /* 使用数组空间 */
        scanf("%d", &p[i]);           /* 可改写为 scanf("%f", p+i); */
    for(i=0; i<n; i++)
        printf("%d\t", p[i]);         /* 可改写为printf("%d\t", *(p+i)); */
    printf("\n");
    free(p) ;                         /* 释放数组空间 */
}
```

注意：使用malloc和calloc函数动态申请空间，不保证每次都成功，也就是说不一定每次都能申请到。所以，一般编写正规程序时，为保证程序执行正确，每次申请空间后，都要测试是否成功。若成功，返回被申请到的空间的首指针；若失败，则返回空指针NULL，即 0。此时可以做相关处理，或终止程序执行，或进行出错处理。一般地，动态分配、释放空间的编程流程如下：

```
float *p;
p = (float *) calloc( n, sizeof(float) );
if( p == NULL )  /* 括号中的条件可写成 p==0,检测空间分配是否成功 */
{
    printf("Storage allocation is fail. Execution stops.\n");
    exit(1);     /* 终止程序的执行,函数原型在 stdlib.h 中 */
}
…                /* 使用动态存储空间 */
free(p);
```

10.2 结构体及指针

1. 结构体类型变量指针

前面已介绍过结构体类型，一个定义结构体类型的例子如下：

```
/* 类型的定义放在文件 studtype.h 中 */
struct student
{
    int   num;           /* 学号 */
    char  name[20];      /* 姓名 */
    int   age;           /* 年龄 */
    char  sex;           /* 性别 */
    int   score;         /* 成绩  */
};
```

该结构体类型共有 5 个数据成员，struct student 是结构体类型标识符（结构体类型名）。类型定义完毕，就可以定义该类型的结构体变量，如：struct student stud1, stud2；定义了两个结构体变量 stud1 和 stud2。

我们知道，可以定义简单变量的指针。结构体类型是导出的数据类型，同样也可以定义结构体变量的指针，定义格式为：

```
<结构体类型标识符> * <结构体变量名>;
```

如：

```
struct student *p1, *p2;
```

如果想让 p1 和 p2 分别指向 stud1 和 stud2，则应该做如下赋值：p1=&stud1; p2=&stud2; 此时 *p1 与 stud1 等价，*p2 与 stud2 等价。可与基本类型变量的指针做类比，如有 int x, *p；p = &x; 则 *p 与 x 等价。

可以通过结构体变量名访问其成员，也可以通过结构体指针访问它所指向的结构体变量的成员，图 10-1 所示的三种方法在访问结构体成员时是等价的。

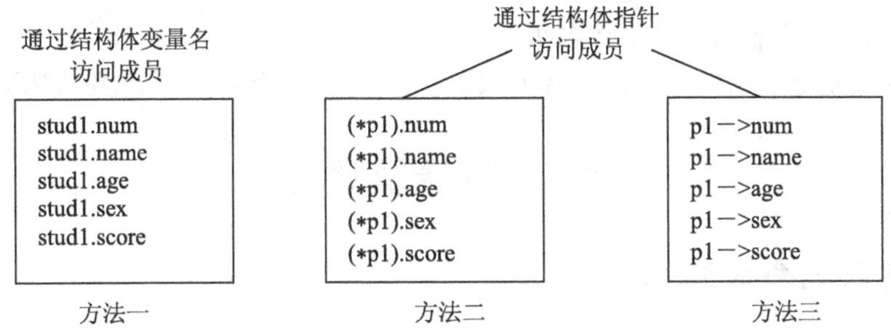

图 10-1　结构体变量成员的三种访问方法

由于*p1 与 stud1 等价，所以有第二种方法。由于结构体成员运算符“.”的优先级比指针运算符* 的优先级高，所以在第二种方法中括号不能省略。在第三种方法中，p1 指向结构体变量 stud1，通过运算符“->”（指向结构体成员运算符）访问结构体变量 stud1 的各个成员，此种方法比较形象地反映出 p1 是指针。

2．指向结构体数组元素的指针

如果定义结构体数组，那么与整型数组类比，可以定义一个指针，让它指向结构体数组的元素，具体例子见例 10-2。

例 10-2　定义并初始化结构体数组，用一个指针指向其元素，循环输出全体数据。

```
#include<stdio.h>
#include  "studtype.h"          /* 见前面的定义 */

main()
{
    int i;
```

```
struct student *p;
        /* 定义结构体指针 */
struct student studs[3]=
        /* 定义结构体数组并初始化 */
{   {10101, "Li Nin",   18, 'M', 88},
    {10102, "Zhang Fun",19, 'M', 99},
    {10104, "Wang Min", 18, 'M', 70},
};

p = studs;                    /* A */
for(i=0; i<3; i++, p++)       /* B */
    printf("%d,%10s,%3d,%c,%3d\n",
    p->num, p->name, p->age, p->sex,
    p->score);
}
```

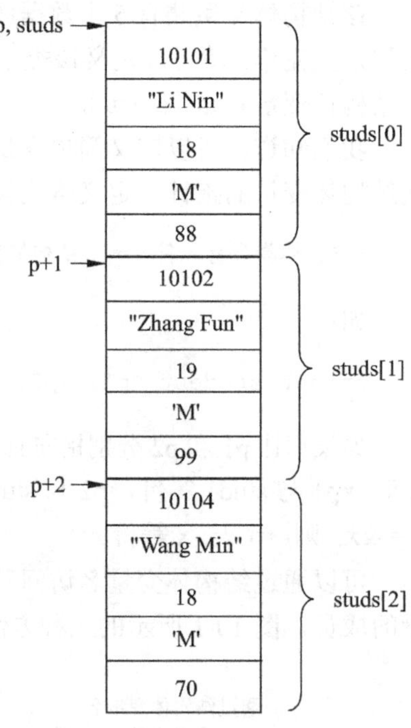

图 10-2　结构体类型指针的意义

结构体数组及其指针的含义如图 10-2 所示。程序中 A 行的功能是令 p 指向结构体数组第 0 个元素；B 行 p++的含义是令 p 指向下一结构体元素。

10.3　链表及算法

10.3.1　链表概念的引入

在处理一些实际问题时，如编写一个通用的处理一个班学生数据的程序，一般使用结构体数组。由于每个班学生数不同，在考虑通用性的前提下，需要预留足够大的数组空间。如每班人数可能是 20、30、45、50 人，则定义数组为 50 个元素，这样虽然解决了程序通用性问题，但带来的副作用是处理小班时造成空间浪费。这个问题可用动态申请数组空间解决，也就是说，在编程时可以根据每班实际人数动态申请数组空间。但是由于数组占用连续存储空间，有时未必能申请到足够大的连续的存储空间，这时的解决办法是使用链表结构。链表结构犹如现实生活中的链子，由若干环节组成，每个环节称为一个节点或结点。在每个结点中存放一个学生的数据，每个结点内部的空间是连续的，但一个结点与另一个结点在整个内存储空间中不一定连续，可通过指针建立结点之间的关联。

在 C 语言中用结构体实现链表环节，就是说每个结点为一个结构体变量，结构体变量的数据成员用以存放数据；为了形成链表，对每个结点还要增加一个指向下一结点的指针成员。

链表结点的结构体类型定义如下，注意划线部分。

```
struct student
{
    int     num;
    char    name[20];
```

```
    int     age;
    char    sex;
    int     score;
    struct student  *next;    /* 指向下一结点的指针 */
};
```

已知结点的结构后，下面来看一看如何用结点构成链表。链表有多种类型，如单向链表（简称单链表）、双向链表、单向循环链表和双向循环链表等。本书只讨论单链表结构。如图 10-3 所示，单链表又分为不带头结点的单链表和带头结点的单链表。

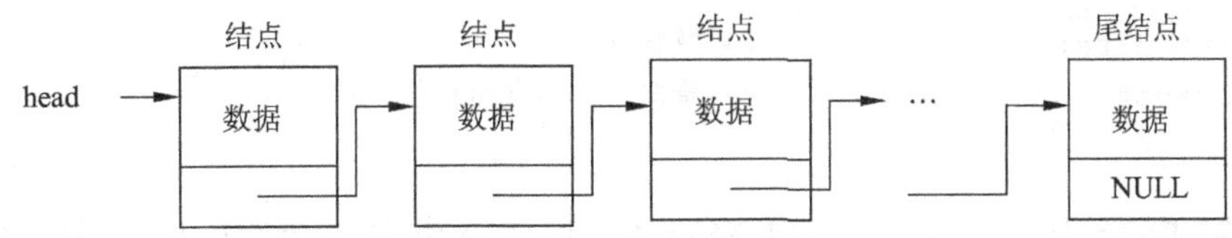

（a）不带头结点的单链表

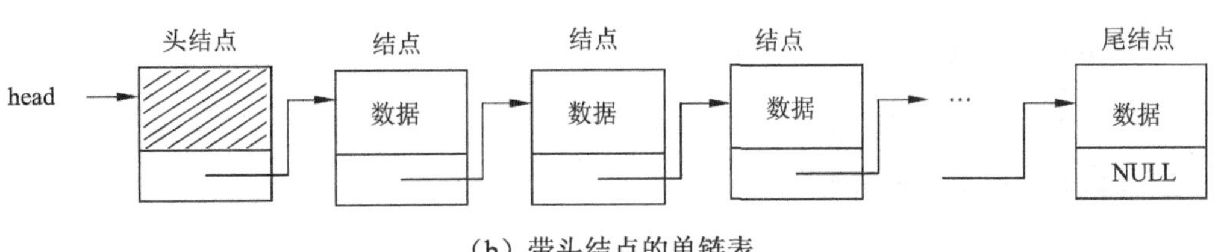

（b）带头结点的单链表

图 10-3　带头结点和不带头结点的单链表示意图

在链表结构中，有一个指针 head 指向链表首结点，称为首指针。每一个结点中有一个指向下一结点的指针，最后一个结点的下一结点指针值为 NULL，即空指针，表示链表到此结束。

如果链表中第一个结点就存放了数据元素的信息，这样的链表就是不带头结点的单链表。如果链表中增加一个“头结点”，头结点不含有数据元素的信息，这样的链表就是带头结点的单链表。带头结点的单链表的头结点中的数据成员可以完全不用，也可以用来表示特定的信息，例如表示链表中的总结点个数等。头结点的加入可以使单链表的操作变得简单，在 10.3.3 节中会做相应介绍。带头结点的链表在循环链表和双向链表的实现中意义更大，这超出了本书范围，有兴趣的读者可以进一步学习数据结构课程的有关内容。

对于某些问题的算法，使用链表结构，较之使用数组结构更有优势。以例 10-2 说明，假如在数组结构中，学生数据是按学号顺序排列的，现在欲添加一个学生数据，要求添加数据后的数组仍然按学号顺序排列，若这个学生的学号正好是已有学号的中间值，那么就要在数组中插入数据，将数组后半部分的数据依次向后挪动，这是费时费力的。使用链表结构就不需要挪动数据，直接将待插入的结点链接入链表即可。当然，使用链表结构也有一些不足之处，如耗费多余的指针空间以构成链表；另外，有些问题若使用链表结构，则不易于写算法。在解决实际问题时，要靠长期编程积累起来的经验来决定使用哪一种数据结构较为有利。

下面按照顺序依次介绍图 10-3（a）和图 10-3（b）两种链表的常用算法。

10.3.2 不带头结点的链表的常用算法

对链表的常规操作有创建无序/有序链表、遍历链表、查找结点、插入结点、删除结点、释放链表空间等。在后面的程序中，用以下的通用结点结构，该结构的定义放在头文件 node_def.h 中，文件内容如下：

```
struct node
{
    int data;                  /* 数据 */
    struct node *next;         /* 指向下一结点的指针 */
};
```

创建链表就是从无到有，动态申请结点空间，加入链表，最终建立一个链表的过程。下面“硬性”地建立一个链表，初步体会一下链表的概念。

例 10-3 动态申请空间，建立链表，输出各结点数据，释放各结点空间。

```
#include<stdio.h>
#include<alloc.h>

#include "node_def.h"

main()
{
    struct node  *head, *p1, *p2;

    head = (struct node *) malloc(sizeof(struct node));
    p1 = (struct node *) malloc(sizeof(struct node));
    p2 = (struct node *) malloc(sizeof(struct node));
    head->data = 1000;  head->next = p1;     /* 给第 1 个结点成员赋值 */
    p1->data = 1001;    p1->next = p2;       /* 给第 2 个结点成员赋值 */
    p2->data = 1002;    p2->next = NULL;     /* 给第 3 个结点成员赋值 */
    while(head!=NULL)                        /* A */
    {
        printf("%d\n", head->data);
        p1=head;
        head = head->next;
        free(p1);
    }
}
```

在程序的 A 行之前，建立的链表如图 10-4 所示。从程序的 A 行开始的循环，依次输出各结点的数据域值并依次释放各结点空间。运行该程序，输出结果如下：

```
1000
```

```
1001
1002
```

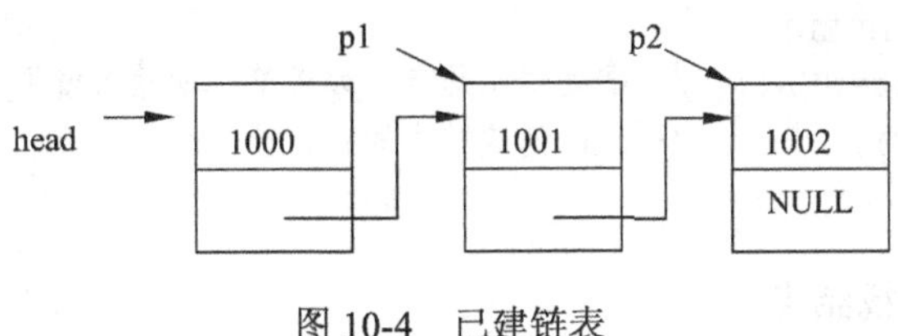

图 10-4　已建链表

例 10-4　在实际应用中，往往是动态建立链表，在本例中给出不带头结点的链表的常用算法，下面一一介绍。

1．创建无序链表

第一个算法是创建无序链表，在 create()函数中实现。过程是循环输入数据，若数据不为－1，就动态申请结点，以该数据为结点数据，动态地在链表尾部连入结点；当输入数据为－1 时（表示输入结束），链表的创建过程结束。加入结点时，分三种情况：① 首结点的建立；② 中间结点的连入；③ 尾结点的处理，链表建立结束时，将尾结点的 next 成员赋值为空指针 NULL。在程序中用到三个指针，它们的意义是：head 指向链表首结点，p2 指向建立过程中的链表尾结点，p1 指向新开辟的结点，如图 10-5 所示。

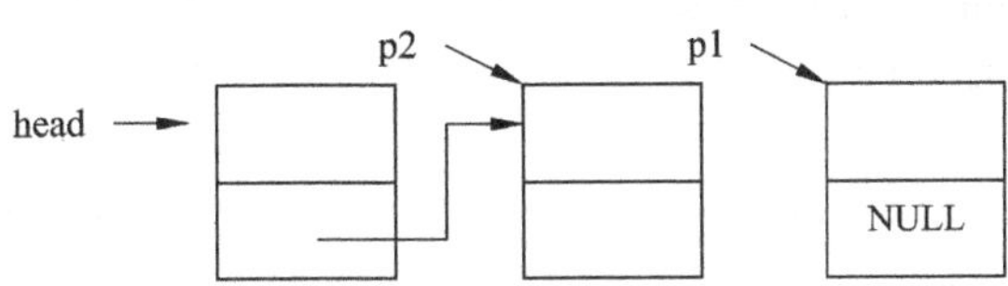

图 10-5　创建链表过程示意

```
/* 创建无序链表。返回值：链表的首指针 */
struct node *create()
{
    struct node *p1, *p2, *head;
    int a;

    head = NULL;
    printf("Creating a list…\n");
    printf("Please input a number(if(-1) stop): ");
    scanf("%d", &a);                /* 输入第 1 个数据 */
    while( a != -1 )                /* 循环输入数据,建立链表 */
    {
        p1 = (struct node *) malloc(sizeof(struct node));
        p1->data = a;
        if(head==NULL)              /* ①建立首结点 */
        {  head=p2=p1;  }
        else                        /* ②处理中间结点 */
        {  p2->next=p1; p2=p1;  }
        printf("Please input a number(if(-1) stop): ");
```

```
        scanf("%d", &a);             /* 输入下一个数据 */
    }
    if(head != NULL)
        p2->next=NULL;  /* ③处理尾结点(如果第 1 次输入就是-1,则此句不执行) */
    return(head);       /* 返回创建链表的首指针 */
}
```

2．遍历链表（查找结点）

遍历链表就是依次访问链表的各个结点。比如若想依次输出各结点值，或者在链表中查找某个结点是否存在，都要遍历链表。下面给出两个算法，在 print()函数中实现依次输出链表各结点数据；在 search()函数中实现在链表中顺序查找某结点的值，如果存在则返回该结点的指针，否则返回空指针。

```
/* 输出链表各结点值 */
void print( struct node *head )
{
    struct node *p;

    p=head;
    printf("Output list: ");
    while( p!=NULL )
    {
        printf("%d\t", p->data);
        p=p->next;
    }
    printf("\n");
}
/* 在链表中查找结点数据值为 x 的结点,并返回该结点指针 */
struct node * search( struct node *head, int x )
{
    struct node *p;

    p=head;
    while( p!=NULL )
    {
        if(p->data == x)  return p;   /* 若找到,则返回该结点指针 */
        p = p->next;
    }
    return NULL;       /* 若找不到,则返回空指针 */
}
```

3．删除结点

删除结点就是删除链表中满足一定条件的结点。请阅读下面的函数 delete_one_node()，在此函数中实现删除结点的 data 值等于 num 的结点。为简单起见，假定只删除链表中第一个值等于 num 的结点。如图 10-6 所示，首先找到的待删除结点（由 p1 指向的），然后删除它。在删除结点时，也分三种情况：①链表为空链表；②待删除的结点是链表的首结点；③删除其他结点。函数 delete_one_node()的返回值是删除结点后链表的首指针。

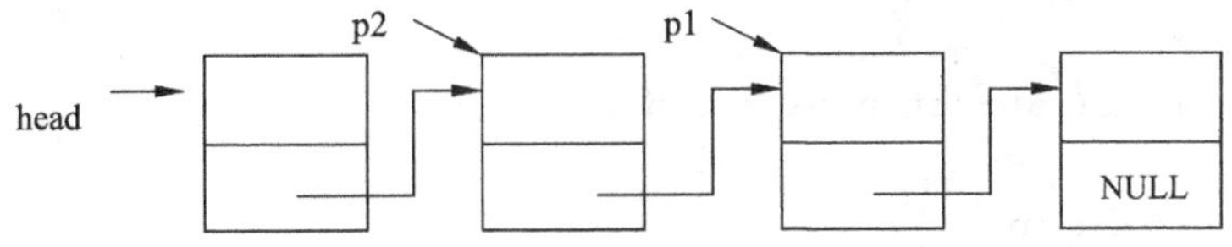

图 10-6　删除结点过程示意

```
/* 删除链表中值为 num 的结点 */
struct node *delete_one_node( struct node *head,  int num )
{
    struct node *p1, *p2;

    if( head == NULL)         /* 链表为空,处理情况① */
    {
        printf("List is null.\n");
        return(NULL);
    }
    p1=head;
    while(p1->data != num && p1->next !=NULL )  /* 循环查找待删除结点 */
    {
        p2=p1;
        p1=p1->next;  /* p1 向后挪动一个结点,p2 指向的结点在 p1 指向的结点之前 */
    }
    if(p1->data == num)       /* 找到待删除结点,由 p1 指向 */
    {
        if(p1==head)          /* 若找到的结点是首结点,处理情况② */
            head=p1->next;
        else                  /* 找到的结点不是首结点,处理情况③ */
            p2->next = p1->next;
        printf("The first node %d is deleted.\n", p1->data);
        free(p1);
    }
    else  /* 未找到待删除结点 */
        printf("Node %d is not found.\n", num);
    return(head);
}
```

本函数中 while 循环结束后，有两种可能：①找到了待删除结点；②未找到待删除结点。对①又分两种情况，一是找到的结点是首结点，此时 p1 指向首结点，由 if(p1==head)条件成立的情况处理；二是找到的结点不是首结点，由对应的 else 处理，此时不管 p1 指向的是中间结点还是尾结点，p2->next = p1->next; 都能正确处理，即若 p1 指向的结点是链尾结点，这里的处理同样适用。对情况②，只要输出结点未找到的信息即可。

4．释放链表

释放链表就是释放链表全体结点的空间。函数 free_list()释放链表所有结点的空间。

```
/* 释放链表 */
void free_list( struct node *head )
{
    struct node *p;

    while( head!=NULL)
    {
        p=head;
        head=head->next;
        free(p);
    }
}
```

5．插入结点

为了建立有序链表，这里介绍一个插入结点的函数 insert()，此函数执行的前提是，假定已建立了一个结点值为升序的链表（初始时可以是空链表），插入一个新结点后，链表的值仍然保持升序。插入结点时，分四种情况：①原链表为空链表；②插入在首结点之前；③插入在链表中间；④插在链表尾结点之后。如图 10-7 所示，将 p 指向的结点插入到 p1 和 p2 之间。

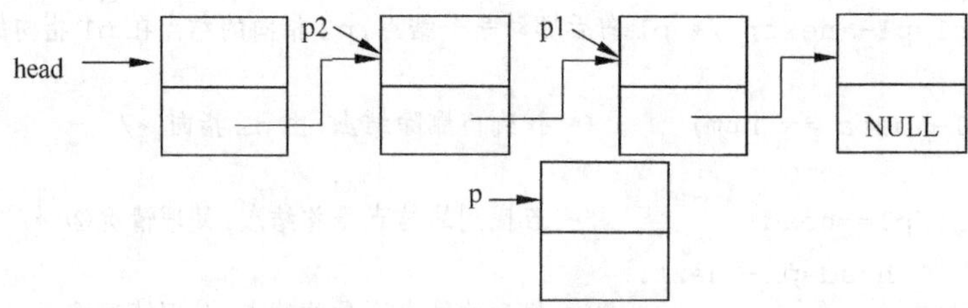

图 10-7　插入结点过程示意

```
/* 插入结点,将 p 指向的结点插入链表,使结果链表保持有序 */
struct node *insert(struct node *head, struct node *p)
{
    struct node *p1, *p2;

    if(head==NULL)  /* 如果插入前（原始链表）为空链表,对应情况① */
    {
        head=p;
        p->next=NULL;
        return(head);
    }
    p2=p1=head;
    while( (p->data) > (p1->data) && p1->next!=NULL )  /* 寻找待插入位置 */
```

```
    {
        p2=p1; p1 = p1->next;
            /* 指向后一个结点,p2 指向的结点在 p1 指向的结点之前 */
    }
    if( (p->data) <= (p1->data) )   /* 插在 p1 之前 */
    {
        p->next = p1;
        if(head==p1) head=p;        /* 插在链表首部,对应情况② */
        else p2->next = p;          /* 插在链表中间,对应情况③ */
    }
    else                            /* 插在链表尾结点之后,对应情况④ */
    {
        p1->next = p;
        p->next = NULL;
    }
    return(head);
}
```

6. 创建有序链表

创建有序链表可采用的方法是：循环输入数值，反复调用插入结点函数 insert()，将新建结点插入到链表中，使链表保持有序。下面的函数创建升序链表。

```
/* 创建升序链表。返回值: 链表的首指针 */
struct node  *create_sort()
{
    struct node  *p, *head=NULL;
    int a;

    printf("Create an increasing list…\n");
    printf("Please input a number(if(-1) exit): ");
    scanf("%d", &a);
    while( a!=-1 )
    {
        p = (struct node *) malloc(sizeof(struct node));
        p->data = a;
        head = insert(head, p);
        printf("Please input a number(if(-1) exit): ");
        scanf("%d", &a);
    }
    return(head);
}
```

7. 在主函数中，测试上述函数

下面给出的主函数用于测试上述各函数。假设含有上述各函数的完整源程序文件名为 Li1004.c。

```
#include<stdio.h>
#include<alloc.h>
#include "node_def.h"

create() 的定义;
print() 的定义;
search() 的定义;
delete_one_node() 的定义;
free_list() 的定义;
insert() 的定义;
create_sort() 的定义;

main()
{
    struct node *head;
    int num;

    head=create();                          /* 建立一条无序链表 */
    print(head);                            /* 输出链表 */
    printf("Please input a node number to be deleted: ");
    scanf("%d", &num);
    head=delete_one_node(head, num);        /* 删除一个结点 */
    print(head);

    printf("Please input a node number to be searched: ");
    scanf("%d", &num);
    if(search(head, num)!=NULL)             /* 查找一个结点 */
        printf("It is in the list.\n");
    else
        printf("It is not in the list.\n");
    free_list(head);

    head=create_sort();             /* 建立一条有序链表 */
    print(head);
    free_list(head);                /* 释放有序链表空间 */
}
```

程序的某次执行结果如下：

```
Creating a list…
Please input a number(if(-1) stop): 3<Enter>
Please input a number(if(-1) stop): 2<Enter>
Please input a number(if(-1) stop): 0<Enter>
Please input a number(if(-1) stop): 9<Enter>
Please input a number(if(-1) stop): 3<Enter>
Please input a number(if(-1) stop): -1<Enter>
```

```
Output list:  3    2    0    9    3
Please input a node number to be deleted: 3<Enter>
The first node 3 is deleted.
Output list:  2    0    9    3
Please input a node number to be searched: 4<Enter>
It is not in the list.
Create an increasing list…
Please input a number(if(-1) exit): 3<Enter>
Please input a number(if(-1) exit): 2<Enter>
Please input a number(if(-1) exit): 0<Enter>
Please input a number(if(-1) exit): 9<Enter>
Please input a number(if(-1) exit): 3<Enter>
Please input a number(if(-1) exit): -1<Enter>
Output list:  0    2    3    3    9
```

程序的另一次执行结果如下：

```
Creating a list…
Please input a number(if(-1) stop): 4<Enter>
Please input a number(if(-1) stop): 1<Enter>
Please input a number(if(-1) stop): 3<Enter>
Please input a number(if(-1) stop): -1<Enter>
Output list:  4    1    3
Please input a node number to be deleted: 5<Enter>
Node 5 is not found.
Output list:  4    1    3
Please input a node number to be searched: 3<Enter>
It is in the list.
Create an increasing list…
Please input a number(if(-1) exit): 4<Enter>
Please input a number(if(-1) exit): 1<Enter>
Please input a number(if(-1) exit): 3<Enter>
Please input a number(if(-1) exit): -1<Enter>
Output list: 1    3    4
```

10.3.3 带头结点的链表的常用算法

10.3.2 节的例 10-4 给出了不带头结点的链表的常用算法。对不带头结点的单链表，由于其第一个元素是“有效”结点，即包含了数据值的结点，在创建链表、插入结点和删除结点的算法中，首结点可能变化，因而首指针也可能变化，在编程时需要考虑多种情况，很不方便。带头结点的单链表解决了这个问题。

整个链表的存取必须从头指针开始，头指针指示链表中第一个结点（称之为头结点）。整个链表的逻辑表示如图 10-8 所示。

在图 10-8 中，head 指针指向的 H 结点为头结点。头结点的数据域可以不存储任何信息，也可以存储链表的长度等之类的附加信息，头结点的指针域存储指向第一个结点的指针（即第一个元素结点的存储位置），如图 10-8 所示。如果链表为空表，则头指针的指针域为空，如图 10-9 所示。

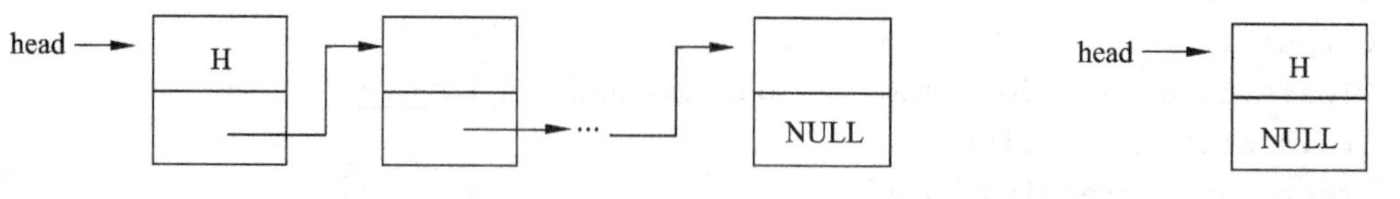

图 10-8　带头结点的链表　　　　图 10-9　带头结点的空链表

带头结点的链表的常用算法在例 10-5 中给出。

例 10-5　带头结点的链表的常用算法。

```
#include<stdio.h>
#include<stdlib.h>
#include<alloc.h>
#define  LEN  sizeof(NODE)

/* 链表的存储结构 */
typedef struct node
{
    int data;                  /* 数据 */
    struct node *next;         /* 指向下一结点的指针 */
} NODE;
```

上面首先用 typedef 定义了一个结点类型 NODE，其指针类型为 NODE *。它是后续操作的基础。下面的 initlist()函数用于创建一个空链表，即只有一个头结点的链表。

```
/* 创建一个空链表 */
NODE  *initlist()
{
    NODE  *head;
    head = (NODE *) malloc(sizeof(NODE));
    head->next = NULL;
    return head;     /* 返回指向头结点的地址,即头指针 */
}

/* 创建无序链表,即按照输入数据的先后顺序创建一个链表,返回头指针 */
NODE  *create()
{
    NODE *p1, *p2, *head;  /* p1 指向新结点,p2 指向已连入的尾结点*/
    int a;

    printf("Creating a list…\n");
    p2 = head = initlist();
    printf("Please input a number(if(-1) stop): ");
    scanf("%d", &a);                    /* 输入第 1 个数据 */
```

```
    while( a != -1 )                /* 循环输入数据,建立链表 */
    {
        p1 = (NODE *) malloc(sizeof(NODE));
        p1->data = a;
        p2->next = p1;
        p2 = p1;
        printf("Please input a number(if(-1) stop): ");
        scanf("%d", &a);            /* 输入下一个数据 */
    }
    p2->next=NULL;
    return(head);                   /* 返回创建链表的首指针 */
}

/* 输出链表各结点值,也称为对链表的遍历 */
void print( NODE *head )
{
    NODE *p;

    p=head->next;                   /* 让p指向第一个数据结点*/
    if(p!=NULL)
    {
        printf("Output list: ");
        while( p!=NULL )
        {
            printf("%d\t", p->data);
            p=p->next;
        }
        printf("\n");
    }
}

/* 在链表中查询结点数据值为x的结点,并返回指向该结点的指针 */
NODE * search( NODE *head, int x )
{
    NODE *p;

    p=head->next;
    while( p!=NULL )
    {
        if(p->data == x)
         return p;              /* 若找到,则返回该结点指针 */
        p = p->next;
    }
    return NULL;                /* 若找不到,则返回空指针 */
}
```

删除一个结点的过程可以采用图 10-10 表示。在链表中删除结点 2 时，为在链表中实现结点 1、2 和 3 之间指向关系的变化，仅需要修改结点 1 中的指针域即可。假设 p 是指向结点 1 的指针，则修改指针的语句为：

```
temp=p->next;  p->next=temp->next;  free(temp);
```

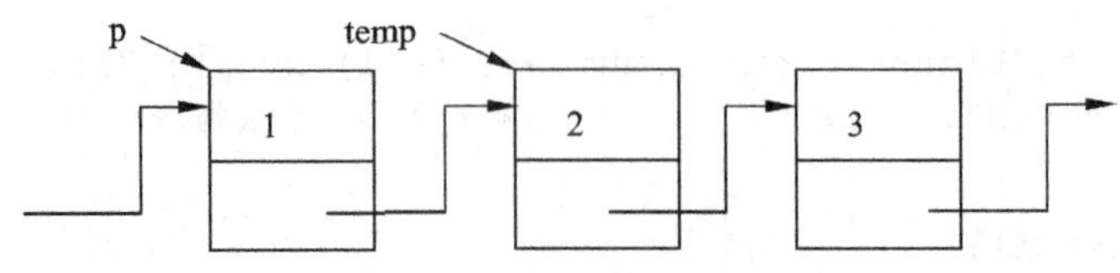

图 10-10　删除结点过程示意

由此可见，在已知链表中要删除元素确切位置的情况下，仅需要修改指针而不需要移动元素，即可实现结点的删除操作。具体实现见如下函数。

```
/* 删除链表中值为 num 的结点,返回值: 链表的首指针*/
NODE * delete_one_node( NODE *head, int num )
{
    NODE *p, *temp;

    p=head;
    while(p->next !=NULL  &&  p->next->data != num)
        p=p->next;
    temp=p->next;
    if(p->next!=NULL)
    {
        p->next=temp->next;
        free(temp);
        printf("Delete successfully");
    }
    else
        printf("Not found!");
    return head;
}

/* 释放链表 */
void free_list( NODE *head )
{
    NODE *p;

    while(head)
    {
        p=head;
        head=head->next;
        free(p);
    }
}
```

上述 free_list 函数将从头结点开始，逐一释放所有结点。

假设要在链表的两个数据元素 1 和 3 之间插入一个数据元素 x，指针 s 指向该结点，并已知 p 为指向结点 1 的指针，如图 10-11（a）所示。

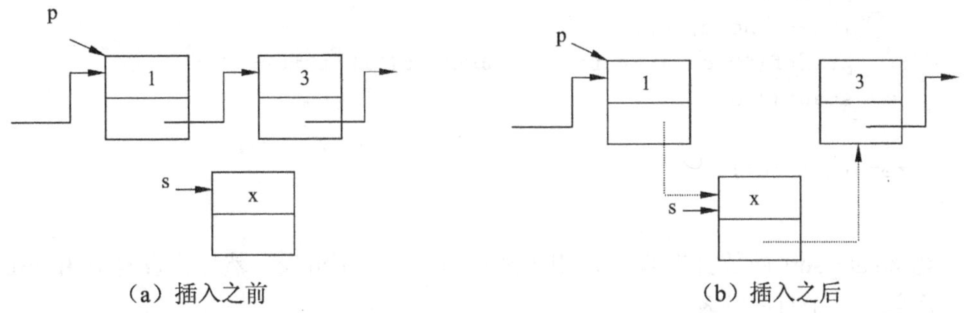

图 10-11　插入结点时指针的变化情况

根据插入操作的语义，首先令 x 结点中的指针域指向元素为 3 的结点，然后让元素为 1 结点的指针域指向元素为 x 的结点，从而实现三个元素 1,3 和 x 之间指向关系的变化。插入后的链表如图 10-11（b）所示。假设 s 为指向结点 x 的指针，则上述指针修改可用语句描述为：

```
s->next=p->next;    p->next=s;
```

具体实现函数如下：

```
/* 插入结点,将 s 指向的结点插入链表,结果链表保持有序 */
NODE * insert(NODE *head,  NODE *s)  /* head: 首指针, s: 要插入的结点指针*/
{
      NODE *p;

      p=head;
      while(p->next!=NULL && p->next->data < s->data)  /* 寻找待插入位置 */
              p=p->next;
      s->next=p->next;    /* 让 s 指针所指结点中的 next 指向 p 的 next 所指向的结点 */
      p->next=s;          /* 让 p 的 next 指向 s 所指的结点 */
   return head;
}

/* 创建有序链表。返回值：链表的首指针 */
NODE  *create_sort()
{
     NODE  *p, *head=NULL;
     int a;

     printf("Create an increasing list…\n");
     head = initlist();
     printf("Please input a number(if(-1) exit): ");
     scanf("%d", &a);
```

```
    while(a!=-1)
    {
        p = (NODE *) malloc(sizeof(NODE));
        p->data = a;
        insert(head, p);
        printf("Please input a number(if(-1) exit): ");
        scanf("%d", &a);
    }
    return(head);
}
```

上述 create_sort 函数首先调用 initlist 函数创建一个空链表，然后再反复调用 insert 函数，从而创建一个有序链表。

下面的主函数通过调用上述函数实现了一个功能比较完善的链表操作程序。

```
main()
{
    NODE *st, *head=NULL;
    int  num;
    char c;

    printf("\n\t Create a list:\n");
    head=initlist();            /* 建立一条无序链表 */
    while(1){ /* 根据条件调用各函数,实现链表的删除、插入、输入、查找等功能 */
        printf("\n\t D: Delete  I: Insert P: Print S: Search E:Exit\n");

        scanf(" %c", &c);  /* c=getch();*/
        switch(toupper(c))
        {
        case 'I':
            st=(NODE *)malloc(LEN);
            printf("Please input a number to be inserted: ");
            scanf("%d", &st->data);
            insert(head, st);
            break;
        case 'D':
            printf("Please input a number to be deleted: ");
            scanf("%d", &num);
            delete_one_node(head, num);    /* 删除一个结点 */
            break;
        case 'S':
            printf("Please input a  number to be searched: ");
            scanf("%d", &num);
            if(search(head, num)!=NULL)    /* 查找一个结点 */
                printf("It is in the list.\n");
            else
                printf("It is not in the list.\n");
            break;
```

```
        case 'P':
            print(head);
            break;
        case 'E':
            free_list(head);            /* 释放有序链表空间 */
            exit(0);
        }
    }
}
```

在本例的创建链表create()、插入结点insert()和删除结点delete_one_node()三个函数中，不需要考虑与头结点变化有关的各种情况，降低了算法操作复杂度。

需要说明的是，在main函数中并没有调用创建无序链表的函数create，也没有调用创建有序链表的函数create_sort，如果需要可以将其添加到main函数的主菜单中。此外，给出这两个函数的目的也是为了读者理解上述各函数之间的关系。

习 题 10

说明：

(1) 如无特别说明，本章习题中链表的结点结构为10.3.2节中定义的struct node类型或10.3.3节中定义的NODE类型。

(2) 对每一个题目，针对不带头结点的、带头结点的链表结构，请选择编写两个版本之一的程序，或者两个版本都编写。

(3) 对本习题中各函数的功能进行测试时，如果需要，可直接使用例10-4和例10-5中的函数。

1. 编写函数reverse()逆转链表，即整理链表各结点的指向，将原链表头变成新链表尾，将原链表尾变成新链表头。

若链表不带头结点，函数原型为 struct node * reverse(struct node *head)或NODE * reverse(NODE * head)。

若链表带头结点，函数原型为void reverse(struct node *head)或void reverse(NODE * head)。

算法提示：依次摘取原链表的首结点，链入新链表的首部，直到原链表为空。

2. 编写函数sort()，将链表中的结点值按照结点数据域data值进行非递减排序。采用算法1，依次从原链表的首部摘取第一个结点，调用insert函数将该结点插入到一个新的有序链表中。新的有序链表就是结果链表。

若链表不带头结点，函数原型为 struct node * sort(struct node *head)或 NODE * sort(NODE * head)。

若链表带头结点，函数原型为void sort(struct node *head)或void sort (NODE * head)。

3. 编写函数，将链表中的结点值按照结点数据域值 data 进行非递减排序，即实现与第2题相同的功能。采用算法2：仿照选择法排序，从当前结点开始，直到链表结尾，找到值最小的结点，将其与当前结点进行值的交换。函数 void swap（struct node *p1, struct node *p2）用于将p1和p2指向的结点进行值的交换，即只交换结点的值域中的值，不改变连接链表的指针域的值。swap 函数的原型也可以是：void swap(NODE * p1, NODE * p2)。不论链表是否带头结点，排序函数原型均为：void sort(struct node *head)或 void sort(NODE * head)。

4．编写函数 merge()，将两个非递减序链表合并成一个非递减序链表，合并后两个原链表将不存在。不论链表是否带头结点，函数原型均为：

```
struct node * merge(struct node *ah,  struct node *bh);
```

或

```
NODE * merge(NODE * ah,NODE * bh);
```

函数返回值为合并后的第 3 个链表首指针。

算法提示：依次将两链表中较小首结点链入结果链表尾部。

5．假定链表中的数据元素值构成一个数据集合，编写函数 is_sub_set()，用于判断链表 L1 中的数据元素是否是链表 L2 中的数据元素的子集。不论链表是否带头结点，函数原型均为：

```
int  is_sub_set(struct node * L1,  struct node * L2) ;
```

或

```
int is_sub_set(NODE * L1, NODE * L2);
```

函数返回值的意义是：若 L1 是 L2 的子集，则返回 1（表示“真”），否则返回 0（表示“假”）。

*6．本题要求使用循环链表解题。有 n 个人围成一圈，每个人顺序编号为 1、2、3、…、n。从第 1 个人开始报号，凡报到 m 的人退出圈子，求依次退出圈子的人的顺序号，以及最后留在圈中的人的序号。例如，初始圈中人的编号是 1、2、3、4、5，从编号为 1 的人开始，要求凡报到 3 的人依次退出圈子，即 n=5、m=3，则退出圈子的人的序号是 3、1、5、2，最后留在圈中的人是 4。要求编写两个函数，函数 create_set()用于创建具有 n 个人的链表；函数 count_list()用于输出依次退出圈中的人的序号及最后一个人的序号。不论链表是否带头结点，函数原型均为：

```
struct node * create_set(int n); /* 创建具有n个人的链表,返回链表首指针*/
void count_list(struct node *head, int m);
```

或

```
NODE * create_set(int n);
void count_list(NODE * head; int m);
```

要求在主函数输入 n 和 m 的值，首先调用 create_set 创建循环链表；然后将链表的首指针 head 和 m 作为参数传递给函数 count_list()，在该函数中依次输出退出圈子的人的序号以及最后留下的人的序号。要求用循环链表实现。注意：在结点退出圈子后，释放结点空间，最终链表消失。

备注：本题使用不带头结点的链表解题更加方便。

第 11 章　数据文件的使用

11.1　输入输出的基本概念

计算机程序在执行时被调入内存，此时将程序称为内部程序。内部程序在执行过程中需要从外部设备输入一些数据，经处理后将结果输出到外部设备中。

数据在外部设备和内存之间的传递，称之为输入输出，如图 11-1 所示。

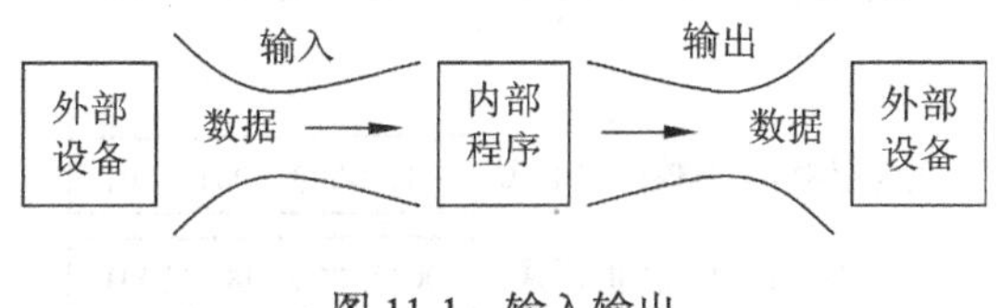

图 11-1　输入输出

键盘和显示器都是外部设备。通常，键盘被称为标准输入设备，而显示器被称为标准输出设备。C 语言为标准输入输出设备提供的输入输出操作函数是 scanf()、printf()、getchar()和 putchar()等。在 C 语言中，输入输出操作不仅仅局限于标准输入输出设备。对输入而言，外部设备还可以数据文件等；对输出而言，外部设备还可以打印机和数据文件等。这些外部设备有一些是真正的物理设备（如键盘、显示器和打印机等），有一些不是物理设备（如数据文件），所以有时也将外部设备称为逻辑设备。

本章主要介绍数据文件作为逻辑设备时的输入输出操作。

11.2　文件的基本概念和分类

文件是存储在存储介质上的一组信息的集合，一般由操作系统管理。用户可以使用操作系统提供的一些特殊的编辑器建立和查看文件内容。例如，可以利用 Turbo C 集成开发环境建立和查看 C 语言源程序文件。

按照存储在文件中的内容，数据文件分为文本文件和二进制文件。在文本文件中，存储的是字符编码，如果内容全部是西文字符，则具体存储的是西文字符的 ASCII 码。例如，C 语言源程序文件是文本文件，在文件中存储的是构成程序的全部字符序列的 ASCII 码值。又如，用 Windows 操作系统的记事本编辑器创建的文件也是文本文件，如果文件内容是中西文混合的，则在文件中存储的是文件内容的西文编码（如 ASCII 码值）和中文编码（如汉字编码）。

为进一步区分文本文件和二进制文件的不同，下面以数据 12345 为例，介绍将它存储在文本文件和二进制文件中的区别。

对于数据 12345，如果把它存储在文本文件中，它被看成字符串“12345”，存储对应字符的一串 ASCII 码值，其二进制形式如图 11-2 所示。在文本文件中，文本数据 12345 占用 5 个字节。其中字符“1”的 ASCII 码值是 49，其二进制形式是 00110001，其余字符的 ASCII 码可依次求得。

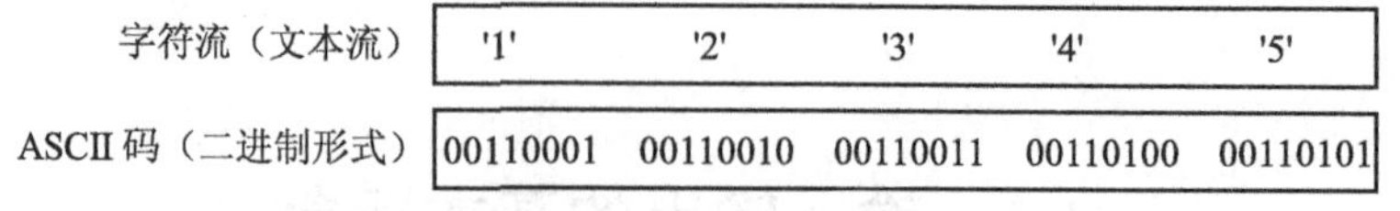

图 11-2　文本文件内容示意

在二进制文件中的数据是其内存映像，即数据在内存中的表示形式是什么，它在数据文件中的存放形式就是什么。例如，对于整数 12345，在 Turbo C 环境中，它在内存中占用 2 个字节，则其在二进制文件中的形式与在内存中的形式相同，也占用 2 个字节，如图 11-3 所示。

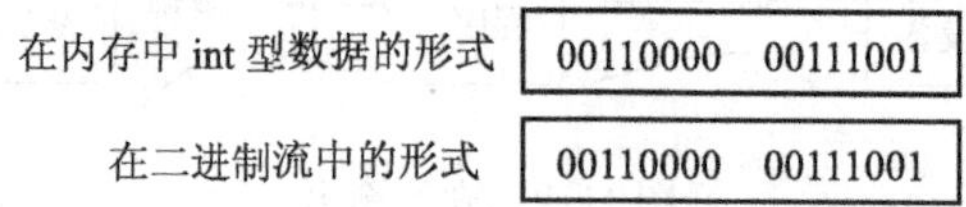

图 11-3　二进制文件内容示意

11.3　缓冲的概念

在进行输入输出时，计算机中央处理器即 CPU 要跟外部设备进行数据交换。每输入输出一次，CPU 都要驱动一次外部设备，但是外部设备的操作速度与 CPU 的运行速度相比是非常缓慢的。因此，计算机的输入输出处理系统采用了“缓冲”技术来解决这个问题。以输出操作为例，在内存中开辟一个输出缓冲区，程序中的每次输出，都不是立刻直接驱动并输出到外部设备上的，而是首先输出到缓冲区中，当缓冲区被写满或缓冲区不满但程序干涉时，才将缓冲区中的数据成批送往外部设备，这样可以减少对外部设备的驱动次数，提高输出速度。引入缓冲的目的是解决 CPU 的运行速度和外部设备操作速度不匹配的矛盾。带缓冲的输入输出系统如图 11-4 所示。

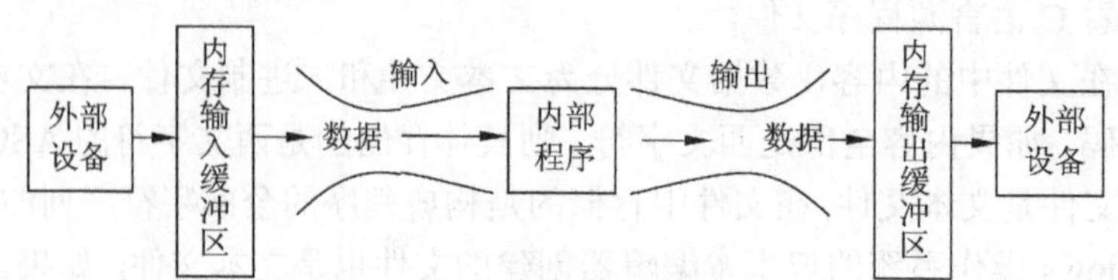

图 11-4　带缓冲的输入输出系统

从图 11-4 中可以看出，在缓冲输入输出系统中，CPU 不直接跟外部设备交换数据，而是通过内存缓冲区与外部设备交换数据。CPU 的速度与内存的存取速度相差不大，所以进行输入输出操作时，基本上不影响内部程序的执行速度。

标准C语言提供了缓冲文件系统和非缓冲文件系统，本章只介绍缓冲文件系统及其输入输出函数的使用。

11.4 文件的读写过程

对文件的读写就像读写一本书一样，分以下三步：

① 打开文件；

② 对文件进行读写操作；

③ 关闭文件。

对于每一个步骤，C语言都提供了相应的函数。下面一一介绍这些函数。

11.4.1 文件类型指针

文件是一个对象，在程序中要读写一个文件时，必须要指定这个对象。在读写文件的程序中一般要知道待读写文件的文件名、文件类型、文件的操作方式（即读写方式）以及文件的读写位置指针等信息，这些信息一般存放在一个文件信息区中。文件信息区的本质是一个结构体变量，其各个成员存放上述信息。该结构体变量的类型是FILE，已在stdio.h中预先定义。FILE类型（也称为文件类型）的定义及部分成员的含义为：

```
typedef struct {  /* 定义 FILE 类型 */
    short           level;      /* 缓冲区“满/空”的程度 */
    unsigned        flags;      /* 文件状态标志字 */
    char            fd;
    unsigned char   hold;
    short           bsize;      /* 缓冲区大小 */
    unsigned char   *buffer;    /* 数据缓冲区的位置 */
    unsigned char   *curp;      /* 当前读写位置指针 */
    unsigned        istemp;
    short           token;
} FILE;
```

读者不必细究FILE类型中每一个成员的含义，只要对文件信息区的内容及作用有一个大致的了解即可。可用下列语句定义一个FILE类型的指针：

```
FILE *fp;
```

在打开文件之前要首先定义一个文件信息区指针（FILE类型的指针，简称文件指针），以便在打开文件时，系统自动为该文件建立一个信息区，同时让文件指针指向该信息区。在程序运行过程中，文件指针是指定待读写的文件的一个标识。所有的文件读写函数都具有一个文件指针参数，指定待读写的文件。

那么，系统在何时建立及撤销文件的信息区？这就是11.4.2节所要介绍的内容。

11.4.2 文件的打开与关闭

1. 打开文件

所谓“打开”，就是为待读写的文件建立一个信息区，在程序中用文件指针指向该信息区，建立程序与文件的联系；然后在程序中就可以使用C语言提供的文件读写函数实现对文件的读写操作。

“打开”工作是由fopen函数完成的，fopen函数的原型如下：

```
FILE *fopen(char * filename, char *mode) ;
```

第一个参数是待打开文件的文件名，第二个参数是文件的使用方式。函数的返回值是文件信息区指针，如果打开成功，则系统自动建立信息区并返回该信息区的指针，否则返回空指针NULL。

一个具体的例子为：

```
FILE *fp;
fp = fopen("data.dat", "r");
```

表示以“读”方式打开数据文件data.dat。

C语言提供的文件使用方式见表11-1。

表11-1 C语言中的文件使用方式

文件的使用方式		含义
"r"	（只读）	为输入打开一个文本文件
"w"	（只写）	为输出打开一个文本文件
"a"	（追加）	为追加输出打开一个文本文件（从文件尾开始添加数据）
"rb"	（只读）	为输入打开一个二进制文件
"wb"	（只写）	为输出打开一个二进制文件
"ab"	（追加）	为追加输出打开一个二进制文件（从文件尾开始添加数据）
"r+"	（读写）	为读/写打开一个文本文件
"w+"	（读写）	为读/写建立一个文本文件
"a+"	（读写）	为读/写打开一个文本文件
"rb+"	（读写）	为读/写打开一个二进制文件
"wb+"	（读写）	为读/写建立一个二进制文件
"ab+"	（读写）	为读/写打开一个二进制文件

说明：

（1）以"r"方式打开的文件为输入文件，若文件不存在，则打开不成功。为了判定文件打开是否成功，通常使用如下检测机制：

```
FILE *fp;
fp = fopen("data.dat", "r");
if(fp==NULL)
{
    printf("Cann't open the file!\n");
```

```
    exit(1);        /* exit 函数终止程序执行，原型在 stdlib.h 中 */
}
```

exit()函数是系统提供的库函数，其功能是终止程序的执行，同时将括号中的参数返回给操作系统，以便操作系统根据该值做进一步的处理。一般地，程序正常终止，返回 0 值；如非正常终止，返回非 0 值。

（2）以"w"方式打开的文件为输出文件。若文件不存在，则系统自动创建该文件；若文件已存在，则系统自动删除“老”文件，重新创建一个同名新文件。

（3）以"a"方式打开的文件为追加写方式。若文件不存在，则系统自动创建文件；若文件已存在，则打开成功，并且系统自动将文件的读写位置指针移到文件尾部，以便追加写入新数据。

（4）用"rb"、"wb"和"ab"方式打开文件时，系统打开文件是否成功的处理方式和"r"、"w"、"a"一样，只不过在读写方式中加入 b 后，打开的是二进制文件。

（5）用"r+"、"w+"和"a+"方式打开文本文件时，文件既可以用于读入，也可以用于写出。同理，用"rb+"、"wb+"和"ab+"方式打开二进制文件时，文件既可以用于读入，也可以用于写出。打开方式若为"r+"和"rb+"，则待打开的文件必须已存在，否则打开不成功。打开方式若为"w+"和"wb+"，用于创建新文件，若在打开操作之前文件已存在，则先删除“老”文件，再创建一个同名新文件。打开方式若为"a+"和"ab+"，则若文件已存在，则打开；若文件不存在，则创建新文件。

（6）当程序开始运行时，系统自动打开三个标准文件：它们是标准输入、标准输出和标准出错输出。对应的文件指针分别是 stdin、stdout 和 stderr，它们分别对应于键盘、显示器和显示器，它们的类型是 FILE *。如果程序从 stdin 输入数据，就是从键盘输入数据。如果程序向 stdout 写数据，则显示到屏幕上。

2．关闭文件

当文件使用完毕，就要“关闭”该文件。“关闭”操作是撤销文件信息区，切断文件指针与文件的联系。文件关闭函数的函数原型为：

```
int fclose(FILE * fp);
```

参数 fp 是文件信息区指针，若关闭成功返回 0 值，否则返回非 0 值。例如，可用 fclose(fp) 关闭前面打开的文件。

关闭后的文件指针可用于打开新的文件，即指向新的待读写文件的信息区。

11.5　文件的读写

在 11.4 节中介绍了文件的读写过程，中间的一个环节即文件内容的读写将在本节做介绍。下面介绍用于文件读写的 5 对函数。

- 读写一个字符：fgetc 函数和 fputc 函数。
- 读写一行字符串：fgets 函数和 fputs 函数。
- 格式化读写：fscanf 函数和 fprintf 函数。
- “块”读写：fread 函数和 fwrite 函数。

• “字”（整数）读写：getw 函数和 putw 函数。

另外还将介绍 ungetc 函数和 feof 函数。ungetc 函数用于退回一个字符到输入缓冲区中。feof 函数用于在文件的读写过程中，检测是否到达文件结束状态。

这些函数的原型均可参见附录 B 中的函数原型描述。其中前三对通常用于文本文件的读写，后两对通常用于二进制文件的读写。

前三对文件输入输出函数都有对应的标准输入输出函数，参见表 11-2。对应函数的功能和使用方法有类似之处。

表 11-2　文件读写函数与标准终端输入输出函数的对应

文件 I/O 函数	标准终端 I/O 函数	作用
fgetc	getchar	输入一个字符
fputc	putchar	输出一个字符
fgets	gets	输入一行字符串
fputs	puts	输出一行字符串
fscanf	scanf	格式化输入函数
fprintf	printf	格式化输出函数

11.5.1　fgetc 函数、fputc 函数和 feof 函数

fgetc 函数和 fputc 函数用于读写一个字符，它们的函数原型及功能是：

```
int fgetc(FILE *fp);              /* 功能：从 fp 指定的文件中读入一个字符 */
int fputc(int c, FILE *fp);       /* 功能：将字符 c 写入 fp 指定的文件中 */
```

feof 函数的原型是：

```
int feof(FILE *fp);
```

该函数用于判断 fp 指定的文件是否到达了文件结尾处，如果到达，则函数返回一个非零整数值，表示“真”；如果未到达，则函数返回 0 值，表示“假”。

可以从下面的例子中学习上述三个函数的使用。

例 11-1　从键盘输入以回车结尾的一行字符，将其写入文本文件。

```
#include<stdio.h>                 /* 文件操作必须包含此头文件 */
#include<stdlib.h>

main()
{
    FILE *fp;
    char filename[30], ch;      /* filename 存放文件名 */

    printf("Please enter the file name: ");
    gets(filename);            /* 用标准输入函数输入目标文本文件名 */
    fp = fopen(filename, "w");
    if(fp==NULL)
    {
```

```
        printf("Can not open file %s!\n", filename);
        exit(1);
    }
    while((ch=getchar())!='\n')      /* A */
        fputc(ch, fp);               /* B */
    fclose(fp);
}
```

由于文件操作涉及到文件类型 FILE，而 FILE 类型在 stdio.h 中定义，所以有关文件处理的程序都必须包含头文件 stdio.h。exit()函数的原型在 stdlib.h 头文件中给出，所以程序必须包含头文件 stdlib.h。

为了增加程序的灵活性，输出文本文件名采用键盘输入的方式指定，而不是在程序中指定一个文件名。在程序的 A 行，使用标准输入函数 getchar()从键盘读入字符，如果它不是'\n'字符（对应输入的回车键），则用 B 行的 fputc 函数将其写入结果文件。

例 11-2 文本文件的复制。以下程序用于将一个源文件的内容复制到一个目标文件。

```
#include<stdio.h>
#include<stdlib.h>

main()
{
    FILE *fp1, *fp2;
    char infile[30], outfile[30], ch;   /* infile存放源文件名,outfile存放目
                                           标文件 */

    printf("Please enter an input file name: ");
    gets(infile);                        /* 用标准输入函数输入源文件名 */
    fp1 = fopen(infile, "r");
    if(fp1==NULL)
    {
        printf("Can not open file %s!\n", infile);
        exit(1);
    }
    printf("Please enter an output file name: ");
    gets(outfile);                       /* 用标准输入函数输入目标文件名 */
    fp2 = fopen(outfile, "w");
    if(fp2==NULL)
    {
        printf("Can not open file %s!\n", outfile);
        exit(2);
    }
    while((ch=fgetc(fp1))!=EOF)      /* A */
        fputc(ch, fp2);              /* B */
    fclose(fp1);
    fclose(fp2);
}
```

本程序同时打开两个文件，fp1 指向输入文件的信息区；fp2 指向输出文件的信息区。程序的核心部分仍然是 A 行和 B 行。注意 A 行中的 fgetc(fp1)，如果该函数能正确读入一个字符，则返回该字符的 ASCII 码；如果已到达文件结尾处，再试图读入字符，则 fgetc 函数返回 EOF，表示文件结束。EOF 是一个符号常数−1，在 stdio.h 中定义，是英文 End Of File 的首字母缩写。

几点说明如下。

（1）例 11-2 代表了文件操作的一种编程模式，即打开文件，读写文件，关闭文件。A 行和 B 行两行代码是读写文件的核心部分，改变这两行代码，同时相应修改程序的其他部分，可以编制出一些完成其他功能的程序。若将该两行修改为：

```
while((ch=fgetc(fp1))!=EOF)      /*  A  */
    putchar(ch);                 /*  B  */
```

则程序的功能是将源文件内容显示在显示器上。若将该两行修改为：

```
count = 0;
while((ch=fgetc(fp1))!=EOF)
    count++;
```

则程序的功能是统计源文件中的字符个数。

（2）在例 11-2 中，循环读入文件内容，判断输入文件是否到达文件结尾处是通过判断函数 fgetc 的返回值是否为 EOF 进行的。实际上，标准 C 语言的库函数 feof 也可以完成判断是否到达结尾处的工作，可以将例 11-2 中的 A 行和 B 行两行代码替换成如下几行，程序完成同样的功能：

```
ch=fgetc(fp1);
while(!feof(fp1))
{
    fputc(ch, fp2);
    ch=fgetc(fp1);
}
```

在使用 feof 函数时应注意，当 fgetc 读完最后一个数据时，文件结束状态仍为“假”（feof()函数的检测结果为“假”），表示未到达文件结尾处；如果再试图读下一数据，则文件结束状态变为“真”（feof()函数的检测结果为“真”）。

（3）在第 3 章学习的标准输入输出函数 getchar()和 putchar()，实际上它们是标准 C 语言预定义的“宏”。在头文件 stdio.h 中，有如下宏定义：

```
#define getchar()  getc(stdin)
#define putchar(c)  putc((c), stdout)
```

可以看出 getchar()从系统已自动打开的标准输入设备 stdin 读入一个字符，putchar()向标准输出设备写一个字符。为了方便，依然称 getchar 和 putchar 为函数。

（4）ungetc 函数的使用。函数原型如下：

```
int ungetc(int c, FILE *fp);
```

功能是将 c 字符退回到 fp 指定的输入数据流中。

例 11-3 使用 ungetc()函数。假定文本文件 data.txt 的内容是字符流"ABCDEFG…"，下面的函数读入其前三个字符，按逆序退回这三个字符，然后再读入前三个字符。通过本例，读者可以学习 ungetc 函数的使用，同时能够体会到文件缓冲区的意义。

```
#include<stdlib.h>
#include<stdio.h>

main()
{
    FILE *fp;
    char ch1, ch2, ch3;

    if((fp = fopen("data.txt", "r"))==NULL)
    {
        printf("Can not open data.txt!\n");
        exit(1);
    }
    ch1=fgetc(fp);     /* A */
    ch2=fgetc(fp);
    ch3=fgetc(fp);
    printf("%c%c%c,", ch1, ch2, ch3);
    ungetc(ch1,fp);    /* B */
    ungetc(ch2,fp);
    ungetc(ch3,fp);
    ch1=ch2=ch3='X';
    ch1=fgetc(fp);     /* C */
    ch2=fgetc(fp);
    ch3=fgetc(fp);
    printf("%c%c%c\n", ch1, ch2, ch3);
    fclose(fp);
}
```

程序中从 A 行开始的连续三行依次读入文件的前三个字符，B 行开始的三行逆向将刚才读入的三个字符退回到输入数据流中；此时输入数据流中的数据应为："CBADEGG…"；C 行开始的连续三行重新从输入流中读入三个字符。程序运行结果如下：

```
ABC,CBA
```

程序运行结束后，查看数据文件 data.txt 的内容，发现内容仍然保持为"ABCDEFG…"。那么程序中退回到输入流中的字符存放在哪里呢？原因是，fgetc 函数和 ungetc 函数是缓冲文件系统的函数，它们不直接操纵文件内容，系统把文件内容调入内存缓冲区，fgetc 函数和 ungetc 函数直接操纵的是内存缓冲区的内容，所以并不影响磁盘中数据文件的内容。

***例 11-4** 编写一个程序，完成一种编译预处理工作，将一个.c 源程序中的注释语句删除。在 C 语言源程序中，注释语句的形式为：在“/*”和“*/”之间的内容是注释。注释语句是对程序的开发方法以及程序功能的解释，对产生目标程序没有用处，所以一般在编译预处理阶段，会将注释语句删除，然后对删除注释后的源程序进行编译。删除注释只是编译预处理工作的一个步骤，在这里不考虑其他的编译预处理工作。

例如，被处理的 C 语言源程序为 swap.c，删除注释语句后产生的新的源程序为 swap1.c，它们的内容如图 11-5 所示。编程时假定：注释语句不出现在字符串常数内，而且注释语句不能嵌套使用。

swap.c

```
#include<string.h>
/************************************************
*     please think over                         *
*     the effect of the function swap( )        *
************************************************/
void swap(char s1[ ], char s2[ ])
{
     char t;
     t=*s1; *s1=*s2; *s2=t;
}

main( )
{
     char s1[ ]="BD", s2[ ]="AB";
     if(strcmp(s1,s2)>0)   /* comment1  */
          swap(s1,s2);
     printf("%s,", s1);     /* comment2  */
     printf("%s\n", s2);   /* comment3  */
}
```

swap1.c

```
#include<string.h>

void swap(char s1[ ], char s2[ ])
{
     char t;
     t=*s1; *s1=*s2; *s2=t;
}

main( )
{
     char s1[ ]="BD", s2[ ]="AB";
     if(strcmp(s1,s2)>0)
          swap(s1,s2);
     printf("%s,", s1);
     printf("%s\n", s2);
}
```

图 11-5 编译预处理前后的源程序

在编写程序时，我们将被处理的源程序文件 swap.c 看成字符流，读写位置指针从字符流中扫过，分两种状态，当读写位置指针在正常语句位置时，为状态 1；当读写位置指针在“/*”和“*/”之间的注释位置时，为状态 2。本例的处理流程为：设定初始状态为状态 1；读入一个字符，（1）若当前状态为状态 1，如果当前字符为“/”，其后一个字符为“*”，则进入状态 2；否则，将当前字符写入结果文件，仍然保持状态 1。（2）若当前状态为状态 2，如果当前字符为“*”，其后一个字符为“/”，则返回状态 1。

程序如下：

```
#include<stdio.h>
#include<stdlib.h>
```

```
main()
{
    char ch1, ch2, state;
    FILE *fp1, *fp2;
    char source[30]="swap.c";        /* source 存放源文件名   */
    char target[30]="swap1.c";       /* target 存放目标文件名 */

    if((fp1 = fopen(source, "r"))==NULL)
    {
        printf("Can not open file %s!\n", source);
        exit(1);
    }
    if((fp2 = fopen(target, "w"))==NULL)
    {
        printf("Can not open file %s!\n", target);
        exit(2);
    }
    state=1;                         /*  初始状态为状态 1 */
    ch1=fgetc(fp1);
    while(ch1!=EOF)                  /* ch1 为当前字符 */
    {
        ch2=fgetc(fp1);              /* ch2 为当前字符的下一字符 */

        if(state==1)                 /*  如果当前状态为状态 1 */
        {
            if(ch1=='/'&&ch2=='*')
            {
                ch1=fgetc(fp1);      /* 再读入一个字符作为当前字符 */
                state=2;             /* 进入状态 2 */
            }
            else
            {
                fputc(ch1, fp2);     /* 将当前字符写入结果文件 */
                if(ch2==EOF) break;
                ch1=ch2;             /* 将当前字符的下一字符作为新的当前字符 */
            }
        }
        else if(state==2)            /*  如果当前状态为状态 2*/
        {
            if(ch1=='*' && ch2=='/')
            {
                ch1=fgetc(fp1);      /* 再读入一个字符作为当前字符 */
                state=1;             /* 进入状态 1 */
```

```
            }
            else
                if(ch2==EOF) break;
                else ch1=ch2;       /* 将当前字符的下一字符作为新的当前字符 */
        }
    }
    fclose(fp1);
    fclose(fp2);
}
```

如果读者有兴趣，可对程序做进一步改进以处理一些特殊情况。如字符串中包含了形如注释形式的字符子串，例如在语句 printf("aa/* comment */ bb\n"); 中，类似于注释语句的部分“/* comment */”是不作为注释处理的，而是作为字符串常数中的一部分，不能删除。

请读者认真思考一下程序 swap.c 的功能，它的正确输出应为：AD, BB。

11.5.2 fgets 函数和 fputs 函数

fgets 函数和 fputs 函数用于读写一行字符串，函数原型为：

```
char * fgets(char *s, int n, FILE *fp); /* 功能：从 fp 指定的文件中读入一行字符串 */
int fputs(const char *s, FILE *fp);   /* 功能：将字符串 s 写到 fp 指定的文件中  */
```

其中，fgets 从 fp 指向的文件中读取 n–1 个字符，并把它们存放到字符数组 s 中，若在读入 n–1 个字符之前遇到换行符'\n'或文件结束符 EOF，则结束读入。'\n'也作为一个字符读入到字符串中，并且自动在读入的字符之后加一个'\0'作为字符串结尾标志。函数的返回值是读入的字符串的首地址，实际上就是 s 的值。

fputs 函数将 s 指向的字符串写到文件 fp 中，函数原型第一个参数前的 const 的意义是，s 指向的字符串为一个常数字符串，在 fputs 函数中不允许被改变。

可以通过以下两例学习这两个函数的使用。

例 11-5 以下程序将从键盘上输入的若干行写到文本文件 article.txt 中。

```
#include<stdlib.h>
#include<string.h>
#include<stdio.h>

main()
{
    FILE *fp;
    char filename[]="article.txt", line[80];

    if((fp = fopen(filename, "w"))==NULL)
    {
        printf("Can not open file %s!\n", filename);
        exit(1);
    }
```

```
    while(strlen(gets(line))>0)      /*A*/
    {
        fputs(line, fp);             /*B*/
        fputs("\n", fp);             /*C*/
    }
    fclose(fp);
}
```

程序运行时输入：

```
line1: C<Enter>
line2: programming<Enter>
line3: language<Enter>
<Enter>
```

程序 A 行中的 gets 函数，从标准输入设备输入一行字符，对应于<Enter>键的'\n'不被读入。例如当程序读入第一行字符后，数组 line 中的内容是"line1: C"。第四行的输入只有一个<Enter>键，输入到 line 中的是一个空串""，此时 A 行条件为“假”，退出循环。B 行中的 fputs 函数，将 line 数组中的内容原样写到结果文件，不会自动增加输出'\n'，所以必须在 C 行增加输出'\n'。注意，标准设备输出函数 puts 在输出字符串后会自动增加输出换行符'/n'。程序运行结束后，文件 article.txt 的内容为：

```
line1: C
line2: programming
line3: language
```

如果将程序中的 C 行去掉，则 article.txt 的内容只有一行：

```
line1: Cline2: programmingline3: language
```

例 11-6 将例 11-5 产生的文件 article.txt 内容输出到屏幕上。

```
#include<stdio.h>
#include<stdlib.h>

main()
{
    FILE *fp;
    char filename[ ]="article.txt", line[80];

    if((fp = fopen(filename, "r"))==NULL)
    {
        printf("Can not open file %s!\n", filename);
        exit(1);
    }
    while(fgets(line, 80, fp)!=NULL)    /*  A  */
```

```
        puts(line);                     /* B */
    fclose(fp);
}
```


程序的输出为：

```
line1: C
<空行>
line2: programming
<空行>
line3: language
<空行>
```

程序的输出为什么有三个空行？原因是 A 行的 fgets 函数读入行尾的'\n'，即将'\n'也作为一个字符读入，读入的第一行是"line1: C\n"。而 B 行的标准输出函数 puts 的功能是除了将正常的字符串输出外，另外自动增加输出一个'\n'。

在 A 行，fgets 函数如遇文件结束或输入出错，返回空指针 NULL。

通过以上两个例子，读者应该认识到 fgets 和 gets 以及 fputs 和 puts 这两对函数在使用上的不同。fgets 将'\n'作为字符读入到字符串中，而 gets 不把'\n'读入到字符串中。fputs 原样输出字符串，不增加输出'\n'；而 puts 将字符串输出后，增加输出'\n'。

11.5.3 fscanf 函数和 fprintf 函数

fscanf 函数和 fprintf 函数用于文件格式化的输入和输出，函数原型为：

```
int fscanf(FILE *fp, const char *format, 输入量地址列表);
int fprintf(FILE *fp, const char *format, 输出量列表);
```

参数 fp 是文件指针，参数 format 是格式控制字符串。将此两个函数的原型与标准格式化输入输出函数 scanf 和 printf 的原型比较，多了第一个参数——文件指针，用于指定输入输出的数据文件。其他的使用方式和 scanf 和 printf 没有区别。

例 11-7 从数据文件 data.in 中读入数据到二维数组中，调用函数分别求该二维数组的主、辅对角线上的元素之和，然后将二维数组的数据以矩阵方式写入另一数据文件 data.out，最后写入求和结果。

假定存放二维数组数据的文件 data.in 的内容为：

```
 1  2  3  4
 5  6  7  8
 9 10 11 12
13 14 15 16
```

程序如下：

```
#include<stdio.h>
#include<stdlib.h>

main()
```

```
{
    void sum(int (*a)[4], int *, int *); /* 函数原型说明 */
    FILE *fp1, *fp2;
    int a[4][4], i, j, sum1, sum2;

    if((fp1=fopen("dada.in", "r"))==NULL)/* 打开输入数据文件 */
    {
        printf("Can'nt open dada.in!\n");
        exit(1);
    }
    if((fp2=fopen("data.out", "w"))==NULL)/* 打开输出数据文件 */
    {
        printf("Can'nt open data.out!\n");
        exit(2);
    }
    for(i=0; i<4; i++)
        for(j=0; j<4; j++)
            fscanf(fp1, "%d", &a[i][j]);  /* 从文件读元素值 */
    sum(a, &sum1, &sum2);     /* 调用函数，计算对角线元素之和 */
    for(i=0; i<4; i++)
    {
        for(j=0; j<4; j++)
            fprintf(fp2, "%4d", a[i][j]);  /* 写数组元素到文件 */
        fprintf(fp2, "\n");
    }
    fprintf(fp2, " sum1=%d\n sum2=%d\n", sum1, sum2); /* 写求和结果到文件 */
    fclose(fp1);
    fclose(fp2);
}

void sum(int (*a)[4], int *sum1, int *sum2) /* 通过指针带回多个计算结果 */
{
    int i;

    *sum1=*sum2=0;
    for(i=0; i<4; i++)
    {
        *sum1 = *sum1 + a[i][i];
        *sum2 = *sum2 + a[i][3-i];
    }
}
```

该程序的结果数据文件与输入数据文件相比，多了两行，即：

```
sum1=34
```

```
sum2=34
```

注意：

标准格式化输入函数 scanf 的调用形式为：

```
scanf(格式控制字符串，输入量地址列表)
```

它是从标准输入设备 stdin 读入数据，而标准输入设备也可以被看成文件，于是上述 scanf 的调用形式等价于：

```
fscanf(stdin，格式控制字符串，输入量地址列表)
```

标准格式化输出函数 printf 的调用形式为：

```
printf(格式控制字符串，输出量列表)
```

由于标准输出设备是 stdout，于是 printf 的调用形式等价于：

```
fprintf(stdout，格式控制字符串，输出量列表)
```

11.5.4 fread 函数和 fwrite 函数

在 11.5.1 节～11.5.3 节介绍的三对函数一般用于文本文件的读写。使用文本文件编辑器打开文本文件，读者即能“读懂”文本文件的内容。数据保存在文本文件中，在数据读入或写出时，系统需要对数据格式做转换。例如，在例 11-7 中，在做输入操作时，由于输入文件中的数据是以文本方式存放在数据文件中，在读入时，系统要将文本数据转换成二进制形式存入内存。同理，数据输出时，系统会将数据的内存映转换成文本写到输出文件。数值存储格式的转换会导致输入输出速度变慢。

在实际应用中，数据文件的作用往往就是用于保存数据，而不需要去“读懂”这些数据。因此，标准 C 语言提供了将数据的内存映像直接写入数据文件以及将保存在数据文件中的内存映像重新读入内存的输入输出函数，它们是 fread 函数和 fwrite 函数、getw 函数和 putw 函数。二进制文件的使用能够使数据的输入输出“变快”。

fread 和 fwrite 两个函数的原型如下：

```
int fread(char *ptr, unsigned size, unsigned n, FILE *fp) ;
int fwrite(char *ptr, unsigned size, unsigned n, FILE *fp) ;
```

参数 ptr 是内存地址。函数 fread 的功能是从 fp 所指定的文件中读取 n 个长度为 size 字节的数据项，存放到 ptr 所指向的内存区。函数 fwrite 的功能是把 ptr 所指向的内存中的 n×size 个字节的内存映像原样输出到 fp 所指定的文件中。

例 11-8 编写一个对二进制文件进行读写的程序。功能是：从键盘输入若干学生的信息，写入二进制文件；再从该二进制文件中读出学生的信息，存入内存数组，并依次将数组元素内容输出到屏幕上。

```
#include <stdio.h>
#include <stdlib.h>
#include <string.h>
```

```
#define  LEN  sizeof(struct student)

struct  student       /* 定义一个结构体类型 */
{
    char name[10];  /* 姓名 */
    char id[10];    /* 学号 */
    int score;      /* 分数 */
};

main()
{
    struct student st, sts[100];
    int i, n=0;                                    /* n 用于统计学生数  */
    FILE *fp;

    if((fp=fopen("stud.dat", "wb"))==NULL)  /* 打开二进制文件 stud.dat,用于写
                                                数据 */
    {
        printf("Can'nt open stud.dat!\n");
        exit(1);
    }
    scanf("%s", st.name);              /* 从键盘输入姓名 */
    while(strcmp(st.name, "#")!=0)  /* 循环输入时,若姓名为"#",则结束输入  */
    {
        n++;
        scanf("%s%d", st.id, &st.score);    /* 从键盘输入学号、分数 */
        fwrite((char *)&st, LEN, 1, fp);    /*  A  */
        scanf("%s", st.name);
    }
    fclose(fp);                                    /*  B  */

    if((fp=fopen("stud.dat", "rb"))==NULL)  /* 打开二进制文件 stud.dat,用于读
                                               入数据 */
    {
        printf("Can'nt open stud.dat!\n");
        exit(2);
    }
    fread((char *)sts, LEN, n, fp) ;          /* C */

    for(i=0; i<n; i++)                          /* 循环向屏幕输出学生信息 */
        printf("%s\t%s\t%d\n", sts[i].name, sts[i].id, sts[i].score);
    fclose(fp);
}
```

程序中的 A 行实现一次将 LEN×1 字节的内存二进制映像写到数据文件中。第一个实参(char *)&st 表示结构体变量的内存起始地址，从该地址开始，连续存放了该结构体变量的三个成员的二进制数值，其长度是 LEN 字节。A 行所在的循环结束时，共写出 n 个结构体变量的内存映像，相当于在文件中存放了 n 个结构体变量的内存映像值。

程序的 C 行实现一次从数据文件中读入 LEN×n 个字节的数据，存入数组 sts[ ]中。第一个实参(char *)sts 表示数组在内存中的起始地址。C 行将文件中的 n 个结构体变量的内存映像"成块"读入内存。

在二进制文件的读写过程中，没有对数据的存放格式进行转换，仅仅将数据"块"原样地在内存和文件之间"复制"，所以文件的读写速度较快。

B 行将以写方式打开的文件 stud.dat 关闭，此时文件指针 fp 所指向的文件信息区被撤销。紧接着的一行将文件以读方式重新打开，fp 指向了一个新的文件信息区。

本程序的一次执行结果如下（划线部分为输入，其余为输出）：

```
wss  0101  80<Enter>
tyy  0102  90<Enter>
czz  0103  85<Enter>
#<Enter>
wss     0101    80
tyy     0102    90
czz     0103    85
```

11.5.5 getw 函数和 putw 函数

getw 和 putw 两个函数的原型如下：

```
int getw(FILE *fp);
int putw(int w, FILE *fp);
```

getw 函数的功能是从 fp 指定的二进制文件中读入一个整数（一个字），作为函数返回值，如遇文件结束或读入出错，则返回 EOF。函数 putw 的功能是将整数 w（一个字）写入 fp 指定的二进制文件。这里读入写出的都是整数的内存二进制映像。

例 11-9 将数组 a 的各元素用 putw 输出到二进制文件中，然后从该文件读入刚才写出的数据到数组 b 中，输出数组 b 的各元素值。

```
#include<stdio.h>
#include<stdlib.h>

main()
{
    int i, a[10]={1, 2, 3, 4, 5, 6, 7, 8, 9, 10}, b[10];
    FILE *fp;

    if((fp=fopen("data.dat", "wb"))==NULL)
    {                               /* 打开二进制文件 data.dat,用于写数据 */
```

```
        printf("Can'nt open data.dat!\n");
        exit(1);
    }
    for(i=0; i<10; i++)
        putw(a[i], fp);        /* A */
    fclose(fp);
    if((fp=fopen("data.dat", "rb"))==NULL)
    {                          /* 打开二进制文件 data.dat,用于读数据 */
        printf("Can'nt open data.dat!\n");
        exit(2);
    }
    for(i=0; i<10; i++)      /* B */
        b[i]=getw(fp);       /* C */
    fclose(fp);

    for(i=0; i<10; i++)
        printf("%d%c", b[i], i<9 ? ',': '\n' );  /* D */
}
```

程序首先打开一个二进制文件 data.dat 用于写入，在 A 行依次把数组元素的二进制内存映像写到该文件中。在 C 行又依次将文件中的对应于整数字的内存映像读入数组 b 的各元素中。可以将 B 行和 C 行替换成一个语句 fread((char *)b, sizeof(int), 10, fp)；则一次将文件中的 10 个整数的内存映像读入内存。

另外，请注意 D 行，输出格式%c 对应的第二个输出量是划线部分内容，表示输出数组的前 9 个元素时，每个元素后面输出逗号；当输出数组第 10 个元素时，后面输出换行'\n'。程序的输出是：

```
1,2,3,4,5,6,7,8,9,10
```

11.6　文件的随机读写

文件可以被看成数据流，在读写文件时首先要定义文件指针，令其指向文件信息区。在文件信息区中有一个当前文件读写位置指针 curp，文件刚被打开时，读写位置指针定位在文件的首部或尾部，当进行读写操作时，读写位置指针自动向后（向文件尾方向）移动，这称为文件的顺序读写（顺序访问）。在 11.5 节介绍了文件的顺序读写。但是，有时只需要读取文件的部分内容，这些内容可能分散在文件的不同部位，此时可以使用 C 语言提供的函数将文件读写位置指针移动到待读写的地方，然后再进行操作，这就是文件的随机读写（随机访问）。文件读写位置指针是一个 char * 类型的字符指针，因为文件数据流实际上是可以被看成字符流。图 11-6 给出了文件读写时文件指针 fp、文件读写位置指针 curp 的示意图。

下面首先介绍文件读写位置指针的移动和定位函数，然后给出文件随机读写的例子。

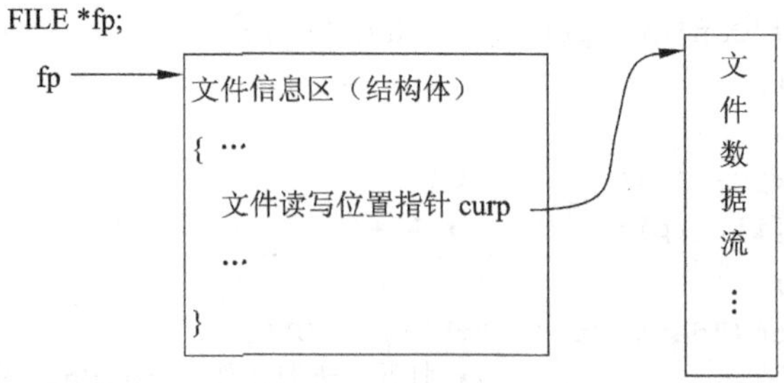

FILE *fp;

fp → 文件信息区（结构体）

{ …

文件读写位置指针 curp → 文件数据流 ⋮

…

}

图 11-6　文件读写位置指针示意

11.6.1　文件读写位置指针的定位

文件读写位置指针的当前位置和移动是以字节为单位的。

1．rewind 函数

文件的读写就像用录放机录放磁带一样。录放机有一个磁头，指定当前录放位置，而文件有一个读写位置指针，指定当前的读写位置。在操作录放机时，随时可以用“倒带”操作将磁带倒回到首部（磁头回到磁带首部），重新录放。文件的读写位置指针也可以随时被移动回文件数据流的首部。函数 rewind 实现这个功能，该函数原型如下：

```
void rewind (FILE *fp);
```

函数功能是将 fp 指定的文件的读写位置指针置于文件开头位置。

2．ftell 函数

函数原型为：

```
long ftell(FILE *fp);
```

函数返回 fp 所指定的文件的读写位置指针相对于文件开头的字节数。如果出错（例如文件不存在，即 fp 的值为 NULL），ftell 函数的返回值为 EOF。

3．fseek 函数

函数原型为：

```
int fseek(FILE *fp, long offset, int base);
```

第一个参数 fp 为文件指针，指定待操作的文件；第 2 个参数 offset 指定指针移动的相对位移量；第三个参数 base 指定指针移动的基准位置。fseek 函数的功能是将 fp 所指定的文件读写位置指针按照 base 所指定的基准位置，移动到 offset 位置处。offset 若为正数，表示向文件结尾方向移动（也称为向后移动）；offset 若为负数，表示向文件头方向移动（也称为向前移动）。base 的取值和意义如表 11-3 所示。

表 11-3　base 参数的意义

base 的值	对应的预定义的符号常数	作　用
0	SEEK_SET	相对于文件开始处
1	SEEK_CUR	相对于当前位置
2	SEEK_END	相对于文件结尾处

下面是 fseek 函数调用的几个实例及功能：

```
fseek(fp, 200L, SEEK_SET); 将读写位置指针以文件头为基准向后移动 200 个字节
fseek(fp, 50L, SEEK_CUR); 将读写位置指针从当前位置开始向后移动 50 个字节
fseek(fp, -50L, SEEK_CUR); 将读写位置指针从当前位置开始向前移动 50 个字节
fseek(fp, -100L, SEEK_END); 将读写位置指针以文件尾为基准向前移动 100 个字节
```

第二个实参常数后的大写 L 表示该值是一个 long int 类型的常数。请读者思考如下几个 fseek 函数调用实例的意思：

```
fseek(fp, 0L, 0);
fseek(fp, 0L, 1);
fseek(fp, 0L, 2);
```

11.6.2 文件的随机读写

利用 11.6.1 节所介绍的函数，可以实现文件的随机读写。

例 11-10 文件的随机访问。

编写程序，将 Fibonacci 数列的前 40 项写入二进制文件 fib.bin 中，然后从该文件中读出其中的奇数项输出到屏幕上，要求每行输出 4 个数。Fibonacci 数列的第 1 项和第 2 项均为 1，从第 3 项开始，每一项的值是其紧邻的前两项之和，数列为：1, 1, 2, 3, 5, 8, 13, 21, 34,…。程序如下：

```
#include<stdio.h>
#include<stdlib.h>

main()
{
    FILE *fp;
    long int f1=1, f2=1, i, posi;

    if((fp=fopen("fib.bin", "wb+"))==NULL)  /* 为读写创建二进制文件 fib.bin */
    {
        printf("Can'nt open fib.bin!\n");
        exit(1);
    }
    for(i=0; i<20; i++)
    {
        fwrite((char*)&f1, sizeof(long), 1, fp);
        fwrite((char*)&f2, sizeof(long), 1, fp);
        f1=f1+f2;
        f2=f2+f1;
    }
    posi = ftell(fp);                        /* 查看当前读写位置 */
    printf("End posi = %ld\n", posi);        /* 输出当前读写位置 */
```

```
    rewind(fp);                                   /* 将读写位置指针移至文件头 */
    posi = ftell(fp);                             /* 再次查看当前读写位置 */
    printf("Begin posi = %ld\n", posi);           /* 输出当前读写位置 */

    for(i=0; i<20; i++)
    {
        fread((char *)&f1, sizeof(long), 1, fp);  /* 读入奇数项 */
        fseek(fp, (long)sizeof(long), SEEK_CUR);  /* 跳过偶数项 */
        printf("%10ld", f1);
        if((i+1)%4==0) printf("\n");
    }
    fclose(fp);
}
```

请阅读程序的注释。程序首先创建了一个用于读写的二进制文件 fib.bin，将 Fibonacci 数列的前 40 项写入该文件，然后在不关闭文件的情况下把文件读写位置指针移动到文件首，在最后的循环中从文件读出一个数据项，然后跳过一个数据项，即读入奇数项，跳过偶数项，并将读出的奇数项输出到屏幕上。

程序的运行结果如下：

```
End posi = 160
Begin posi = 0
         1         2         5        13
        34        89       233       610
      1597      4181     10946     28657
     75025    196418    514229   1346269
   3524578   9227465  24157817  63245986
```

***例 11-11** 文件的随机访问。假定在二进制文件 data.bin 中存放了一个非递减整数序列，并且第一个数据是此序列的数据个数。例如，二进制文件中的数据序列为：

18 1 2 4 6 9 10 11 15 17 21 22 23 25 26 28 29 30 32

注意：此行数据仅仅是二进制文件中的数据序列的数值示意，而非实际的存储格式。

编写程序，在不读出该二进制文件中全部数据的情况下，用二分法查找任意一个数值是否存在于序列中，如果存在，指出它在序列中的序号。约定序列的序号从 1 开始。例如上述非递减序列中的数值 15 应该在序列的第 8 个位置上。

程序如下：

```
#include<stdio.h>
#include<stdlib.h>

main()
{
    FILE *fp;
    int n, x, y, low, mid, high;
    int posi = -1;
```

```
    if((fp=fopen("data.bin", "rb"))==NULL)  /* 为读入打开二进制文件 fib.bin */
    {
        printf("Can'nt open data.bin!\n");
        exit(1);
    }
    fread((char*)&n, sizeof(int), 1, fp);  /* 读入序列中数值个数 */

    printf("Please input x: ");
    scanf("%d", &x);                     /* 输入待查找的 x */
    low=1; high=n;
    while(low<=high)
    {
        mid=(low+high)/2;                /* 计算中间元素的位置 */

        /* 将读写位置指针移至从文件起始位置开始的 mid 字节处 */
        fseek(fp, (long)mid*sizeof(int), SEEK_SET);

        fread((char *)&y, sizeof(long), 1, fp); /* 读入当前位置数据到变量 y 中 */
        if(x==y)   /* 找到数据,记住位置,退出循环 */
        {
            posi = mid;
            break;
        }
        else if(x<y) high=mid-1;
        else low=mid+1;
    }
    if(posi>0)
        printf("Position=%ld\n", posi);
    else
        printf("Not found!\n");
    fclose(fp);
}
```

用二分法查找有序数列比顺序法查找效率高，尤其当数据量较大时。本程序在查找过程中通过 fread 函数从文件中读出的数据个数较少。

11.7 文件的出错检测

在文件读写时，可能出现错误。例如在极端情况下，若磁盘已满，再往文件中写数据，就会出错。标准 C 语言提供了两个函数用于检测出错状态和清除出错状态。这两个函数的原型是：

```
int ferror(FILE *fp);
void clearerr(FILE *stream);
```

函数 ferror 的功能是，如果 fp 指定的文件出错，则函数返回“真”值；否则返回“假”值。函数 clearerr 的功能是清除出错状态。

但是在具体的 C 编译系统中，对这两个函数的具体实现采用了不同的方法。下面以 Turbo C 集成开发环境为例，讲述 ferror 的实现。

在 Turbo C 中，正在进行读写的文件状态被记录在文件信息区的文件状态字 flags 中。flags 是一个无符号整数，具有 16 个二进制位，每一位都被赋予了具体含义。

读者可阅读头文件 stdio.h 以对文件状态字做一个大致了解。stdio.h 的部分内容如下：

```
typedef struct  {
        short             level;      /* fill/empty level of buffer */
        unsigned          flags;      /* 文件读写状态字 */
        char              fd;         /* File descriptor */
        unsigned char     hold;       /* Ungetc char if no buffer */
        short             bsize;      /* Buffer size */
        unsigned char     *buffer;    /* Data transfer buffer   */
        unsigned char     *curp;      /* Current active pointer  */
        unsigned          istemp;     /* Temporary file indicator */
        short             token;      /* Used for validity checking */
}       FILE;                         /* This is the FILE object  */

/*      "flags" bits definitions      */
#define  _F_RDWR 0x0003               /* Read/write flag */
#define  _F_READ 0x0001               /* Read only file */
#define  _F_WRIT 0x0002               /* Write only file */
#define  _F_BUF  0x0004               /* Malloc'ed Buffer data */
#define  _F_LBUF 0x0008               /* line-buffered file */
#define  _F_ERR  0x0010               /* 文件读写出错状态位 */
#define  _F_EOF  0x0020               /* EOF indicator */
#define  _F_BIN  0x0040               /* Binary file indicator */
#define  _F_IN   0x0080               /* Data is incoming */
#define  _F_OUT  0x0100               /* Data is outgoing */
#define  _F_TERM 0x0200               /* File is a terminal */

#define ferror(f)   ((f)->flags & _F_ERR)
```

注意划线的三行，_F_ERR 是出错标志，它是一个符号常数，表示状态字 flags 的从右向左的第 5 个二进制位是出错状态位。如果当前文件在读写时出错了，系统自动将 flags 中的该出错状态位置为 1；如果文件读写正常，表示该位的值为 0，没有出现错误。Turbo C 将 ferror 处理成“宏”。ferror 宏的使用方式是 ferror(fp)，即参数是文件指针，此时宏体表达式((fp)->flags & _F_ERR)是一个按位与运算。如果文件读写出错，_F_ERR 状态位被置为 1，此时((fp)->flags & _F_ERR)的运算结果是非 0 值，表示出错状态为“真”；若没有出错，则出错状态位为 0，上述“与”运算结果为 0，表示文件读写无错。

当用户使用 ferror 检测到错误并处理完错误后，可使用系统提供的 clearerr 函数将出错状态位清 0（调用形式为 clearerr(fp)，fp 是文件指针）。在 Turbo C 中，该函数的原型与标准 C 提供的原型一样。

*11.8 输入输出重定向

本节之前介绍了使用标准 C 语言自身提供的输入输出函数实现文件的读写。实际上，操作系统如 UNIX、MS-DOS 还提供了输入输出重定向机制，以实现文件的读写操作。

下面以 MS-DOS 的重定向的具体使用方法来说明这个问题。

例 11-12 将从标准输入设备输入的字符双倍输出到标准输出设备上。例如若用户输入 abc<Enter>，则屏幕输出 aabbcc。程序如下：

```
#include<stdio.h>

main()
{
    char c;

    while( (c=getchar())!=EOF )
    {
        putchar(c);
        putchar(c);
    }
}
```

本程序的运行过程为（带下划线的部分是用户的输入）：

```
C<Enter>
CC
<空行>
program<Enter>
pprrooggrraamm
<空行>
^Z
```

本程序在运行时，当用户输入 Enter 键后，当前行的内容被操作系统送入输入缓冲区，getchar 函数从输入缓冲区中读入字符，对应于 Enter 键的输入字符被作为'\n'读入，在输出时输出了两个'\n'，产生一个空行。用户可输入若干行，当用户输入一个文件结束符，程序结束运行。文件结束符由按键 Ctrl+Z 或按键 F6 产生，屏幕上对应的显示字样是^Z。

假定本例中的源程序文件名为 dbl_copy.c（取 double copy 之意），源程序经编译连接后产生的可执行文件为 dbl_copy.exe，此时称 dbl_copy 是操作系统的一个命令。可以在操作系统下使用文件重定向功能运行该程序，方法是先执行 Turbo C 的菜单命令 File | OS Shell 进入 DOS 的命令行执行状态，然后输入如下命令行之一：

① dbl_copy

② dbl_copy < infile

③ dbl_copy > outfile   或 >> outfile

④ dbl_copy < infile > outfile   或 >> outfile

第①种执行方式与在集成环境中的执行过程一样。

后面三种执行方式中，infile 表示输入数据文件名，outfile 表示输出数据文件名。“<”符号的意义是把标准输入设备重定向到文件 infile 上，此时 infile 是标准输入设备，程序中原来应从标准输入设备上读入数据的函数 getchar，现在转向从文件 infile 中读入数据。“>”符号的意义是把标准输出设备重定向到文件 outfile 上，此时 outfile 是标准输出设备，程序中 putchar 输出的内容原来应输出到标准输出设备上，现在转向输出到文件 outfile 中。可以把“<”和“>”看成箭头，表示数据的流动方向。注意，如果将“>”改为“>>”，表示向输出文件中追加输出。

读者可以按上述四种方式运行该程序，体会输入输出重定向的含义。对于②、④两种方式在程序运行之前必须使用文本编辑器生成输入数据文件 infile。

*11.9 通过命令行参数指定待读写的文件名

例 11-2 实现了文本文件的复制。待复制的源文件名和目标文件名是通过键盘输入确定的。本节介绍如何通过命令行参数指定待复制的文件名。在 9.4.4 节中已经介绍了 main 函数的参数和命令行参数之间的关系。下面给出例 11-13，它将完成与例 11-2 相同的功能，但程序的运行方式不同。

例 11-13 文件复制。

```
#include<stdlib.h>
#include<stdio.h>

main(int argc, char *argv[ ])
{
    FILE *fp1, *fp2;
    char ch;

    if(argc!=3)   /* 如果输入的命令行参数个数不是 3 个,报错 */
    {
        printf("Command format is wrong.\n");
        exit(5);
    }
    if((fp1=fopen(argv[1], "r"))==NULL)
    {
        printf("Can not open file %s!\n", argv[1]);
        exit(1);
    }
    if((fp2=fopen(argv[2], "w"))==NULL)
    {
```

```
            printf("Can not open file %s!\n", argv[2]);
            exit(2);
        }
        while((ch=fgetc(fp1))!=EOF)
            fputc(ch, fp2);
        fclose(fp1);
        fclose(fp2);
    }
```

假定本例 C 程序文件名为 copy.c，经编译连接后产生的可执行文件为 copy.exe。此时可将 copy 看成操作系统的一个命令，通过命令行执行方式指定输入输出文件名：

```
copy  source.txt  target.txt <Enter>
```

操作系统分析该命令行，得到命令行参数个数为 3，命令行字符串分别是"copy.exe"、"source.txt" 和 "target.txt"。argv[1] 和 argv[2]分别是 "source.txt" 和 "target.txt"。本程序实现将源文件 source.txt 复制到目标文件 target.txt 的功能。读者可用此程序将您的 C 语言源程序文件复制到一个新的 C 语言源程序文件中，例如，输入命令 copy　copy.c　newcopy.c 可实现将 copy.c 复制到 newcopy.c 中。

习　题　11

1．叙述缓冲文件系统的概念。缓冲文件系统的目的是什么？

2．叙述文件指针和文件读写位置指针的区别。

3．stdin、stdout 和 stderr 分别表示什么？它们的类型是什么？系统在何时创建它们？

4．编写程序，创建文本文件 mul.txt，其内容为九九乘法表，其格式为：

```
   1  2   3   4   5   6   7   8   9
1  1  2   3   4   5   6   7   8   9
2  2  4   6   8  10  12  14  16  18
3  3  6   9  12  15  18  21  24  27
              …
9  9  18  27  36  45  54  63  72  81
```

要求通过循环自动生成该表，其中每个数据占 4 个字符位置，右对齐。

5．用编辑器创建一个文本文件 data.txt，其内容为若干实数，数据之间以空白字符分隔。编程实现：从该文件中读入这些实数，求出这些实数的平均值。在程序中创建并产生另一个文本文件 result.txt，将 data.txt 中的全体实数输出到该文件中，要求每行输出 5 个数，并且在最后输出求出的平均值。

6．将 0°~90°的每一角度的 sin()和 cos()值求出，写到二进制文件 sincos.bin 中。写出数据的格式为：对于每一角度，以 int 型的二进制格式写出角度值，然后以 double 型的二进制格式写出对应的 sin 和 cos 值。提示：C 语言的标准数学库函数 sin()和 cos()的参数是弧度。将“角度”转换成“弧度”的公式为：弧度 =（角度/180）×π。

7．将第 6 题 sincos.bin 中的 20°~30° 之间每一度的度数及其 sin 和 cos 值读出，显示到屏幕上，要求一行写出一个度数的数据，各数据列对齐。

8．编写程序，将第二个文本文件的内容追加到第一个文本文件的尾部。例如，第一和第二个文本文件名分别是 t1.txt 和 t2.txt，程序运行后，t1.txt 的内容是原 t1.txt 和 t2.txt 两个文件内容的合并，t2.txt 文件的内容保持不变。

9．通过键盘输入一篇英文文章，然后将其存放到一个文本文件 article.txt 中。要求通过输入 Ctrl+Z，结束标准键盘的输入。

10．有两个文本文件，各自存放了已按非递减序排好的字符流，编程将这两个文件中的字符流合并到第三个文本文件中，并保持字符的非递减序。例如，文件 string1.txt 中的内容是"abbr"，文件 string2.txt 中的内容是"bit"，合并后存放到第三个文件 string3.txt 中，则文件 string3.txt 的内容为"abbbirt"。要求从两个数据源文件中读入的字符，按照某种机制直接写入第三个文件。不允许将字符全部读入数组中，使用排序算法排序后，写入第三个文件。

11．在一个文本文件 source.txt 中包含一篇英文文章。编程将其读入内存，然后以文章中的逗号和句号为结尾分隔符，将文件 source.txt 中的内容分成若干行写入第二个文件 result.txt 中。例如，文件 source.txt 的内容是：

```
On Sunday morning, I usually get up very late. I wash my face and then go
out to do morning exercises. It is about 8:20. After I eat my breakfast,
I often go to a supermarket with my mother. The supermarket is near our
home, so we walk there. It takes us about 20 minutes to get there on foot.
```

结果文件 result.txt 的内容应是：

```
On Sunday morning,
I unually get up very late.
I wash my face and then go out to do morning exercises.
It is about 8:20.
After I eat my breakfast,
I often go to a supermarket with my mother.
The supermarket is near our home,
so we walk there.
It takes us about 20 minutes to get there on foot.
```

要求每一行以字母开头，即文件 source.txt 中紧接在逗号或句号后的空格不写入结果文件。

附录 A ASCII 码表

ASCII 值	控制字符	ASCII 值	字符	ASCII 值	字符	ASCII 值	字符
0	NUL	32	SP(空格)	64	@	96	`
1	SOH	33	!	65	A	97	a
2	STX	34	''	66	B	98	b
3	ETX	35	#	67	C	99	c
4	EOT	36	$	68	D	100	d
5	ENQ	37	%	69	E	101	e
6	ACK	38	&	70	F	102	f
7	BEL	39	'	71	G	103	g
8	BS	40	(	72	H	104	h
9	HT	41	)	73	I	105	i
10	LF	42	*	74	J	106	j
11	VT	43	+	75	K	107	k
12	FF	44	,	76	L	108	l
13	CR	45	-	77	M	109	m
14	SO	46	.	78	N	110	n
15	SI	47	/	79	O	111	o
16	DEL	48	0	80	P	112	p
17	DC1	49	1	81	Q	113	q
18	DC2	50	2	82	R	114	r
19	DC3	51	3	83	S	115	s
20	DC4	52	4	84	T	116	t
21	NAK	53	5	85	U	117	u
22	SYN	54	6	86	V	118	v
23	ETB	55	7	87	W	119	w
24	CAN	56	8	88	X	120	x
25	EM	57	9	89	Y	121	y
26	SUB	58	:	90	Z	122	z
27	ESC	59	;	91	[	123	{
28	FS	60	<	92	\	124	|
29	GS	61	=	93	]	125	}
30	RS	62	>	94	^	126	~
31	US	63	?	95	_	127	DEL

附录 B 常用 Turbo C 库函数

库函数并不是 C 语言的组成部分，它是由人们根据需要编制并提供给用户使用的。每一种 C 语言编译系统都提供了一批库函数，不同的编译系统所提供的库函数的数目、函数名以及函数功能并不完全相同。

为了方便用户使用库函数，Turbo C 编译器提供了大量的库函数。用到库函数时必须包含相应的头文件。需要了解 Turbo C 提供的库函数的读者请查阅有关的手册。本附录列出一些最常用的 Turbo C 库函数。

1．常用数学函数

用到以下函数时，要包含头文件 math.h。

函数原型	功能	返回值	说明
int abs(int x)	求整数的绝对值	绝对值	
double acos(double x)	arcos(x)	计算结果	–1≤x≤1
double asin(double x)	arcsin(x)	计算结果	–1≤x≤1
double atan(double x)	arctan(x)	计算结果	
double atan2(double x, double y)	arctan(x/y)	计算结果	
double cos(double x)	cos(x)	计算结果	x 的单位为弧度
double cosh(double x)	双曲余弦 cosh(x)	计算结果	
double exp(double x)	求 e^x	计算结果	
double fabs(double x)	求实数的绝对值	绝对值	
double floor(double x)	求出不大于 x 的最大整数	该整数的双精度数	
double fmod(double x,double y)	求 x/y 的余数	该余数的双精度数	
long labs(long x)	求长整型数的绝对值	绝对值	
double log(double x)	ln(x)	计算结果	
double log10(double x)	求以 10 为底的对数	计算结果	
double modf(double x,double *y)	取 x 的整数部分放到 y 所指向的单元中	x 的小数部分	
double pow(double x,double y)	求 x^y	计算结果	
double sin(double x)	sin(x)	计算结果	x 的单位为弧度
double sinh(double x)	双曲正弦 sinh(x)	计算结果	
double sqrt(double x)	求平方根	计算结果	x≥0
double tan(double x)	正切函数	计算结果	x 的单位为弧度
double tanh(double x)	双曲正切 tanh(x)	计算结果	

2．字符函数

用到字符处理函数时，要包含头文件 ctype.h。

函数原型	功能	返回值	说明
int isalnum(int ch)	检查 ch 是否是字母(alpha)或数字(numeric)	是字母或数字返回 1,否则返回 0	
int isalpha(int ch)	检查 ch 是否是字母	是字母返回 1,否则返回 0	
int iscntrl(int ch)	检查 ch 是否是控制字符(其 ASCII 码在 0 和 0x1F 之间)	是控制字符返回 1,否则返回 0	
int isdigit(int ch)	检查 ch 是否是数字(0～9)	是数字返回 1,否则返回 0	
int isgraph(int ch)	检查 ch 是否是可打印字符(其 ASCII 码在 0x21～0x7E 之间),不包括空格	是可打印字符返回 1,否则返回 0	
int islower(int ch)	检查 ch 是否是小写字母(a～z)	是小写字母返回 1,否则返回 0	
int isprint (int ch)	检查 ch 是否是可打印字符(包括空格),其 ASCII 码在 0x20～0x7E 之间	是可打印字符返回 1,否则返回 0	
int ispunct(int ch)	检查 ch 是否是标点字符(不包括空格),即除字母、数字和空格以外的所有可打印字符	是标点字符返回 1,否则返回 0	
int isspace (int ch)	检查 ch 是否是空格、制表符或换行符	是空格、制表符或换行符返回 1,否则返回 0	
int isupper (int ch)	检查 ch 是否是大写字母(A～Z)	是大写字母返回 1,否则返回 0	
int isxdigit (int ch)	检查 ch 是否是一个十六进制数学字符(即 0～9,或 A～F 或 a～f)	是一个十六进制数学字符返回 1,否则返回 0	
int tolower(int ch)	将 ch 字符转换为小写字母	返回 ch 字符所代表的字符的小写字母	
int toupper(int ch)	将 ch 字符转换为大写字母	返回 ch 字符所代表的字符的大写字母	

3. 字符串处理函数

用到字符串处理函数时,要包含头文件 string.h。

函数原型	功能	返回值	说明
void * memcpy(void * p1, const void *p2, size_t n)	存储区拷贝,将 p2 所指向的 n 个字节拷贝到 p1 所指向的存储区中	目的存储区的起始地址	实现任意数据类型之间的拷贝
void * memset(void * p, int v, size_t n)	将 v 的值作为 p 所指向的区域的值,n 是 p 所指向区域的大小	返回该区域的起始地址	
char * strcat(char * p1, const char *p2)	将 p2 所指向的字符串接到 p1 所指向的字符串的后面	目的存储区的起始地址	
char * strchr(const char *s, int c)	找出 str 指向的字符串中第一次出现字符 ch 的位置	返回指向该位置的指针,如找不到,则返回空指针	
int strcmp(const char * p1, const char *p2)	两个字符串比较	两字符串相同,返回 0;若 p1 所指向的字符串小于 p2 所指向的字符串,返回负数;否则,返回正数	
char * strcpy(char * p1, const char *p2)	将 p2 所指向的字符串拷贝到 p1 所指向的区域中	目的存储区的起始地址	
int strlen(const char *)	求字符串的长度	字符串中包含的字符个数	

续表

函数原型	功能	返回值	说明
char * strncat(char * p1, const char *p2, size_t n)	将 p2 所指向的字符串（最多 n 个字符）接到 p1 所指向的字符串的后面	目的存储区的起始地址	
int strncmp(const char * p1, const char *p2, size_t n)	前两个参数与函数 strcmp()相同，最多比较 n 个字符	与函数 strcmp()相同	
char * strncpy(char * p1, const char *p2,size_t n)	前两个参数与函数 strcpy()相同，最多拷贝 n 个字符	与函数 strcpy()相同	
char * strstr(const char * p1, const char *p2)	p2 所指向的字符串是否是 p1 所指向的字符串的子串	若是子串，返回开始位置；否则返回 0	
char * strlwr (char *s)	将 s 所指向的字符串中所有大写字母变成小写字母，其他字母不变	返回字符串的起始地址	
char * strupr (char *s)	将 s 所指向的字符串中所有小写字母变成大写字母，其他字母不变	返回字符串的起始地址	

4. 常用的其他函数

用到下列处理函数时，要包含头文件 stdlib.h。

函数原型	功能	返回值	说明
void abort(void)	终止程序执行		不做结束工作
void exit(int)	终止程序执行		做结束工作
int abs(int x)	求整数的绝对值	返回绝对值	
long labs(long x)	求长整数的绝对值	返回绝对值	
double atof(const char *s)	将 s 所指向的字符串转换成实数	返回实数值	
int atoi(const char *)	将字符串转换成整数	返回整数值	
long atol(const char *)	将字符串转换成长整数	返回长整数值	
int rand(void)	产生一个随机数	返回随机数	
void srand(unsigned int)	初始化随机数发生器		
int system(const char *s)	将 s 所指向的字符串作为一个可执行文件执行		
void * calloc (unsigned n, unsigned size)	分配 n 个数据项的内存连续空间，每个数据项的大小为 size	分配内存单元的起始地址。如不成功返回 0	
void free (void *p)	释放 p 所指向的内存区		
void * malloc (unsigned size)	分配 size 字节的内存连续空间	分配内存单元的起始地址。如不成功返回 0	
void * realloc(void *p, unsigned size)	将 p 所指向的已分配内存区的大小改为 size。size 可以比原来分配的空间大或小	返回指向该内存区的指针	

最后 4 个函数是有关动态分配存储空间的函数。对动态分配空间的函数系统返回 void 指针，void 指针具有一般性，使用时要用强制类型转换的方法将 void 指针转换成所需要的

类型。

5. 实现键盘和文件输入输出的函数

用到以下输入输出函数时，要包含头文件 stdio.h。

函数原型	功能	返回值	说明
void clearerr (FILE *fp)	清除由 fp 所指向的文件结束标志和错误标志		
int fclose(FILE *fp)	关闭 fp 指向的文件，清除所有缓冲区	如果成功，返回 0；否则返回 EOF	
int feof(FILE *fp)	检查 fp 指向的文件是否到达文件末尾	如果到达文件末尾，函数返回一个非零整数值；否则返回 0	
int fgetc(FILE *fp)	返回 fp 指向的文件中的随后一个字符	返回读入的字符；若读入出错，返回 EOF	
char * fgets(char *s, int n, FILE *fp)	从 fp 指向的文件中读取长度为 n－1 的字符串，读取的内容存放到 s 指向的存储单元中	返回地址 s，如遇文件结束或出错，返回 NULL	
FILE * fopen(const char *filename, const char *mode)	以 mode 指定的方式打开一个名为 filename 的文件	打开成功，返回一个文件指针（文件信息区的起始地址），否则返回 0	
int fprintf(FILE *fp, const char *format, …)	以 format 指定的格式输出到 fp 所指向的文件中	实际输出的字符数；出错时返回一个负数	
int fputc(int c, FILE *fp)	将字符 c 输出到 fp 指向的文件中	成功，返回该字符；否则返回 EOF	
int fputs(const char *s, FILE *fp)	将 s 指向的字符串输出到 fp 所指向的文件中	成功，返回一个非负值；否则返回 EOF	
unsigned fread(void *ptr, unsigned size, unsigned n, FILE *fp)	从 fp 所指向的文件中读取长度为 size 的 n 个数据项，存放到 ptr 所指向的内存区	返回读取的数据个数，如遇文件结束或出错返回 0	
int fscanf(FILE *fp, const char *format, …)	从 fp 所指向的文件中按 format 指定的格式将输入数据存放到随后的各个参数所指向的内存单元	如果没有读取到数据而已到达文件末尾，返回 EOF；否则返回已输入的数据个数	
int fseek(FILE *fp, long offset, int base)	将 fp 所指向的文件位置指针移到以 base 所指出的位置为基准、以 offset 为位移量的位置	返回当前位置；否则，返回–1	
long ftell(FILE *fp)	返回 fp 所指向的文件中的读写位置	返回 fp 所指向的文件中的读写位置	
unsigned fwrite(const void *ptr, unsigned size, unsigned n, FILE *fp)	把 ptr 所指向的 n*size 个字节输出到 fp 所指向的文件中	返回写入的数据项数	
int getc(FILE *fp)	该函数等价于 fgetc 函数，区别在于 getc 通常以宏的方式实现。从 fp 所指向的文件中读入一个字符	返回所读字符；若出错或文件结束，则返回 EOF	
int getchar(void)	从标准输入设备读取下一个字符	返回所读的字符；若出错或文件结束，则返回 EOF	

续表

函数原型	功能	返回值	说明
char * gets(char *s)	从标准输入设备中读入下一行字符，把读到的字符串存储到由 s 指向的存储单元	返回地址 s，若出错或没有存储字符则返回 NULL	
int printf(const char *format, …)	按 format 指向的格式字符串所规定的格式，将输出项列表的值输出到标准输出设备	返回输出字符的个数；若出错则返回负数	
int putc(int ch, FILE *fp)	将字符 ch 输出到 fp 所指向的文件中	返回输出的字符 ch；若出错则返回 EOF	
int putchar(int ch)	将 ch 输出到标准输出设备	返回输出的字符；若出错则返回 EOF	
int puts(const char *s)	将 s 所向的字符串输出到标准输出设备，将'\0'转换为回车换行	返回一个非负数，若出错则返回 EOF	
void rewind (FILE *fp)	将 fp 指示的文件中的位置指针置于文件开头位置		
int scanf(const char *format, …)	从标准输入设备按 format 规定的格式读取数据，存放到随后的各个参数给定的地址处		

参 考 文 献

1. 谭浩强. C 程序设计（第二版）. 北京：清华大学出版社，1999
2. 王珊珊，臧洌，张志航. C++ 程序设计教程. 北京：机械工业出版社，2006
3. 谭浩强，张基温，唐永炎. C 语言程序设计教程. 北京：高等教育出版社，1992
4. [美] Al Kelley, Ira Pohl. C 语言教程（英文版・第 4 版）（A Book on C: Programming in C Fourth Edition）. 北京：机械工业出版社，2004
5. [美] Brian W Kernighan, Dennis M Ritchie. C 程序设计语言（英文版・第 2 版）(The C Programming Language Second Edition). 北京：机械工业出版社，2005
6. [美] Richard Johnsonbaugh, Martin Kalin 著，杨季文，吕强译. ANSI C 应用程序设计. 北京：清华大学出版社，2006
7. [美] Gary J Bronson 著，单先余，陈芳，张蓉等译. 标准 C 语言基础教程（第四版）. 北京：电子工业出版社，2006
8. 朱战立，张选平. 数据结构学习指导与典型题解. 西安：西安交通大学出版社，2002
9. http://www.jakeo.com/words/clanguage.php. The History and Popularity of the C Programming Language. 2007 年 7 月 10 日
10. http://www.livinginternet.com/i/iw_unix_c.htm. C Programming Language History. 2007 年 7 月 10 日

读者意见反馈

亲爱的读者：

感谢您一直以来对清华版计算机教材的支持和爱护。为了今后为您提供更优秀的教材，请您抽出宝贵的时间来填写下面的意见反馈表，以便我们更好地对本教材做进一步改进。同时如果您在使用本教材的过程中遇到了什么问题，或者有什么好的建议，也请您来信告诉我们。

地址：北京市海淀区双清路学研大厦 A 座 602 室　　计算机与信息分社营销室 收
邮编：100084　　电子邮箱：jsjjc@tup.tsinghua.edu.cn
电话：010-62770175-4608/4409　　邮购电话：010-62786544

教材名称：程序设计语言——C

ISBN：978-7-302-15803-5

个人资料

姓名：＿＿＿＿＿＿＿年龄：＿＿＿所在院校/专业：＿＿＿＿＿＿＿＿＿

文化程度：＿＿＿＿＿通信地址：＿＿＿＿＿＿＿＿＿＿＿＿＿＿＿＿＿＿

联系电话：＿＿＿＿＿电子信箱：＿＿＿＿＿＿＿＿＿＿＿＿＿＿＿＿＿＿

您使用本书是作为：□指定教材　□选用教材　□辅导教材　□自学教材

您对本书封面设计的满意度：

□很满意　□满意　□一般　□不满意　改进建议＿＿＿＿＿＿＿＿＿＿

您对本书印刷质量的满意度：

□很满意　□满意　□一般　□不满意　改进建议＿＿＿＿＿＿＿＿＿＿

您对本书的总体满意度：

从语言质量角度看　□很满意　□满意　□一般　□不满意

从科技含量角度看　□很满意　□满意　□一般　□不满意

本书最令您满意的是：

□指导明确　□内容充实　□讲解详尽　□实例丰富

您认为本书在哪些地方应进行修改？（可附页）

＿＿＿＿＿＿＿＿＿＿＿＿＿＿＿＿＿＿＿＿＿＿＿＿＿＿＿＿＿＿＿＿＿＿＿＿

＿＿＿＿＿＿＿＿＿＿＿＿＿＿＿＿＿＿＿＿＿＿＿＿＿＿＿＿＿＿＿＿＿＿＿＿

您希望本书在哪些方面进行改进？（可附页）

＿＿＿＿＿＿＿＿＿＿＿＿＿＿＿＿＿＿＿＿＿＿＿＿＿＿＿＿＿＿＿＿＿＿＿＿

＿＿＿＿＿＿＿＿＿＿＿＿＿＿＿＿＿＿＿＿＿＿＿＿＿＿＿＿＿＿＿＿＿＿＿＿

电子教案支持

敬爱的教师：

为了配合本课程的教学需要，本教材配有配套的电子教案（素材），有需求的教师可以与我们联系，我们将向使用本教材进行教学的教师免费赠送电子教案（素材），希望有助于教学活动的开展。相关信息请拨打电话 010-62776969 或发送电子邮件至 fuhy@tup.tsinghua.edu.cn 咨询，也可以到清华大学出版社主页（http://www.tup.com.cn 或 http://www.tup.tsinghua.edu.cn）上查询。

“21 世纪高等学校计算机教育实用规划教材”系列书目

书　　名	作　　者	ISBN 号
32 位微型计算机原理·接口技术及其应用（第 2 版）	史新福等	9787302134039
AutoCAD 实用教程（配光盘）	张强华等	9787302127260
Internet 实用教程——技术基础及实践	田力	9787302110668
Java 程序设计实践教程	张思民	9787302132585
Java 程序设计实用教程	胡伏湘等	9787302109600
Java 语言程序设计	张思民	9787302144113
Visual Basic 程序设计基础	李书琴等	9787302132684
XML 实用技术教程	顾兵	9787302142867
大学计算机公共基础	阮文江	9787302143307
大学计算机网络公共基础教程	徐祥征等	9787302130161
多媒体技术教程——案例、训练与课程设计	胡伏湘等	9787302126201
多媒体课件制作——Authorware 实例教程	唐前军等	9787302156000
汇编语言程序设计教程与实验	徐爱芸	9787302143413
计算机操作系统	颜彬等	9787302141471
计算机网络实用教程——技术基础与实践	刘四清等	9787302104513
计算机网络应用技术教程	孙践知	9787302118893
计算机网络与 Internet 实用教程——技术基础与实践	徐祥征等	9787302106593
实用软件工程	陆惠恩	9787302125594
数据库及其应用系统开发（Access 2003）	张迎新	9787302128281
数据库技术与应用——SQL Server	刘卫国等	9787302143673
数据库技术与应用实践教程——SQL Server	严晖、刘卫国	9787302142317
数据库应用案例教程（Access）	周安宁	9787302146056
	张新猛等	
网络技术应用教程	梁维娜等	9787302134848
网页制作教程	夏宏等	9787302105916
微型计算机原理及应用导教·导学·导考（第 2 版）	史新福等	9787302133995
大学计算机基础应用教程	黄强	9787302152163
程序设计语言——C	王珊珊等	9787302158035